JN050916

IT Text

一般教育シリーズ

IPSJ 情報処理学会 編集

一般情報教育

情報処理学会一般情報教育委員会　編

稲垣知宏　上繁義史
北上　始　佐々木整
髙橋尚子　中鉢直宏
徳野淳子　中西通雄
堀江郁美　水野一徳
山際　基　山下和之
湯瀬裕昭　和田　勉
渡邉真也

共著

はしがき

本書は，大学等における一般的な教養レベルの情報教育（一般情報教育）の教科書である．情報処理学会一般情報教育委員会では，新しい「一般情報教育の知識体系」を 2018 年に公開したことを機に，私たちを取り巻く社会と技術の変化，初等中等教育での情報教育の進展を反映した教科書として，本書を作成した．

IT Text（一般教育シリーズ）では，2004 年に『情報とコンピューティング』と『情報と社会』を，2011 年にはこれらを改訂した『情報とコンピュータ』と『情報とネットワーク社会』を刊行している．新しく重要になってきた項目を追加し改訂したのが，本書である．多くの大学で一般情報教育が 1 科目 2 単位で実施されている現状に合わせ，1 冊の教科書として本書を刊行することとした．

情報教育として扱われる内容は理系，文系の枠を超え多岐に渡っており，教養レベルに限ったとしても，その内容は広い分野を含むことになる．本書では，「一般情報教育の知識体系」をベースに，全ての大学生に理解して欲しい内容をピックアップしていくことで，一般情報教育のコアとなる内容を取りこぼすことなく，幅広い分野をカバーするよう努めた．また，本書は，「情報リテラシー」，「コンピュータとネットワーク」，「データサイエンスの基礎」の 3 部構成とし，2 単位の授業で利用されることを想定している．必要に応じて社会的な内容を重視した授業では「情報リテラシー」と「コンピュータとネットワーク」に，科学的な内容を重視した授業では「コンピュータとネットワーク」と「データサイエンスの基礎」に時間をかける等，学習目標に合わせて柔軟に利用いただければ幸いである．

第 1 部「情報リテラシー」は，「情報とコミュニケーション」，「情報倫理」，「社会と情報システム」，「情報ネットワーク」の四つの章で構成し，我々を取り巻く情報環境と社会について，倫理的な問題も含め広く取りあげている．第 2 部「コンピュータとネットワーク」は，「情報セキュリティ」，「情報のデジタル化」，「コンピューティングの要素と構成」，「アルゴリズムとプログラミング」の四つの章で構成し，コンピュータとネットワークに関する科学的，技術的内容について基礎から取りあげている．第 3 部「データサイエンスの基礎」は，「データベースとデータモデリング」，「モデル化とシミュレーション」，「データ科学と人工知能

(AI)」の三つの章で構成し，情報処理に関連したデータサイエンスの基礎を取りあげた．

多くの章は，一般情報教育委員会委員が新たに執筆したが，「第11章 データ科学と人工知能（AI)」は，渡邉真也（室蘭工業大学）が執筆した．また，一部の章については，2011年刊行の教科書から著者の許諾を得て再構成，加筆している．同一の著者が執筆した章以外では，『情報とコンピュータ』からは，「1.5 文字の符号化」，「1.6 アナログ情報からディジタル情報へ」（山下和之 著）を本書「6.5 文字の符号化」，「6.6 画像の符号化」，「6.7 音の符号化」で，「1.7 データ圧縮と情報量」（和田勉 著）を本書「6.8 データ圧縮と情報量」で，「第2章 ハードウェア」（河村一樹 著）を本書「7.1 コンピュータの構成」，「7.2 ハードウェア」で，「3.1 ソフトウェアの構造」，「3.2 OS」，「3.4 アプリケーション」（立田ルミ 著）を本書「7.3 ソフトウェア」で使用している．『情報とネットワーク社会』からは,「第6章 データベース」（北上始 著）を本書「第9章 データベースとデータモデリング」で使用している．

また，一般情報教育委員会の委員を各章のアドバイザーとし，第1章 河村一樹，第2章 布施泉，第3章 駒谷昇一・髙橋尚子，第4章 稲垣知宏，第5章 辰己丈夫，第6章 和田勉，第7章 立田ルミ，第8章 中西通雄，第9章 岩根典之，第10章 山口泰，第11章 喜多一が担当し，内容と構成を確認した．

多くの大学で一般情報教育の教科書として使われた2冊の内容を引き継ぎつつも，大幅な構成変更を行った本書を，多くの大学で使っていただければ幸いである．

末筆になりますが，本書の出版に際し，辛抱強く叱咤激励いただいたオーム社編集局の皆様，本書の企画，内容と構成について熱心に検討いただいた一般情報教育委員会委員の皆様に感謝いたします．

2020年7月
稲垣　知宏

目　次

第1部　情報リテラシー

第4章 情報ネットワーク

第2部 コンピュータとネットワーク

第5章 情報セキュリティ

第8章　アルゴリズムとプログラミング

第3部　データサイエンスの基礎

第9章　データベースとデータモデリング

第10章　モデル化とシミュレーション

第1章 情報とコミュニケーション

ここでは，最初に「情報とは何か」を考え，それがデータや知識，メディアとどのように区別されるのか，情報の一般原理を学ぶ．また，人間と情報との関わりである情報行為について概観する．次に，コミュニケーションの基礎概念と社会的ネットワークについて確認し，現在の情報社会における問題として情報格差を取りあげる．最後に，人間とコンピュータの間での情報のやりとりを担うヒューマンコンピュータインタラクションについて学ぶ．

1 1 情報と情報化

1 情報とは何か

「**情報**」(information)という言葉は多様な場面で利用されるが，そもそも「情報」とは何だろうか？ 「何かの知らせ」，「新聞やテレビ，インターネット等を介して私たちに伝えられるもの」等と答える人もいるだろう．また，現在の情報社会では，コンピュータで「情報」を処理することも多いが，その概念は，コンピュータが発明される以前から存在していたものである．例えば，農耕時代から，人は季節や天候の変化等の「情報」を見ながら，種をまく時期を決めていた．私たちの身体も，目や耳等の感覚器官から受け取る外界の「情報」を脳で判断し，手足を動かしている．

「情報」とは，**図 1.1** に示すようにある関係性のある二つのものに着目した場合，一方の送り手から他方の受け手に伝達されるものである．さらに，受け手は，伝達されたものの意味を理解し，それをきっかけに行動を起こす等の何らかの変化を生み出すものと考えられている[1]．この「伝達」し，「意味」を伴い，「変化」の要因となるものが「情報」である．

例えば，海外旅行中のAさんが，道に迷って偶然通りかかったBさんに道を尋ねたとしよう．このとき，Aさんの声がBさんに届くことが，情報の「伝達」の側面である．また，BさんはAさんの質問の意味を理解し，返答をするとい

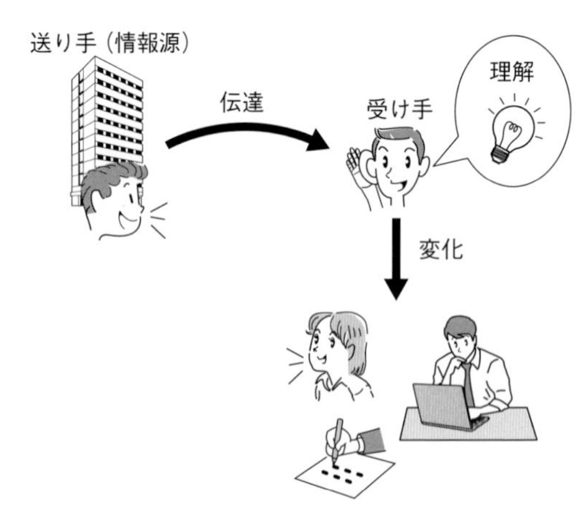

図 1.1 ▶ 情報の特徴

う「変化」を引き起こす場合，A さんの質問は，「情報」として機能したことになる．しかし，話しかけた場所が駅の構内等で，周囲の雑音が大きく，A さんの声が B さんに届かない場合や，B さんが A さんの話した言葉が理解できない場合は，A さんの言葉は「情報」としては機能しない．

情報の「伝達」に関して，特にデジタル化された情報はインターネットを介して短時間で広範囲に伝わる（伝播性），モノに比べて容易に大量の複製ができる（複製性），一度生じた情報は完全には消えない（残存性）等の特徴を有する．

2 データ・情報・知識

「情報」に類似した言葉に，「**データ**」（data）や「**知識**」（knowledge）がある．これらの違いを**図 1.2** に示す「情報のピラミッド」と呼ばれる図式を用いて確認していこう．

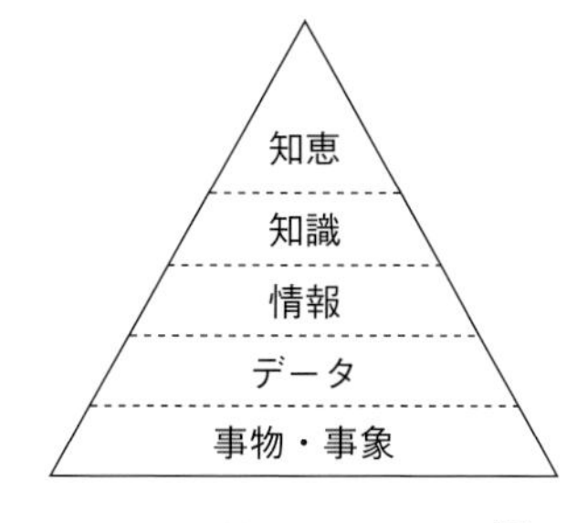

図 1.2 ▶ 情報のピラミッド [2]

ピラミッドの底辺に位置する「事物・事象」とは，私たちが視覚や聴覚等の感覚器官を通じて知覚，認識するものである．その上位階層に位置する「データ」とは，計測器等から得られた事象を数字，記号，言葉で表現したものである．例えば，晴れや雨等の天気の事象に対し，観測された気温が「データ」である．「データ」は，判断や評価を下す根拠となるものともいえる．さらにその上位階層に位置する「情報」は送り手から受け手に伝達された「データ」を，受け手が目的に応じて整理したり，判断・評価に利用したりするものである．先の例の場合，気温は単なる数値だが，ある期間の気温の変化を見たいという目的でグラフや表にまとめた場合は，意味をもったもの，すなわち「情報」となる．

その「情報」を受け手が理解し，分析した結果を体系的にまとめて，問題解決や思考に活用できるように蓄積したものが「知識」である．例えば，グラフ化された気温の変化から，以前に比べ年平均気温が上昇していることがわかった等がこれに当てはまる．最後に，ピラミッドの最上位階層に位置する「知恵」は，蓄積された「知識」を適切に使い，新たな価値を創造する能力である．先の例の場合，平均気温の上昇は何が原因で起こっているのか思考し，その対策を考え，次の行動につなげることが「知恵」である．「知恵」によって，次に注目すべき「事物・事象」，さらなる分析に必要な「データ」や「情報」等がわかり，新たな「知識」の獲得に繋がる．

3 情報とメディア

メディアとは，情報の送り手と受け手の中間に位置し，情報を表現し，伝達するための手段を指す．メディアは大きく，**図 1.3** に示すように「**表現メディア**」，「**伝達メディア**」，「**情報メディア**」の三つに分類される．

表現メディア

情報を表現するためのメディア
（例）文字，音声，画像，図表，記号，符号，象徴

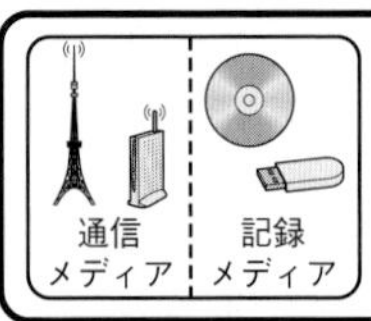

伝達メディア

表現メディアを物理的に伝達するためのメディア
通信メディアと記録メディアに分けられる
（例）空気，光，電線，電波，紙，CD，DVD，
フラッシュメモリ

情報メディア

情報を伝えるためのメディア
（例）テレビ，新聞，電話，電子メール，ホームページ，
ソーシャルメディア

図 1.3 ▶ メディアの分類

「表現メディア」とは，文字，音声，画像，図表，記号，符号，象徴等情報を表現するためのメディアである．何を目的にどのような情報を伝えたいかによって使い分ける必要がある．例えば，調べたことをより詳細に記録したい場合は文字が適しており，直感的に説明する場合は，図表やグラフ等の表現メディアが適している．「伝達メディア」は，表現メディアを物理的に伝達するためのメディアである．主に，離れた場所にいる相手に情報を伝えるための空気や光，電線や電波等の通信メディアと，紙やCD，DVD，フラッシュメモリ等，物理的に情報を相手に渡す際に利用される記録メディアに分けられる．最後に，「情報メディア」は，情報を伝えるためのメディアである．テレビや新聞，電話，電子メール，ホームページ，**ソーシャルメディア**[*1] 等が例として挙げられる．これら情報メディアは，テレビや新聞のように，一方向に情報を伝えるマスメディアと，電子メールやソーシャルメディアのように双方向に情報を伝えるメディアがある．伝えたい情報の内容と目的に応じて，適切なメディアを選択することが重要である．

---

*1 個々のユーザーがインターネット上での繋がりを利用して，双方向に情報のやりとりや共有を行うことができるメディアのこと．

4 人間と情報の関わり

人間が行う情報の収集，取捨選択，加工，伝達等の行為を総称して，**情報行為**または**情報行動**という．情報行為はコミュニケーション行為や言語行為等を含む広い概念である．例えば，「知りたいことを新聞や書籍で調べる」，「手紙を送る」，「電子メールを送る」等が例として挙げられる．現在の情報社会では，人間の「情報行為」と情報システムは密接な関係にある．

私たちの身の回りには，ソーシャルメディアやオンラインショッピングサイト，銀行 ATM，飛行機や列車の座席予約・購入，高度道路交通システム等，私たちの情報行為を支えるためのさまざまな**情報システム**がある．商品の購入履歴，Web ページの閲覧・検索履歴，書き込み，高度道路交通システムから得られる自動車の走行データ等，一人ひとりの情報システムを利用した情報行為によって，情報システムにはその人の行動や趣味嗜好，思考に関わるデータが日々蓄積されている．このような膨大かつ多様なデータを**ビッグデータ**という．また，近年，今までインターネットに接続されていなかったものがインターネットに接続されるようになってきた．このような世界を指して，**もののインターネット**（**Internet of Things：IoT**）と呼ぶ．今後，IoT が広がるにつれて，より人に密接した広範囲な場面で，ビッグデータが蓄積されていくことが予想される．

今日，**人工知能**（**Artificial Intelligence：AI**）技術により，膨大なビッグデータを高速に処理，解析することが可能になってきた．これにより，車の自動運転技術等，情報システムが人間の行動をより支援する環境へと変化してきている．また，社会・経済の問題解決や近未来の予測に活用することも可能になり，私たちの生活や仕事にも変革をもたらしている．私たちは，より便利な社会になる一方で，情報システムを利用することによって生じる自分の情報行為に関わるデータがどこでどのように使われているのかを意識しておく必要がある．情報システムについては第 3 章で，人工知能については第 11 章で詳細を扱う．

1 2 社会的コミュニケーション

1 コミュニケーションの基礎概念

図 1.1 において，受け手が情報の意味を理解し，それによる変化の先が情報源

である送り手に向いている場合，**コミュニケーション**が行われたことになる．コミュニケーションという言葉の定義は多様にあるが，橋本らによる代表的な定義[3]を，北上らは次のように要約している．

「二人の人間の間でやりとりされるメッセージ*2**を用いて，どちらの人間も他者を理解し，かつ他者から理解されようとする過程である．そこで理解されるものは，状況全体の動きに応じて常に変化するだけではなく，お互いの常識が共有されるまで動的に変化する．」**[4]

ここでいう「メッセージ」とは，表現メディアで表された情報である．コミュニケーションという言葉は上記の定義以外に，受け手のメッセージの理解だけに着目した片方向の意味で使われる場合もある．コミュニケーションにおけるメッセージの受け手と送り手は，本来人間であるが，情報通信分野においては，いずれかまたは双方が情報システムに置き換わる場合もある．以下に北上ら[4]によるコミュニケーションの四つの視点を示す．

（1） 人間－人間

これは，本来のコミュニケーションの視点であり，人間の認知機構が重要な役割を果たす．

（2） 人間－情報機器（人間－情報機器－情報機器）

これは，人間がスマートフォンやパソコンを操作する場面等が相当する．また，それらを介して，その先にある**クラウドサーバ**や**データセンター**へアクセスするような人間－情報機器－情報機器のコミュニケーションもこれに含まれる．この視点では，人間と情報機器の間でメッセージをやりとりするための仕組みである**ユーザーインタフェース**が重要な役割を担う．ユーザーインタフェースについては，1.3節で述べる．

（3） 情報機器－情報機器

この身近な例としては，パソコンにUSBメモリ等を接続し，データを転送するコミュニケーションが挙げられる．この場合，重要な役割を果たすのが，情報機器間でのインタフェースである．また，**グリッドコンピューティング**と呼ばれる分散並列処理等もこれに相当し，高度なWeb検索やクラウドサービスを支え

---

*2 「メッセージ」として，言葉，色，信号，図像，符号，象徴等がある．

る技術として利用されている．**図 1.4** に示すように，複数のコンピュータや計算資源をネットワークでつなぎ，分散処理を行うことで，一つの複合したコンピュータシステムとして大規模なサービスを提供する．

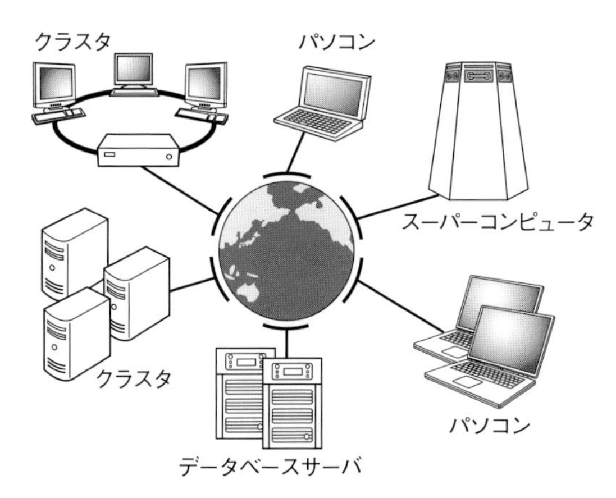

図 1.4 ▶ グリッドコンピューティング [4]

(4) 人間－情報機器－人間

図 1.5 のように，情報機器を介した人間同士のコミュニケーションは**情報コミュニケーション**と呼ばれる．この視点では，情報機器は人間のコミュニケーションを効率化する目的で利用され，その役割は大きく，「**共有**」，「**協調**」，「**エージェント**」に分けられる．

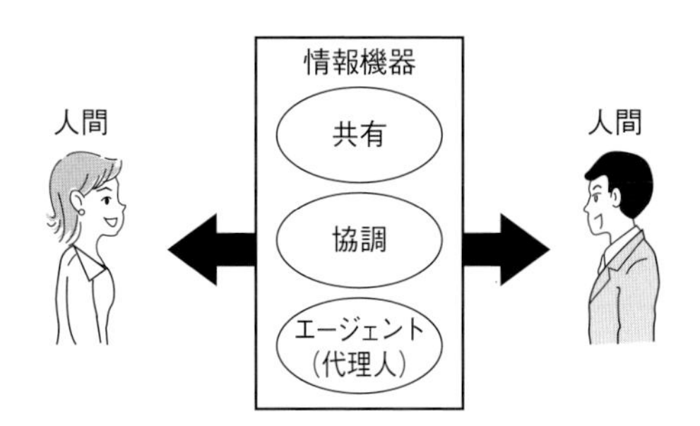

図 1.5 ▶ 情報コミュニケーション [4]

「共有」とは，オンラインストレージを利用したファイルの共有やクラウドサーバ上でのソフトウェアの共有等が例として挙げられる．また，企業等においては，組織内のスケジュールやタスク，ファイル等の情報共有を担う**グループ**

ウェアと呼ばれるソフトウェアが利用されている．

次に「協調」とは，立場や利害関係が異なる複数の人間が互いに協力し合うことを指す．ソーシャルメディアも人間同士の協調的なコミュニケーションを支援するサービスである．ほかにも，**レコメンデーション**で利用されている**協調フィルタリング**が例として挙げられる．これは，オンラインショッピング等において，あるユーザーAの商品閲覧履歴や購入履歴から，同様の商品を好むユーザーBを見つけ出し，Bが購入した商品はAも好むのではないかという推論のもと，それをユーザーAにおすすめ商品として提示する．つまり，この状況を，ユーザーAとユーザーBが間接的にコミュニケーションを行っている状況とみなしている．

最後に「エージェント（ソフトウェアエージェント）」とは，人間や他のソフトウェアとの仲介的な役割を担い，自らがある程度自律的に動作するソフトウェアを指す．例えば，Web検索においては，**クローラー**[*3]と呼ばれるソフトウェアが，人間が作成したインターネット上のWebページを自動的に収集し，他の人間がより効果的にWebページの検索をすることができる環境を提供する．

2 コミュニケーションモデル

コミュニケーションにおけるメッセージのやりとりをモデル化したものとして，コミュニケーションモデルがある．ここでは，**図1.6**を用いて情報コミュニケーションにおけるコミュニケーションモデルを考える．

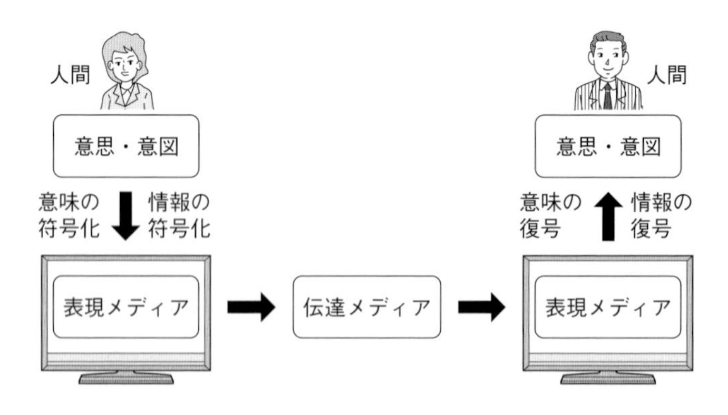

図1.6 ▶ コミュニケーションモデル

＊3　スパイダー（spider），ロボット（robot），ボット（bot）とも呼ばれる．

人は自分の意思や意図を何らかの表現メディアを用いてメッセージとして相手に伝えようとする．この過程において，意味の符号化や復号の処理が起こる．一般的なコミュニケーションにおいては，口から発せられた音声等の表現メディアが，空気等を介して相手に伝達されるが，情報コミュニケーションにおいては，情報システムやインターネットを介して，相手に届けられる．そのため，この間，情報のデジタル化という意味での符号化，復号が行われる．このように情報コミュニケーションが成立するためには，この二つの側面での符号化/復号が適切に行われる必要がある．

例えば，大学生のAさんが，インターンシップ先で充実した日々を送っていることを友人に伝えたいと思い，オフィスの様子を写真で**SNS**（**Social Networking Service**）*4に掲載したとする．このとき，インターネットやSNSに障害が起こっているとメッセージが伝わないことは言うまでもないが．伝達メディアに問題がない場合は，友人はAさんの意図を理解してくれるだろうか？インターンシップに行っていることを知らない友人は「研究室の様子」と解釈するかもしれない．また，中には「勝手に企業内の写真を掲載するのは問題だ」と批判する人もいるだろう．このように，意味の符号化，復号においては，互いの社会的・文化的な背景等の違いも影響し，必ずしも送り手の目的どおりに受け手が理解してくれない場合もある．コミュニケーションでは，送り手と受け手の相互理解に至るまでのメッセージの工夫や繰り返しのやりとりが必要になる．

3 社会的ネットワークとコミュニケーション

人は皆，家族や親戚，友人や会社の同僚等人的な繋がりをもっている．この繋がりの関係を**社会的ネットワーク**という．ここまで，送り手と受け手という主に2者間でのコミュニケーションを例に見てきたが，直接的に繋がっている人だけではなく，その外側にいる間接的な繋がりがある人々からも，私たちは何らかの影響を受けている．例えば，SNSの繋がりを利用して，友人の友人からおすすめの商品やお店等の口コミ情報を受け取ることや，アルバイトを紹介されること，災害発生時に情報を得られることがある．このような人との繋がりを介して得られる資源を**社会関係資本**（**ソーシャルキャピタル**）とよぶ．

社会的ネットワークは，血縁関係や家族関係，村落等の形で以前から人間社会

*4 「人と人との繋がり」に重点を置き，家族や友人，趣味嗜好が共通する人間関係等，社会的関係をWeb上で構築するサービスのこと．

を支えてきたが，インターネットやソーシャルメディアの発展・普及により，その関係性がネットワークとして詳細に表示，分析できるようになった．そこでは，人はノードで表され，近くにいる，「好意」をもっている等の人と人との関係性がマッピングされる．

このような社会的ネットワークは，マーケティングの分野でも活用されている．例えば，先述の協調フィルタリングにおいて，ある商品を購入した人がほかにどのような商品を購入しているかもネットワークで表現できる．また，**バイラルマーケティング**と呼ばれる手法では，ネットワークを介して，おすすめ商品の口コミがどのように拡散していったかを分析し，大衆への情報拡散に影響を与えているユーザーを中心にメッセージを届ける方法がとられている．

4 情報格差

情報社会の発展とともに，**情報格差（デジタルディバイド）**という問題が生まれた．情報格差とは，情報システムを利用できる人とできない人，それを使ってさまざまな情報にアクセスできる人とできない人との間で生まれる格差のことを指す．情報格差があると，災害時等に必要な情報が手に入らなくなることもある．また，インターネットからの予約や電子マネーで決済をした際に特典が受けられることもあるが，それらを利用できない人は，この恩恵を受けられない．

情報格差の要因は大きく以下の三つに分けられる．

① ネットワーク環境の格差（地域格差）

② 経済的な格差

③ 年齢や障がい等の身体的条件による格差

①の「ネットワーク環境の格差（地域格差）」は，先進国と途上国の間や，日本国内における都市部と離島や山間部の格差である．**図 1.7** に「世界における携帯電話およびインターネット普及率の変化」を示す．これによると，先進国と途上国の間で携帯電話普及率には差がなくなっているが，インターネット普及率は未だに大きな格差がある．この問題に対し，途上国を含む情報通信網が整備されていない地域にインターネットを提供するため，「Project Loon」という気球を用いた無線通信システムが研究されている．

次に②の「経済的な格差」について，**図 1.8** に所得世帯年収別のインターネット利用率のグラフを示す．この結果を見ると，世帯年収が 200 万円未満のいわゆる低所得者のインターネット利用率が低いことが確認できる．この問題に対しては，より安価な情報通信機器の開発，普及が望まれる．また同時にそれは，

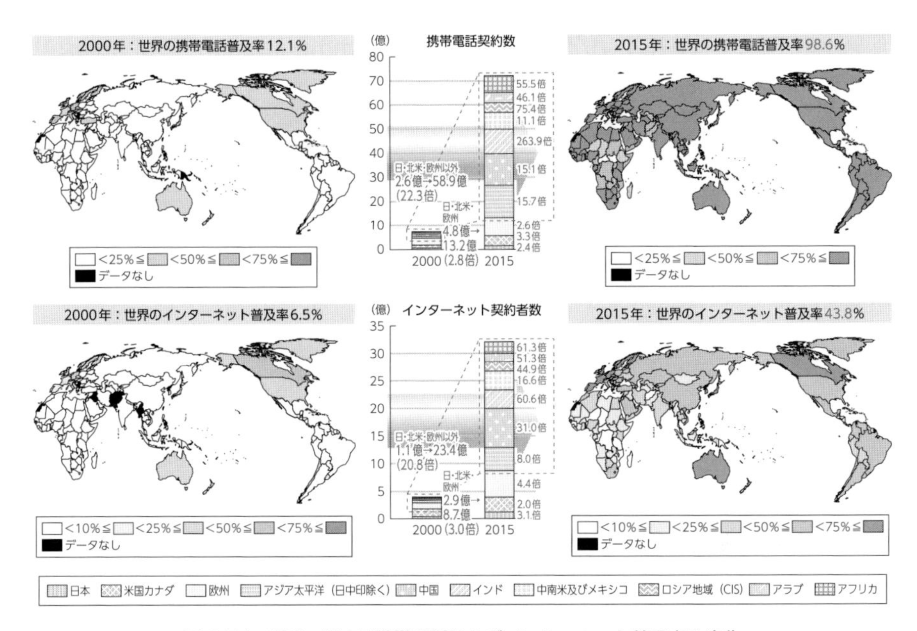

図 1.7 ▶ 世界における携帯電話およびインターネット普及率の変化

出典：「平成 29 年版情報通信白書」（総務省）図 4-4-2-1 世界における携帯電話およびインターネット普及率の変化
https://www.soumu.go.jp/johotsusintokei/whitepaper/ja/h29/html/nc144210.html

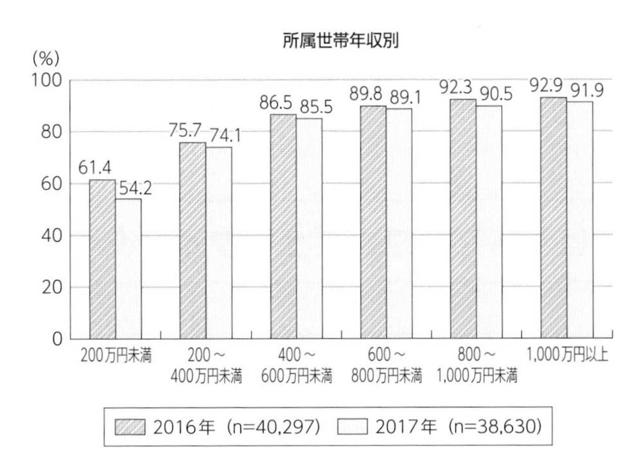

図 1.8 ▶ 世界における携帯電話およびインターネット普及率の変化

出典：「平成 30 年版情報通信白書」（総務省）図表 5-2-1-5 インターネット利用率
https://www.soumu.go.jp/johotsusintokei/whitepaper/ja/h30/html/nd252120.html

世界中の子供たちが**ICT**（**Information and Communication Technology**）教育を受ける機会を増やすことにも繋がる．

最後に③の「年齢や障がい等の身体的条件による格差」は，若者と高齢者や幼児・児童，障がいの有無，コンピュータの操作スキルによる格差である．高齢者は，英語表記や細かなマウス操作が苦手な場合もある．また，全盲の視覚障がい者は，テキスト情報を**スクリーンリーダー**や**点字ディスプレイ**（図1.9）を利用して，音や点字に変換して確認している．そのため，画像や図表，グラフだけで表現されている情報にはアクセスできない．また，日々進化する情報システムを使いこなすためには，その使い方を学ぶ教育も不可欠であるが，高齢者をはじめとした人の中には，その教育を受けていない人もいる．

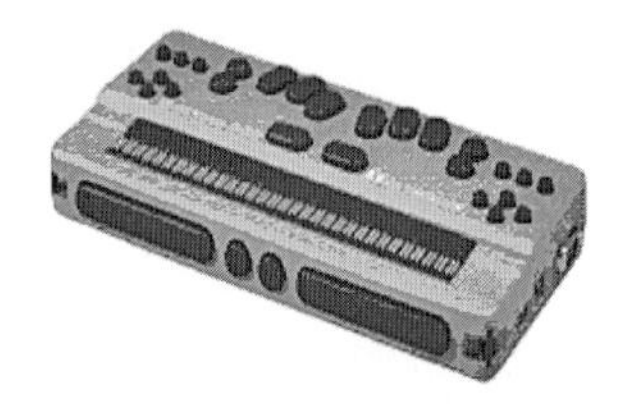

図1.9 ▶ 点字ディスプレイ

このような情報格差を是正するための取り組みとして，教育の機会を提供するほか，誰にでも使いやすい情報システムや後述するユーザーインタフェースを開発していくことも重要である．また，情報を発信する一人ひとりの送り手が，受け手のさまざまな環境に配慮することも求められる．これについては，次節で触れる．

1 3 ヒューマンコンピュータインタラクション

1 ユーザーインタフェース

人間（ユーザー）とコンピュータの関係を調べ，多くのユーザーがコンピュータをより容易かつ効果的に使えるように研究する分野を**ヒューマンコンピュータインタラクション**（**Human Computer Interaction：HCI**）という．また，両者の間で情報をやりとりするための仕組みを，**ユーザーインタフェース**（**User Interface：UI**）という．如何に高性能なコンピュータであっても，人間との情報のやりとりに問題があれば，それを有効に活用することはできない．コンピュータの全体的な操作感を決める重要な要素である．

ユーザーインタフェースは，人間がどのようにしてコンピュータに情報を与えるか（入力）と，コンピュータが処理した情報を人間にどのように提示するか（出力）の手段を提供する．現在利用されているものは主に以下の方式に分けられる（**図 1.10**）．

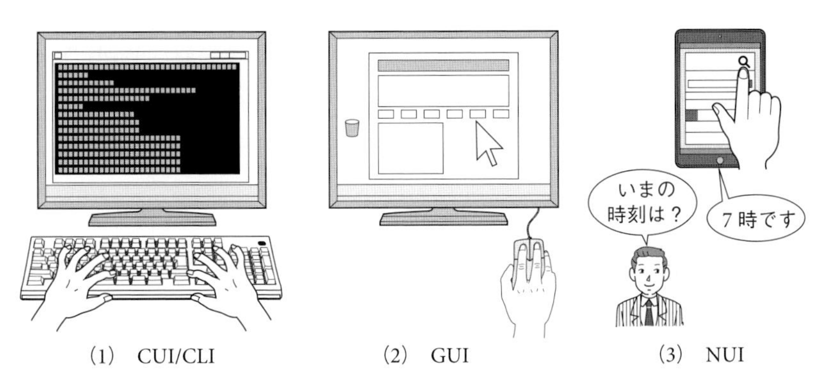

図 1.10 ▶ さまざまなユーザーインタフェース

（1） キャラクタユーザーインタフェース（Character User Interface：CUI）/ コマンドラインインタフェース（Command Line Interface：CLI）

キーボードからコンピュータに与える命令（コマンド）を文字（キャラクタ）で入力し，処理結果も文字のみがディスプレイに表示される方式である（図 1.10(1)）．後述の GUI や NUI に比べると，ユーザーがあらかじめコマンドを覚えておく必要がある分，わかりやすさに欠けるが，サーバ管理等の用途では，現在も利用されている．

（2） グラフィカルユーザーインタフェース（Graphical User Interface：GUI）

マウス等のポインティングデバイスを利用して，グラフィカルな画面でユーザーが操作する方式である（図 1.10(2)）．CUI のようにコンピュータを操作するためにコマンドを覚える必要はなく，操作対象のファイルや起動したいソフトウェアがその内容や用途に即した絵記号「アイコン」で表されているため，ユーザーが視覚的，直感的に操作できる．また，コンピュータの処理結果も図的に表現されるため，理解しやすい．

(3) ナチュラルユーザーインタフェース(Natural User Interface:NUI)

キーボードやマウス等を主体とせず,人間にとってより自然な身振り手振りや発話等の動作でコンピュータを操作する方式である(図1.10(3)).身体的な障害がある場合も操作しやすい.スマートフォンやタブレット端末で利用されているタッチ操作や,ゲーム機に取り入れられているジェスチャー操作,AIスピーカー等で用いられている音声認識等が例として挙げられる.

上記のほか,Webアプリケーションのインタフェースを,特に**Webユーザーインタフェース**(**Web User Interface:WUI**)と呼ぶこともある.

2 予測/例示インタフェース

ユーザーのこれまでの操作履歴や周辺の文脈からユーザーの次の操作を予測し,支援するユーザーインタフェースも存在する.その例を以下に示す.

(1) 予測変換

日本語入力システムでは,ひらがなの入力途中で,それに続く文字を予測して表示することで,ユーザーが効率よく日本語を入力できるように支援している.

(2) オートコンプリート

ユーザーの過去の入力履歴をもとに,次に同じ内容を入力する際に,短い入力で残りの語を補完することで,ユーザーの入力操作を軽減する.Webブラウザの URL 入力や Excel 等の表計算ソフト等で利用されている.

(3) スペル訂正

ユーザーが入力した単語のスペル(綴り)や文の文法に誤りがないかを検証し,訂正候補をユーザーに提示する.また,Web検索では,検索キーワード入力時にかな漢字変換の誤り(例えば,「情報」と漢字で入力するところ,「じょうほう」や「jouhou」と入力する等の誤り)が生じた場合に,ユーザーが本来入力したかったキーワードを予測して置換,または,それを含む検索結果を表示する等の対応を行う.

(4) サジェスト

Web検索において,検索キーワードの一部を入力すると,その類似語や関連するキーワードを表示する．オートコンプリートは，ユーザーが過去に入力したキーワードからその一部を補完する機能であるのに対し，サジェストでは，そのユーザーが過去に入力したことがないキーワードも候補として表示することで，より効果的な検索が可能になる．

（5） 位置情報の付与

スマートフォン等の携帯電話やデジタルカメラでは，内蔵された磁気センサーや **GPS**（**Global Positioning System**，**全地球測位システム**）を利用して，現在の方位や位置情報等の情報を取得することができる．これにより，写真に撮影場所の緯度経度や標高等の情報を自動的に付加したり，Web 検索において，効率的に周囲の情報を把握したりできる．

3 現実世界の拡張

情報社会は，ユーザーがキーボードやマウス等を用いてコンピュータを操作する利用形態から，コンピュータの存在を意識せずに利用する環境へと変化してきた．このような環境では，従来の CUI や GUI 等のユーザーインタフェースを利用することはできない．そこで，日常的な動作の延長でコンピュータを操作することができる新たなインタフェース（**実世界指向インタフェース**）の研究が行われてきた．この過程で生まれたのが，**バーチャルリアリティ**（**Virtual Reality：VR**）や，**拡張現実**（**Augmented Reality：AR**），**複合現実**（**Mixed Reality：MR**）等である．

バーチャルリアリティは，現実世界をコンピュータ内部の仮想空間（サイバースペース）に取り込んで操作できるようにしたものである．そこでは，奥行きを加えた 3 次元の入出力に加え，ものを触ったときの感覚（感触や手ごたえ）を利用して，ユーザーが現実世界で直接物を操作するのに似たインタフェースを提供する．このように，視覚や聴覚，触覚，味覚，嗅覚等さまざまな感覚を利用してコンピュータとのやりとりを行うインタフェースのことを**マルチモーダルユーザーインタフェース**という．

また，現実世界にコンピュータが作り出した情報を重ねて表示する拡張現実では，スマートフォンやスマートグラスを介して実空間に表示されたキーボードをタイピングする仮想キーボード等，より実空間に拡張されたインタラクションが可能になる．複合現実は，現実世界とバーチャルリアリティの世界をより融合させた技術である．そこでは，現実世界に重なって表示された CG 映像を自由な角度から見たり，同時に複数人で直接操作したりすることも可能になり，よりリアルに仮想空間を体験することができる．

4 アクセシビリティ

ユニバーサルデザインとは，ユーザーの年齢や障がいの有無，利き手等の違いによらず，誰でも簡単に使えるように，機器，建築，生活空間等をデザインすることである．類似した言葉にバリアフリーがあるが，高齢者や障がい者を対象に支障を取り除くバリアフリーに対し，ユニバーサルデザインは，初めから意図して支障がないように設計する．このユニバーサルデザインの考え方に基づいたユーザーインタフェースも数多く開発され，実用化されている．代表的な例としては，キーボードの使用頻度が高い Enter キーを他のキーよりも大きくする等がある．このようなハードウェアの工夫のほか，OS のユーザー補助機能による画面の拡大や配色の変更等，ソフトウェアにおいてもさまざまなユニバーサルデザインがある．

また，年齢や身体条件に関わらず，あらゆる人が支障なくコンピュータを利用し，それを介して得られる情報にアクセスできるようにすることを**コンピュータアクセシビリティ**という．その中でも，Web コンテンツへのアクセスのしやすさを高める取り組みを **Web アクセシビリティ**という．1.2 節で触れた「年齢や障がい等の身体的条件による情報格差」に対し，全盲の視覚障がい者への Web アクセシビリティとしては，画像や図表，グラフに代替テキストを付ける必要がある．また，聴覚障がい者への配慮として，動画や音声を使用する場合は，同じ内容をテキストで提供することも求められる．操作性においても，マウスでしか操作できない機能は設けない，入力に時間を要する上肢障がい者や高齢者に配慮して時間制限を設けない等の配慮が必要である．また，高齢者にとっては英語表記が，子供にとっては漢字表記が，外国人にとっては日本語表記が難しい場合もあるため，情報の受け手を想定した表示方法を用いる必要がある．

2016 年 4 月に，障害を理由とする差別の解消の推進に関する法律（障害者差別解消法）が施行され，政府や自治体等公的機関だけではなく，一般の Web サイトにおいても Web アクセシビリティの確保が求められている．Web アクセシビリティの指針としては，国際規格である「W3C ウェブコンテンツ アクセシビリティ ガイドライン（WCAG）2.0*5」[8] に対応した JIS X 8341-3：2016 [10] がある．

---

*5　2018 年には，モバイルデバイスへの対応が追加された WCAG2.1 [9] へと更新された．

また，総務省は「みんなの公共サイト運用ガイドライン」[11] を公表している．

演習問題

問1　1.1 節で述べた天気の事象の例以外で，身近な事物・事象に対するデータ，情報，知識，知恵の例を挙げよ．

問2　身近な情報行為を一つ取りあげ，そこで使われている表現メディア，伝達メディア，情報メディアを述べよ．

問3　あなたの体験の中で，送り手の意図が受け手に伝わらなかった例について述べよ．

問4　Web サイトを一つ取りあげ，「Web アクセシビリティ」の視点からどのような配慮がなされているか，問題があればどのように改善すべきか述べよ．

第2章 情報倫理

ここでは，最初に，情報社会への参画として，インターネットの特性を理解し，そこでやりとりされる情報を読み解く際の注意点，メールやソーシャルメディアを介して情報を発信する際の注意点を学ぶ．次に，著作権法や個人情報保護法に関する知識を身につけるとともに，情報技術の進展により法令も変化していることを理解する．最後に，情報社会を取り巻く問題と技術進展による変化としてパーソナルデータの利活用について学ぶ．

情報社会への参画

1 インターネット上のコミュニケーション

今日，情報技術の進展により，私たちを取り巻くメディアやコミュニケーションに利用されるサービスも変化してきた．現在インターネット上で利用されている主なコミュニケーションサービスには，電子メールや電子掲示板，ブログ，**SNS**，写真・動画共有サービス，**集合知サイト**[*1]等の**ソーシャルメディア**がある．また，同期性のあるサービスとして，メッセンジャーアプリやビデオチャット，テレビ会議システム等が活用されている．

これらのサービスにより，私たちは世界中の人と時と場所を越えて繋がることができるようになった．ときにはリアルタイムで顔を見ながらのやりとりもできる．個々人が有している知を集合知サイトやグループウェア等で共有し，複数人で有効に活用できるようになった．従来は新聞やテレビ等のマスメディアが情報源であったニュースを，マスメディアとは違った視点で，個人がブログやSNS，動画共有サイト等を介して発信する機会を得た．また，合意形成の方法にも変化が生まれた．電子政府やインターネットを利用した**パブリックコメント**[*2]を導入することで，市民の声が政策に反映されるようにもなってきている．

このようにインターネット上のコミュニケーションサービスは，私たちの知識を広げ，より効果的に活動することを支援しているが，それが全ての場合において良い方向に働くとは限らない．そこは，相手の顔や表情が確認できる実空間とは異なるコミュニケーション空間であること，さらにはサービスごとに作り出す空間が異なることを理解する必要がある．**表2.1**にメディアとしてのインターネットの特性と注意点を示す．

2 メールマナー

プライベートな場面では，スマートフォンからLINE等を利用して情報交換を行っている人も多いだろう．しかし，大学の教職員や就職活動時の企業への連絡等公的な場面では，パソコンから電子メールを利用することも多い．その際，プ

---

*1　多くの人の意見や知識を蓄積，体系化して活用できるようにしたサイト．代表的な例として，Wikipedia や Q&A サイト等が挙げられる．
*2　公的機関が，政策等を決定する際に，公衆の意見を求める手続き．

表 2.1 ▶ メディアとしてのインターネットの特性

情報発信の容易性と信憑性	誰もが簡単に情報の発信者になり得る反面，情報の質に問題がある場合もある．
匿名性	不特定多数の相手とコミュニケーションができる反面，情報の受け手には送り手がわからない場合も多い．また，望まない相手から情報が送られてくる場合もある．
同期性・双方向性	リアルタイムにインタラクティブなやりとりができるが，直接対面していない分，相手の都合がわかりにくい．
拡散性	発信した情報はすぐに伝わり，互いに共有することができるが，予想外の範囲にまで伝わることもある．
複製性・残存性	情報は容易かつ大量に複製し，さまざまな場所に保存できるが，意図しない複製によって被害が生じることもある．また，不都合が生じた場合も情報を完全に消すことができない．

ライベートなやりとりとは異なる相手への配慮が求められる．以下に主な注意点を示す．

（1） 宛先の指定

電子メールの宛先の指定の仕方には，**To**，**CC**（**Carbon Copy**），**Bcc**（**Blind carbon copy**）の3通りあるが，通常，直接対話したい相手のメールアドレスはToに指定する．CCは，メールを送ったことやその内容を共有しておきたい相手のメールアドレスを指定する．例えば，ゼミメンバーが協働で作成したプレゼン資料をその中の一人が代表して教員に提出する場合，教員のメールアドレスをToに，ゼミメンバーのアドレスをCCに指定する．

ここで，ToやCCに指定したメールアドレスは受信者から互いに確認できることに注意が必要である．つまり，先の例の場合，ゼミメンバーの中に，使用しているメールアドレスが教員に知られることを望んでいない学生がいた場合，代表学生のメールを送るという行為によって，意図せずその情報が教員に伝わってしまうことになる．教員と学生間ではさほど問題にならない場合が多いが，不特定多数を相手にメールを送信する場合等は，宛先の指定が原因で個人情報の漏洩問題に発展することもある．このような問題を避けるためには，Bccを使用することで，受信者からは送信者以外のメールアドレスが確認できないようにする．

（2） 件名の書き方

メールの件名には用件を簡潔に表したわかりやすい件名を付けることが望まし

い．プライベートなメールでは件名を省略して送る人も多いが，これでは受信者が不信感を抱く可能性がある．同様に，「重要連絡」や「緊急連絡」等の汎用的な件名も，迷惑メールで利用されることが多いため，避けるべきである．レポート提出時等受信者がメールを整理する目的で，件名に送信者の名前や学籍番号等を書くよう求める場合もあるが，通常は，自分の名前は件名ではなく，本文に書くのが良い．

（3） 本文の書き方

本文の冒頭には，「○○先生」や「○○様」と相手の宛名を書き，次に自分の所属や名前を書く．また末尾に署名を付けるのも有効である．大学の場合は，一人の教員が複数の授業を担当しているため，受講している授業名や学年等も書くと良い．いずれにしても，メールを受け取った相手が見てすぐに，送信者が誰かわかる工夫が必要である．本文は，なるべく長文を避け，用件を簡潔に書くこと，目上の人に対して，「ご苦労様です」や「了解です」等の誤った敬語は避け，適切な言葉遣いをすることも重要である（**図 2.1**）．

```
○○先生

情報演習の授業を受講している○○学部の
山田太郎（学籍番号：d12******）です．
当日の連絡になり，申し訳ありません．
急な発熱のため，本日の授業を欠席させて
いただきます．


--
○○学部
山田　太郎
E-mail: d*******@example.ac.jp
```

図 2.1 ▶ 適切な書き方をしたメールの本文例

（4） 情報環境への配慮

ファイルを添付する場合はそのサイズに注意する．メールサーバによって受信するメールサイズに制限を設けている場合や，不特定多数に大きなサイズのメールを送るとメールサーバやネットワークに負荷がかかる場合がある．また，特殊なファイル形式を送信する場合は，相手がそれに対応したアプリケーションソフトを持っているか事前に確認するのが望ましい．

また，メールにはテキスト形式とhtml形式の2種類がある．**htmlメール**はWebページのように装飾したメールを送ることができる反面，中には，迷惑メールの送信を目的に宛先のメールアドレスが有効であるかどうかを調べるためのWebビーコンが埋め込まれている場合もあるため，受信者の中にはテキスト形式のメールを希望する人もいる．

3 ソーシャルメディア利用上の注意点

ソーシャルメディアの中には，情報を共有，他人の投稿を引用，再投稿する仕組みが充実しているものもあり，一度投稿した情報が急速に拡散する場合がある．この性質は，災害時の情報伝達や安否確認等には効果的に機能する一方で，使い方を誤るとさまざまなトラブルを招く場合がある．過去には，医療機関や店舗の関係者が患者や顧客のプライバシーに関わる投稿を行ったケースや，「バカッター」や「バイトテロ」と称される悪ふざけ写真や動画の投稿，飲酒運転や無免許運転を告白する行為，誹謗・中傷やいじめ等の問題がたびたび起こっている．

投稿した本人は，「友人を笑わせたい」という安易な気持ち発信したつもりでも，その書き込みは多くの人が見ている可能性がある．たとえ公開範囲を友人だけに限定していても，書き込みを見た友人がさらに情報を拡散することで，公開範囲は制限できなくなる．また匿名で行った書き込みであっても，事件になれば発信記録から投稿者が特定される．問題のある書き込みを見たユーザーの間で，投稿者の過去の書き込みや他のサービスとの紐付けを行うことで，投稿者が特定されるケースも多い．一度インターネットに投稿した情報は消し去ることはできないということを常に意識し，情報の発信は，責任をもって行うべきである．

また，SNS等のサービスでは，個人の職業や所属，出身校等の詳細なプロフィールを登録・公開できるようになっている．これは実社会で自分に関連のあるユーザーや，自分の興味・関心に近いユーザーを発見するうえでは有効に働くが，危険性も伴う．SNS上のユーザーと何らかのトラブルに発展した場合や，ストーカー被害に遭った場合には，不用意な情報公開によって危険な状態に陥りやすいということも意識しておく必要がある．また，プロフィールを書かなくても，投稿内容や写真に写り込んだもの，写真に付与した位置情報等から職業や所属が特定される場合もある．自分の情報だけではなく，集合写真やSNSの繋がりから，友人の情報が悪用される危険もあるため，身近な人の情報の取扱いも含めて気を付ける必要がある．

4 メディアリテラシー

ソーシャルメディアには，**チェーンメール***3 のようなデマ情報が流れやすい．2011 年に発生した東日本大震災の際にも，節電や募金等の人々の善意を求める呼びかけや，原発や放射線の影響等，人々の恐怖心を煽るデマ情報が Twitter をはじめとする SNS で飛び交った．また，著名人がブログ等を介して，商品の宣伝であることをわからないように隠して宣伝を行う**ステマ**（**ステルスマーケティング**）と呼ばれる行為を行い問題になったこともある．2016 年の米大統領選や，英国の EU 離脱を問う国民投票では，虚偽の情報で作られたニュースがソーシャルメディアで拡散したことで，その投票にも影響を与えたといわれている．このような人々の行動に大きな影響を与える虚偽のニュースを**フェイクニュース**と呼ぶ．また，新聞やテレビ等のマスメディアが発する情報に目を向けてみても，意図的に歪められたニュースや記者の理解不足で作成されたニュースが発信されることも多い．

このような状況下においては，一人ひとりが**メディアリテラシー**を身につけることが求められる．メディアリテラシーの定義は時代に応じて変化してきたが，近年の代表的な定義を以下に示す．

「**(1) メディアの意味と特性を理解した上で，(2) 受け手として情報を読み解き，(3) 送り手として情報を表現・発信するとともに，(4) メディアのあり方を考え，行動していくことができる能力**」[4]

ここでいうメディアの特性には多様な例があるが，一例として，情報の偏りが挙げられる．例えば，マスメディアから送られてくるニュース写真や映像は視覚的にわかりやすく情報を伝えてくれるが，それはあくまでカメラマン等送り手の目線で選択，編集された情報である．視聴者はそこに写っていないものに対しては意識が向きにくく，また，編集の仕方によって視聴者が受ける印象は大きく変わる．一方，インターネットでは，使用するサービスによって，自分の情報選択の幅が狭まることや，興味関心が特定のグループに引きずられてしまう可能性がある．例えば，Web 検索は大変便利だが，多くのユーザーが上位にランク付けされた Web ページしか見ていないという報告がある．SNS の中には，繋がりのあるユーザーの投稿を優先的に見せる場合や，オンラインショッピングの過去の購入履歴や閲覧履歴をもとに広告を提示してくる場合もある*4．

---

*3　他の人へ転送させることを目的としたメール．その内容は真実でない場合が多い．

私たちは，このようなメディアの特性を意識し，そこから得られる情報をクリティカルに（論理的で偏りのない視点で）分析・評価する姿勢が求められる．特にインターネット上の情報の場合，情報の質が玉石混交ということもあり，その発信源は誰か，いつ発信された情報か，その内容に偏りはないか他の関連する情報と比較して分析する必要がある．

先述の定義のとおり，現代のメディアリテラシーでは，情報の発信者としての責任も求められる．例えば，SNS でデマ情報やフェイクニュースを受け取った場合に，その真偽を確認しないまま鵜呑みにし，再投稿すると，自分もそれを拡散する行為に加担したことになる．特に SNS の場合，知人や友人を介して拡散された情報は口コミと同様の効果があり，見知らぬ人から届けられた情報よりも，受け取った人は信用しやすいという点にも注意すべきである．

情報社会の権利と法

1 知的財産権

発明や考案，デザイン，著作物等の知的創作物を創り出した人に与えられる権利を**知的財産権**とよぶ．これは，知的創作物を模倣や盗用等から保護し，健全な経済的・文化的発展を促進させるための制度である．知的財産権のうち，産業や経済に関する権利を産業財産権とよぶ．この中には，技術的に高度な発明を独占的に使用できる**特許権**や，物品の形状や構造または組合せに関する考案を独占的に使用できる**実用新案権**，自社の商品やサービスを他者のものと区別するための文字や記号，色彩等を独占的に使用できる**商標権**，物のデザイン（意匠）を独占的に使用できる**意匠権**が含まれる．また，文化や芸術に関する権利である**著作権**も知的財産権に含まれる．次項に，私たちにとって身近な著作権を取りあげる．

*4 このようなサービスの仕組みによって人間の活動を制御していることを指して，米国の法学者の L. レッシグはアーキテクチャと呼んでいる．アーキテクチャはサービス提供者によって決められており，ユーザーは無視できない．

2 著作権

(1) 著作物と著作者の権利

情報の中でも，「思想又は感情を創作的に表現したものであって，文芸，学術，美術又は音楽の範囲に属するもの」を**著作物**という．思想や感情が含まれないデータや，表現の前段階のアイデア，他者の作品の模倣等創作的ではないものは，著作物には該当しない．著作権法の第10条第1項で，小説，脚本，論文，講演，音楽，舞踊，絵画，版画，彫刻，建築物，地図，図表，映画，写真，プログラム等が著作物として例示されている．また，他者が創作した著作物を翻訳や編曲，一部を改変したものは，二次的著作物*5と呼ばれる．

これらの著作物の利用に制限をかけて，情報を創り出した人（著作者）の経済的な利益を保護し，より創作活動を活性化し，文化の発展に寄与することを目的に，**著作権法**が定められている．著作権法では，**著作者人格権**と**著作権**（**財産権**）という二つの権利が著作者に与えられている．著作者人格権は，原著作者の精神的な利益を保護する権利であり，原著作者のみに与えられる．譲渡や相続はできない．他方，著作権（財産権）は，著作者が経済的な不利益を被らないための権利である．著作者人格権とは異なり，譲渡や相続ができる．このことから，著作権を有している者を著作権者という．著作者人格権と著作権（財産権）の詳細を**表 2.2** に示す．

また，実演家（歌手，演奏家，俳優等）やレコード製作者，放送事業者等を**著作隣接権者**とよび，これらに与えられる伝達者の権利として**著作隣接権**がある．著作隣接権では，実演家に対してのみ人格権がある．ただし，あくまで公表された著作物を伝達する権利であることから，その中に表2.2に示した公表権は含まれない．著作隣接権者に与えられる著作権（財産権）は，実演家，レコード製作者，放送事業者によって異なり，実演家の場合は，録音権・録画権，放送権・有線放送権，送信可能化権，譲渡権，貸与権のほか，放送二次使用料を受ける権利，貸レコードについて報酬を受ける権利等が与えられる．詳細は文化庁のサイト等を参照されたい．

(2) 著作物の利用

著作物を利用する場合は，著作権者の許諾を得てから利用するのが原則であ

*5　二次的著作物には，原作の著作者と二次的創作の著作者が存在する．

表 2.2 ▶ 著作者の権利
出典：文化庁 著作者の権利の内容について
https://www.bunka.go.jp/seisaku/chosakuken/seidokaisetsu/gaiyo/kenrinaiyo.html

著作者の人格権（著作者の人格的利益を保護する権利）	公表権（18 条）	未公表の著作物を公表するかどうか等を決定する権利
	氏名表示権（19 条）	著作物に著作者名を付すかどうか，付す場合に名義をどうするかを決定する権利
	同一性保持権（20 条）	著作物の内容や題号を著作者の意に反して改変されない権利
著作権（財産権）（著作物の利用を許諾したり禁止する権利）	複製権（21 条）	著作物を印刷，写真，複写，録音，録画その他の方法により有形的に再製する権利
	上演権・演奏権（22 条）	著作物を公に上演し，演奏する権利
	上映権（22 条の 2）	著作物を公に上映する権利
	公衆送信権等（23 条）	著作物を公衆送信し，あるいは，公衆送信された著作物を公に伝達する権利
	口述権（24 条）	著作物を口頭で公に伝える権利
	展示権（25 条）	美術の著作物又は未発行の写真の著作物を原作品により公に展示する権利
	頒布権（26 条）	映画の著作物をその複製物の譲渡又は貸与により公衆に提供する権利
	譲渡権（26 条の 2）	映画の著作物を除く著作物をその原作品又は複製物の譲渡により公衆に提供する権利（一旦適法に譲渡された著作物のその後の譲渡には，譲渡権が及ばない）
	貸与権（26 条の 3）	映画の著作物を除く著作物をその複製物の貸与により公衆に提供する権利
	翻訳権・翻案権等（27 条）	著作物を翻訳し，編曲し，変形し，脚色し，映画化し，その他翻案する権利
	二次的著作物の利用に関する権利（28 条）	翻訳物，翻案物等の二次的著作物を利用する権利

る．他者が考案したキャラクターや，撮影した画像や映像，音楽や歌詞等を複製する場合やインターネット等に公開する場合は，事前に著作権者の許諾が必要になる．しかし，ときにこの手続きによって，利用者，著作権者双方の負担が大きくなり，円滑に創作活動が行えない等著作権法の趣旨である「文化の発展」に影響を与えることも考えられる．

そこで，著作権法では，「①私的使用のための複製（第 30 条）」「②図書館等における複製（第 31 条）」「③引用（第 32 条）」「④学校その他の教育機関における複製等（第35条）」等の一定の場合に限り，例外的に著作権者に許諾を得なくても著作物を複製できるとしている．①では，個人または家庭内等に準ずる範囲においての複製は認められている．しかし，友人や知人に複製物を渡す等この範囲を超えての複製は私的使用とはみなされない．②では，調査研究のために，著作物の一部分を一部コピー複製することが認められている．③の引用として認められるためには，「1. 引用部分を明示すること」，「2. 引用元を明示すること」，「3. 引用する正当な理由（報道，批評，研究等）があること」，「4. 引用の目的上正当な範囲内（自分の文章が主で，引用文が従）であること」，「5. 原文のまま利用すること」という条件を満たす必要がある．④では，学校等の教育機関において，著作物を教材として使用する場合，教員と学生は，その授業に必要な限度内で，著作物を複製して使用することが認められている*6.

また，著作権者本人に代わって著作物の利用に許諾を与え，利用者から使用料を徴収し，著作権者等に分配する役割を担う著作権管理事業者も存在する．代表的な例としては音楽著作権を管理している一般社団法人日本音楽著作権協会（JASRAC）がある．JASRACと許諾契約を締結しているYouTube等でJASRACが管理している楽曲を使用する場合は，利用者が個別に著作権者に許可を取る必要がない*7.

（3） 著作権法の改正

年々変化する情報社会の問題に対応するため，著作権法はたびたび改正されている．2013年1月に施行された改正著作権法では，海賊版問題の拡大を防ぐことを目的に，販売されている音楽や映像データを独自に複製，インターネット上にアップロードする行為だけではなく，それを違法と知りながらダウンロードする行為に対しても刑事罰が科せられることになった．また，購入またはレンタルしたDVDに設けられているコピーガードやアクセスガードを外して複製する行為やそれをスマートフォン等に取り込む行為に関しても，たとえそれが個人的な目的であっても私的複製とは認められず違法になった．

2015年1月に施行された改正著作権法では，近年の電子書籍の増加に伴い，従来，紙の書籍のみを対象としていた出版権制度の内容が電子書籍に対応したも

---

*6　2018年5月に成立した改正著作権法では，この第35条も一部改正された．詳細は「（3） 著作権法の改正」で述べる．

*7　JASRACが管理していない楽曲を使用する場合や，JASRACと許諾契約を結んでいないWebサービスでは，著作権者の許諾が必要である．

のへと変更された．2018年12月30日に環太平洋パートナーシップ協定（TPP）が発効されたことにより，従来映画のみが公表後70年であった著作物の保護期間が映画以外の著作物においても50年から70年に延長された．

2019年1月に施行された改正著作権法では，近年のIoTやビッグデータ，人工知能技術の発展を促進することを目的とした「デジタル化・ネットワーク化の進展に対応した柔軟な権利制限規定の整備」がなされた．これらの技術で利用されるデータには著作物も含まれるが，その利用形態の中には，機械学習での利用を目的にコンピュータでデータを処理する場合等，著作物の表現を享受しない利用形態も含まれる．米国の著作権法では，「公正な利用」であれば，著作権者の許諾がなくても著作物を利用できるという**フェアユース**という制度があるが，日本の場合はこれまで一部の例外規定を除いて，著作物の利用目的や場面に応じた個別の権利制限規定はなく，それが技術発展を阻むという指摘があった．そこで，改正法では権利者に及ぼす不利益の度合いに応じて利用行為を3層に分け，「権利者の利益を通常害さないと評価できる行為類型*8」および，「権利者に及び得る不利益が軽微な行為類型*9」に関しては，著作権者の許諾を受けることなく，著作物を利用できるとしている．また，（2）著作物の利用で述べた「④学校その他の教育機関における複製等（第35条）」に関して，2020年4月に施行（2018年5月改正）された改正著作権法により，対面授業における著作物の複製だけではなく，オンデマンド授業で講義映像や資料を送信する場合等，教育機関の授業の過程における公衆送信についても，著作権者に無許可で行うことが可能になった*10．

（4） クリエイティブ・コモンズ

著作権法は，著作権者の権利が保護される一方で，著作物の利用を制限することで，それに続く創作活動を妨げるのではないかという見方もある．これに関して，**クリエイティブ・コモンズ**（**Creative Commons：CC**）と呼ばれるライセンス形態がある．これは，ソフトウェアの分野で生まれた**コピーレフト**（**copyleft**）*11

*8　著作物を享受（鑑賞等）する目的で利用しない場合．〈例〉コンピュータの内部処理のみに供されるコピー等，セキュリティ確保のためのソフトウェアの調査解析等[6]

*9　新たな情報・知見を創出するサービスの提供に付随して，著作物の軽微な形で利用する場合．〈例〉所在検索サービス，情報解析サービス[6]

*10　ただし，公衆送信に関しては教育機関が相当な額の補償金を著作権者に支払う必要がある．

*11　コピーレフトには著作権を残す（保持する）という意味がある．この条件下で配布されるプログラムは，自由に利用・改変ができるが，GNU GPL（General Public License，一般公衆利用許諾契約書）に従う必要がある．

と呼ばれる「自由」を保証するライセンス形態を一般の著作物に派生させたものである．著作物の再利用やさらなる発展を目的に，著作権者が著作権を放棄するのではなく，「一定の条件を満たせば著作物を再利用してもよい」という著作権者の意思を表示することができる．**図 2.2** の左端にある「全ての権利の主張」は通常の著作権の権利を，右端にある「全ての権利の放棄」は著作権がない状態を示し，クリエイティブ・コモンズはこの中間に位置する．著作物の保護条件は「表示（attribution）（BY）」，「非営利（non-commercial）（NC）」，「改変禁止（no derivative works）（ND）」，「継承（share alike）（SA）」の 4 種類あり，図 2.2 のとおり，これらを組み合わせた「表示」，「表示－継承」，「表示－改変禁止」，「表示－非営利」，「表示－非営利－継承」，「表示－非営利－改変禁止」の 6 通りのライセンスがある．このうちどの組合せを選ぶかは著作権者自身が決めることができる．

図 2.2 ▶ クリエイティブ・コモンズ
出典：https://creativecommons.jp/licenses/

3 個人情報とプライバシー

オンラインショッピングや飛行機の座席予約・購入等，情報システムを利用する際に，住所や氏名等の個人情報の入力を求められることも多い．その一方で，情報システムから大量の個人情報が外部に漏洩したというニュースも後を絶たない．**個人情報**や**プライバシー**の保護に関して，1980 年に OECD（経済協力開発機構）で，「プライバシー保護と個人データの国際流通についてのガイドラインに関する理事会勧告」が採択され，その中で，「**OECD 個人情報保護 8 原則**」が定められた．日本では，この考えを基本に，サービス利用者や消費者の個人情報を保護し，企業や団体がそれを適切に管理したうえで，有効に活用できることを目的にして，2005 年 4 月に**個人情報の保護に関する法律**（以下，**個人情報保護法**）が施行された．その後，2017 年 5 月に改正個人情報保護法が施行された．

改正個人情報保護法の第 2 条の定義によると，個人情報は「生存する個人に関する情報」であり，「当該情報に含まれる氏名，生年月日その他の記述等により特定の個人を識別することができるもの」のほか,「他の情報と容易に照合することができ,それにより特定の個人を識別することができることとなるもの」も含まれる.つまり,氏名,生年月日のほか,性別,住所,電話番号,学歴,成績,顔の画像等が該当する.また,メールアドレスもアカウント名やドメイン名から個人が特定できる場合は個人情報である.

さらに,改正個人情報保護法では,個人情報に個人識別符号も追加された.**個人識別符号**とは,指紋や静脈パターン等生体認証に使用される身体的特徴や,公的な番号として,マイナンバーや旅券(パスポート)番号,運転免許証番号等が例として挙げられる.また,個人情報の中でも特にプライバシーに関するもので,流出することで当事者に危険や危害,差別等を及ぼす原因となる可能性があるものを**要配慮個人情報**(**センシティブ情報**)という.例としては,人種,信条,病歴,身体・精神障害,犯罪歴等である.これらを取得する場合には,利用目的を特定し,その内容を本人に通知または公表することに加え,あらかじめ本人の同意を得る必要がある.

改正前の個人情報保護法では,5,000人以下の個人情報しか所有しない事業者は同法の適用対象外となっていたが,法改正によってこの規定は撤廃された.現在は,個人情報を扱う全ての事業者(法人に限らず,同窓会等の非営利組織も含まれる)に適用される.

民間の事業者はこれに従い,個人情報を取得する際は,できる限り利用目的を具体的に特定すること,利用目的をあらかじめ公表または本人に通知すること,利用目的に示した範囲内で利用すること,それ以外の目的で利用する場合は本人の同意を得ること,個人情報を安全に管理し,必要がなくなったときは遅滞なく消去する等のルールに従う必要がある.

個人を特定できるか否かに関わらず,情報システムで利用・蓄積される個人に関する情報を総称して**パーソナルデータ**という.例えば,オンラインショッピングの購入履歴やインターネットの閲覧履歴等がこれに該当する.パーソナルデータの中で,他人に知られたくない私生活の情報をプライバシーという.このプライバシーをみだりに公開されない権利を**プライバシー権**という.プライバシー権は,法律では明文化されていないが,過去の判例によって認められてきた権利である.また,個人の顔や姿を勝手に撮影されること,許可なく掲載されることを拒絶する権利を**肖像権**という.特に著名人の場合は,写真や名前を利用することによって,経済的利益を得られるため,それを保護する権利は**パブリシティ権**とよばれる.ソーシャルメディアが普及した現在,無断で他者の写真やプライバシーをインターネットに公開する人も多いが，これらの権利に配慮した行動が求められる．自分の個人情報やプライバシーを誰にどこまで公開するかはその当事者のみ決めることができるものである．このように，自己の個人情報やプライバシーをどのように使うかを決める権利は，**情報プライバシー権**（**自己情報コントロール権**）と呼ばれている．

情報システムで扱われる個人情報やプライバシーを保護する動きとして，**プライバシーマーク**＊12 がある．これは，個人情報を適切に取り扱っている事業者に与えられるマークである．サービス利用者は，このマークの有無を頼りに，その事業者に個人情報を預けても問題ないかを判断することができる．

また，2012 年 1 月に EU が発表した「データ保護規則案」に，**忘れられる権利**が盛り込まれ，注目された．これは，インターネット上に残る本人にとって不都合な個人情報やプライバシー，誹謗・中傷，犯罪歴等の情報を個人の意思で削除するように求める権利である．**リベンジポルノ**＊13 のような問題には効果が期待される一方で，「知る権利」や「表現の自由」とどうバランスをとるのかという指摘もある．また，導入するにあたって，どのような基準で削除を認めるのか，犯罪歴を削除することで再犯に繋がるのではという指摘もあり，慎重に検討していく必要がある．

2 3 情報社会の諸問題と変化

1 システムトラブルによる影響

今日，情報システムは至るところで利用されており，それに対する私たちの依存度も大きくなっている．その一方で，情報システムに依存しすぎるが故に，万一それが利用できなくなった場合に私たちの生活への影響も大きい．2018 年 9 月に起こった北海道胆振東部地震では大規模な停電が発生したが，そこには水や食料の配給に並ぶ人々と同様に，スマートフォンの充電を求める人々の列があった．もはや必要な情報を入手するという行為は，飲食をするのと同様に人々の生活を維持するための基盤になっているといっても過言ではない．また，2018

＊12 https://privacymark.jp/
＊13 元交際相手や元配偶者が，相手に拒絶されたことへの報復に，相手のわいせつな写真や映像をインターネット上の不特定多数に公開する嫌がらせ行為．

年 12 月には，ソフトバンク回線に大規模な通信障害が発生した．数時間にわたり，通話や電話ができなくなるだけではなく，電子決済ができない，コンサートの電子チケットが表示できない，道がわからない等の問題も生じた．この他，金融，証券，航空便の予約搭乗，高速道路の自動料金収受（ETC），通販の決済等でも，情報システムのソフトウェアのバグや，ハードウェアの能力不足，運用ミス等に起因する問題があちこちで起こり，私たちの生活に支障が生じている．

このような問題を踏まえ，私たちは日頃から万一の事態への対策を考えておく必要がある．例えば，先述の通信障害に対しては，複数キャリア回線を使える状態にしておく等が例として挙げられる．また，クラウドサービス上に預けたファイルが何らかの障害でアクセスできなくなることや，パソコンに保存したデータを誤って削除することもあるだろう．定期的に**バックアップ**をとるようにしたい．重要なデータを USB メモリ等に入れて持ち歩くことで紛失時のリスクも大きくなる．情報漏洩に備え，データを暗号化しておく等の対策も有効である．このような情報セキュリティ対策に関しては，第 5 章で述べる．

2 ネット依存

情報機器の利用によって生じる心身の問題を総称して**テクノストレス**という．情報機器が広く普及した現在において，それを使わなければならない状況に不安を感じたり，なじめないという拒否感を抱いたりする状態を指して**テクノ不安症**という．逆に，情報機器に没頭して，日常生活に支障をきたすような状態を**テクノ依存症**という．スマートフォンが普及したことで，その長時間利用が引き起こす問題も深刻になっている．情報機器の長時間利用が引き起こす目の疲れや肩こり等の健康上の障害を **VDT 障害**という．

テクノ依存症のうち，オンラインゲームやオークション，YouTube 等の動画の視聴，SNS 上でのメッセージのやりとり等インターネット上での活動に過度にのめり込むことで，日常生活に支障をきたす状態を**インターネット依存症**という．2018 年 6 月には，WHO（世界保健機関）がゲームのやりすぎで日常生活に支障をきたす「ゲーム障害」を疾患として分類し，2019 年 5 月に認定した．

現在のところ，インターネット依存症に関する明確な診断基準はないが，その程度を評価する目的でスクリーニングテストがよく利用されている．代表的なものに，米国ピッツバーグ大学のキンバリー・ヤング博士が作成したインターネット依存度テスト（Internet Addiction Test：IAT）や，韓国で利用されているインターネット依存評価スケール（K-スケール）がある[8]．

インターネット依存症にならないためには，日頃から自分が情報機器をいつ，どのような目的でどれくらい利用しているか等の使い方を客観的にチェックし，適度な距離を保つことが重要である．

3 パーソナルデータの利活用

各ユーザーのパーソナルデータを取得，解析し，その人に合った環境にカスタマイズすることを**パーソナライズ**という．例としては，ネットショッピングやポイントカードの商品購入履歴をもとにおすすめ情報を提供する，ユーザーの所在地や過去の検索キーワードを参考に，そのユーザーの趣味嗜好を反映した検索結果を表示する例等がある．パーソナライズはユーザーに利便性をもたらすが，一方で，意図しない使い方がされないように，自分のパーソナルデータがどのように利用されるか，サービスの利用規約等でよく確認する必要がある．

パーソナルデータの利活用にあたっては，前述の改正個人情報保護法において，「**匿名個人情報**」の場合は，本人の同意を得なくても，目的外利用や第三者への提供が可能となった．この「匿名個人情報」とは，特定の個人を識別することができないように個人情報を加工し，かつ，その情報から元の個人情報を復元できないようにした情報である．このようなデータが利用可能になることでイノベーションの促進が期待できる．例えば，NTT ドコモでは，携帯電話ネットワークを利用し，地域（各基地局のエリア）ごとの人口を推計する事業*14 が行われている．また，トヨタ自動車では，国内を走行する約 300 万台の車両の情報を収集し，交通流改善や災害時に安全に通過できるルート情報を提供している*15．

演習問題

問❶ 電子メールの送信において，宛先指定に利用される Bcc は，本文で述べた利点がある反面，使い方によっては問題が生じることもある．どのような問題が生じるか考察せよ．

*14 https://www.nttdocomo.co.jp/corporate/disclosure/mobile_spatial_statistics/
*15 https://www.toyotaconnected.co.jp/service/telematics.html

問2 日頃利用しているソーシャルメディアを一つ取りあげ，そのサービスの仕組みによって自分の考えや行動が何らかの制限を受けていないか考察せよ．

問3 画像検索サービスでクリエイティブ・コモンズライセンスが付与された画像を探し，どのようなライセンス形態になっているか確認せよ．

問4 今後 IoT が普及することで，どのようなパーソナルデータが取得可能になるか調べよ．また，プライバシーの観点から，それが漏洩，悪用された場合にどのような問題が生じる可能性があるか考察せよ．

問5 次の**モラルジレンマ問題**について，グループで討論せよ．その際，まず，グループ内で役割（進行役や，各人がどの立場をとるか）を決め，その立場を選択した理由やその行動をすることで生じる問題や効果，追加で仮定した状況や対応案等について議論すること．

(1) A さんの研究室では，夜間の研究室での活動と研究データの研究室外への持ち出しは禁止している．A さんは，明日重要な研究発表を控えているが，その準備ができていない．あなたが A さんなら，発表に必要な研究データを持ち帰って作業するか？　諦めるか？

(2) B さんが住んでいる町で大規模な災害が起こった．B さんの SNS に「行方不明の家族を探して欲しい」というメッセージが送られてきた．メッセージには連絡先のほか，その不明者の顔写真もついている．あなたが B さんならこのメッセージを家族や友人に転送して捜索に協力するか？　それとも無視するか？

第3章 社会と情報システム

私たちは，日常的に利用者の立場として多くの情報システムに囲まれて生活している．しかし，それらは社会に欠かせない一部になっており，理解するためには単なる利用者としての使用方法や恩恵だけに注目するのではなく，提供者の目的やその役割，影響までを考える必要がある．ここでは，情報システムに対する視野を広げるために考え方を学ぶ．その後，企業などの組織運営のための情報システムをはじめとするさまざまな例を通して，提供者側の導入の目的やその構築について学ぶ．

3-1 情報システムとは

身近な情報システムとして，銀行のATM（現金自動預け払い機）や鉄道の座席予約システム，スマートフォンを使ったネットショップやコミュニケーションツール，検索サイトをはじめとするさまざまなWebサイト等が挙げられる．情報化が進んだ現代社会において，これらの情報システムは欠かせない．いまや情報システムは，社会におけるさまざまな人間の営みを支える大きな社会システムの一部である．そのため，社会を理解するうえで，情報システムがどのような役割を担って，影響を与えているかを考えることは大切である．しかし，ユーザーから見える情報システムはごく一部にすぎず，視野を広げるために情報システムに対する考え方を学ぶ必要がある．

1 どこまでが情報システムなのか

機械や情報機器と情報システムは何が違うのだろう．家庭のコンピュータで使っている文書作成ソフトは情報システムだろうか．スマートフォンや炊飯器等は，情報システムなのか．単に情報技術が使われていることが情報システムなのか．情報システムかどうかを判断するには，情報技術だけではなく，情報システムの目的や取り扱うデータ，さらにそのシステムに関連する人間の営みにどのような影響を与えるかを理解する必要がある．情報システムを学ぶことが比較的難しい理由として，情報以外の要素が多く関連しているので，その目的や役割まで理解するためには，ある程度の社会的な経験と洞察が必要になるということがある．

2 情報システムの登場

情報システムの登場は，社会の仕組みを大きく変えてきた．日本での情報システムの歴史をみると，1950年代に比較的規模の大きい企業がEDP（Electronic Data Processing，電子データ処理）を導入し，経理や給与計算等間接業務の効率化を行ってきたことから始まる．その後，情報システムは通信機能をもち，鉄道の座席予約システムや銀行のオンラインシステムが登場すると利用者が企業や組織だけではなく，個人が利用者となり，それまでになかったサービスを情報システムが提供するようになった．

アメリカの未来学者であるアルビン・トフラーが『第三の波』を出版したのは

1980年だった．彼は，産業革命，工業革命の次に来る革命として情報革命を挙げて，コンピュータをはじめとする情報技術の出現は，大きく社会の仕組みを変えてしまうだろうと予測した．その後，現在に至るまで，インターネットの普及，スマートフォンの登場等の情報技術の発展により情報システムにまつわる環境が劇的に変化している．情報システムは，特定の組織において業務の効率化や利便性の向上だけに留まらず，社会の仕組みそのものを支えるような情報システムとして私たちの生活に大きく影響する存在になった．

3 情報システムの定義

情報システムという言葉を耳にしたことがない人は，おそらく少ないだろう．しかし，実際に情報システムとは何かを説明できる人は少ない．情報システムは，一般的に使用される言葉であるが，それゆえにさまざまな形態のものを包含して一意的に説明しにくい言葉でもある．ここでは，『情報システム学へのいざない－人間活動と情報技術の調和を求めて 改訂版』（培風館）の中にある情報システムの定義を紹介する．

「情報システムとは，組織体（または社会）の活動に必要な情報の収集・処理・伝達・利用にかかわる仕組みである．広義には人的機構と機械的機構とからなる．コンピュータを中心とした機械的機構を重視したとき，狭義の情報システムとよぶ．しかし，このときそれがおかれる組織の活動となじみのとれているものでなければならない．」[1]

要するに，情報システムは，**機械的機構**と**人的機構**から構成されている組織体（または社会）の活動に関わっているものとなる．**表 3.1** に，定義に使われている用語をまとめておく．

表 3.1 ▶ 情報システムの定義に使用されている用語

機械的機構	コンピュータやネットワーク等の情報技術と通信技術，ソフトウェアからなる仕組み
人的機構	企業等の人間の組織や社会の仕組み
狭義の情報システム	機械的機構を中心に捉える情報システム
広義の情報システム	機械的機構だけではなく，人的機構まで含んで捉える情報システム

4 狭義の情報システムと広義の情報システム

図 3.1 は，**狭義の情報システム**と**広義の情報システム**のイメージ図である．情報システムは，必ず**提供者**と**利用者**（**ユーザー**）が存在する．提供者は，目的を達成するために必要な情報システムを用意する．開発は組織内の情報システム部門が行う場合や，SIer（System Integrator，エスアイヤー）と呼ばれる情報システム開発を専門に行う会社に依頼する場合がある．情報システム開発は，端末，サーバや通信機器等の情報機器や電源，ネットワーク回線の設備やソフトウェア等機械的機構を組み合わせて行う．この機械的機構から構成される情報システムが狭義の情報システムと定義される．

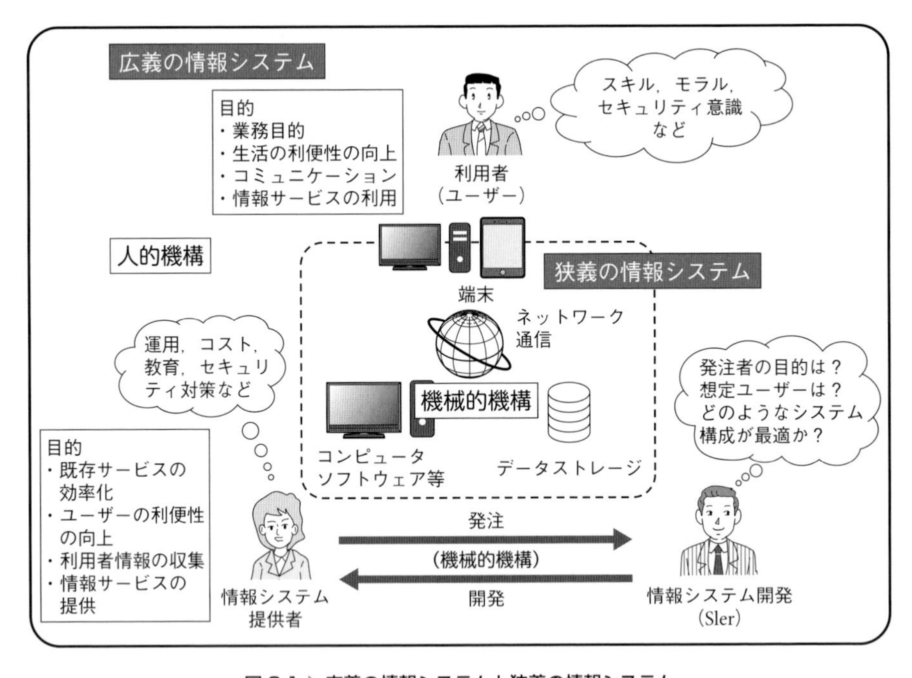

図 3.1 ▶ 広義の情報システムと狭義の情報システム

それに対し，広義の情報システムとは，この狭義の情報システムにユーザーや提供者，それに関連する人間の営みを含めたものである．情報システムは，提供者が達成したい特定の目的があって計画される．その目的は，組織における業務や作業の効率化，顧客への新規情報サービスの提供による利便性の向上，利用者情報の収集，新しい利益を上げるためのプラットフォーム等さまざまである．しかし，機械的機構部分の開発が完了しても，情報システムは，目的を達成するために安定的に稼働し，的確に運用され，開発費用や運用コストがその目的達成の効果に見合うもので，ユーザーに正しく使用される必要がある．ときには，不正利用等の想定外のトラブルへの対応も必要になる．つまり，情報システムにまつわるさまざまな人的機構を考慮し，運用され続け使用されなければ，目的が達成できない．情報システムの開発とは，人的機構を把握して，発注者やユーザーの目的を達成するための最適な機械的機構を構築することである．よく情報システムの業界で使用されるITソリューションという言葉は，情報技術を使った問題の解決を意味する．

ユーザーは，情報システムの利用者で，端末を操作して情報システムにアクセスする．その目的は，業務のための使用や生活の利便性の向上，コミュニケーションの手段等さまざまである．目的を達成するためには，端末を使用するためのスキル，セキュリティ意識やモラル等人的機構が関係する．ユーザー側から見た情報システムは，広義の情報システムであり，提供側が目的を達成するために，開発者に依頼して，機械的機構を組み合わせて構築し，人的機構に配慮して提供されていることを理解する必要がある．

5 情報システム（チケットレスシステム）の導入の事例

例として，スマートフォンを使ったチケットレスシステムを考える（図3.2）．

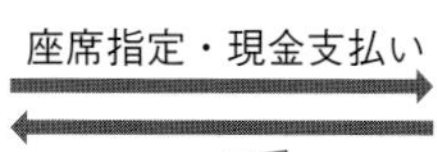

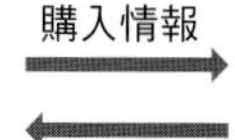

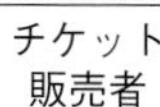

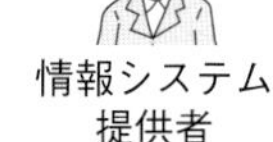

図3.2 ▶ チケットレスシステム（イメージ図）

チケットレスシステムは，スマートフォンに表示されたバーコードやQRコード*1を読み取り機に読み込ませて，それが正しい情報であると確認されると，会場に入場できたり，乗り物に乗車できたりするというものである．

販売提供者側は，既存のチケットを印刷して，郵送もしくは店頭販売していた行為が，チケットレスシステムにすることで，チケットの販売の人件費や印刷費，輸送費を削減することができる．加えて，スマートフォンのような個人に密接な端末がチケットになることにより不正な転売を難しくすることができる．一方，利用者はチケットを窓口で買ったり，郵送で受け取ったりする物理的なやりとりの必要がなくなる．例えば，直前になってチケットの有無を確認して，購入してから会場に向かうことも可能になる．

また，情報システムは，顧客データと販売履歴を蓄積することができ，既存のチケット販売より多くのデータが取得できるようになる．これらのデータの活用は，企業にとっては顧客分析等を可能にし，利用者にはおすすめのチケットが提示される等，それまでなかった戦略を立てることや顧客サービスが提供できる可能性をもたらす．

チケットレスシステムの例において，狭義の情報システムとして見ると，スマートフォンが利用者の端末となり，チケットを購入したことを確認できるQRコード等をアプリにより画面に表示する．チケット販売者の端末には，購買データが確認できる専用の端末やチケット確認にQRコードを読み込む機械等がある．これらの端末を連携させ，データを管理するために構築されたサーバや通信環境，ソフトウェア等が情報システム提供者の狭義の情報システムとなる．

広義の情報システムとして見ると，利用者がチケットを購入するためのスマートフォンおよびアプリの使用できるスキルまで考慮する必要がある．またクレジットカードやコンビニエンスストア（コンビニ）等の支払い可能条件がそろっているか，購入時やチケット使用時に，通信手段が確保できるか等の考慮が求められる．販売提供者側は，チケットレスを処理するための端末を使用できる従業員がいるかどうか，そのためのマニュアルや研修等の環境が整っているか等が求められる．情報システム提供者が考慮すべきものには，ユーザーの想定外の行動やトラブル，不正行為の対応や情報システムのトラブル，ユーザー対応等があり，これらは重要な人的機構である．また，スマートフォンの普及率等社会的要因，停電や通信障害，災害等管理している情報システムを超える外部的なトラブルが

---

*1　QRコードは（株）デンソーウェーブの登録商標で，2次元バーコードともいう．

起こったときの対応等を含めて考える必要がある．

新しい情報システムが登場し，利便性が高く社会に受け入れられ浸透したときには，社会の仕組みを変えてしまうまでのインパクトとなる．その現象を分析するためには，機械的機構と人的機構から構成されていることを意識し，情報システムを理解する必要がある．

6 情報システムを学ぶ意義

改めて，現代社会において情報システムを学ぶ意義を考えてみる．

例えば，2017 年 5 月に公布された，行政手続における特定の個人を識別するための番号の利用等に関する法律で，マイナンバー制度が制定された．マイナンバーとは，外国人を含む日本に住民票を有する人がもつ，原則として生涯同じ番号となり自由に変更ができない 12 桁の番号である．マイナンバー制度の目的には三つあり，公平・公正な社会の実現，国民の利便性の向上，行政の効率化である．分野横断的な共通の番号を導入することで，社会保障，税，災害対策の 3 分野で個人の特定を確実かつ迅速に行うことが可能になった．その前提となる住民基本台帳法が公布されたのは 1967 年だが，利便性よりも番号で管理されることへの抵抗感が示され，導入には至らなかった．そのため，マイナンバー以前は，住民の管理は，名前，生年月日，住所で特定していた．機関をまたいだ情報のやりとりでは，氏名，住所等による個人の特定方法を用い，時間と労力を費やしてきた．個人を特定する情報が，引っ越し等による住所変更や結婚による姓の名前の変更等で個人を示すデータが変化するため，そのたびに確実な書き換えが必要となる．その作業のたびにコストが発生し，データの齟齬（そご）が起こるリスクが伴う．「消えた年金問題」*2 は，このような状況を背景にして起こった．もし，早期にマイナンバー制度が導入され，税金や年金等のデータをマイナンバーに紐付ける情報システムを用いて管理することができていたならば，このような問題が起こらなかったかもしれないし，長年にわたって行われてきた行政の手続きやそのコストを大幅に削減できたかもしれない．

この先，ビッグデータや AI 等をはじめとするさまざまな情報利用に関する新しい仕組みや法案，政策が増えてくるだろう．その際には，通例や感情に囚われず，情報システムにとってどのような影響があるか考えることは重要である．利

＊2　消えた年金問題とは，2007 年に発覚した年金記録問題のことで，1997 年に複数の種類の年金の管理を一元化しようとした際に結婚による姓の変更や文字変換等の入力ミス等で，年金のデータが連携されず，あるはずの記録が残っていない年金記録が生じた．

便性，効率化という理由だけで情報システムが導入できるわけではないことを認識する必要がある．利用者としての主観や習慣等文化的背景も情報システムに関係する重要な要素である．私たちは，それらのさまざまな要因を含む情報システムのメリットとデメリットを考慮し，社会における最適解を模索しながら物事を判断ができるようになることが，情報社会では重要である．

7 データと情報，サービス

ここでは，情報システムで重要な要素となるデータ，情報，サービスについて整理する．情報システムにおいて，データは客観的な事実を意味する．さまざまな事象を測定した場合はその数値，音声や映像，文字の記述等が全てデータになる．これらは，必ずしもコンピュータ等の情報機器で記録していなくても，客観的事実を伝えることができればデータになる．情報は，ユーザーがデータを受け取り，そのデータが示す意味を認識することで人が知識や価値等を見出すことができるものとなる．

データや情報を受け取ることで，ユーザーとその提供者の間で社会的な価値を享受できると，情報はサービスになる．サービスは，物理的なものの授受が行われなくても情報に対し売買や契約等の利益関係が成り立つ．例えば，先のチケットレスシステムでは，情報システムのデータから公演に関する情報を検索して，購入，発券されるまで物理的なやりとりがなくてもチケット購入というサービスを受けることができる．銀行の ATM，アプリのゲームやさまざまな Web コンテンツ等も情報システムによって提供されるサービスといえる．

狭義の情報システムは，機械的機構により主に情報技術を使ったこのデータや情報をユーザーに提供する目的をもった仕組みであり，広義の情報システムは，サービスをユーザーに提供する目的をもった人的機構を含めた仕組みである．

8 システムの構造と種類

情報システムをもっと詳しく理解するために，システムの構造と種類を取りあげる．システムの構造と種類に関しては『IT Text（一般教育シリーズ）情報システム基礎』[2] が参考になる．その中ではシステムの構造と種類について取りあげられており，情報システムを理論的に理解するためには有用な考え方である．本書ではシステムの構造を**表 3.2** のように定義している．そして，システムの構造のどの要素をもっているかでシステムの種類に分類することができる．システムの種類（**表 3.3**）に当てはめる情報システムの分類についての考え方を紹

表 3.2 ▶ システムの構造

① 要素で構成されている
② 目的実現のためにまとまって動作する
③ 要素間の関係には動作ルールがある
④ 外部からの入力を出力に変換する
⑤ 入力の変化に応じて出力が変化する

表 3.3 ▶ システムの種類

システムの種類	例	①要素	②目的	③動作ルール	④入力と出力	⑤入出力の変化
機械	ゼンマイ時計	歯車 バネ	時刻の通知	時計の針の動き	時刻表示	時間経過の提示
機械システム	自動販売機	商品選択ボタン 商品の格納取り出し機構	商品の無人販売	指定された商品と入金額に従って商品と釣り銭を出力	商品 釣り銭	入力に従った商品と釣り銭
情報システム（狭義）	POS システム	コンピュータ バーコードリーダ レシート出力装置	販売時に商品データの入力・蓄積 レシートの印刷 購入者・購入情報の蓄積	バーコードの読み取りに従った，商品の合計金額 入力された金額から釣り銭の計算	レシート 金額表示 購買データ	売上データ
情報システム（広義）	コンビニ店舗	従業員 店舗 POS 端末 商品 配送センター	コンビニの運営 商品の販売 収益向上計画の立案	POS データ分析 従業員のオペレーション 商品管理 各種マニュアル等	売上利益	売上データに従った商品の発注 経営戦略

介する．

機械は，外部からの入力が不要なシステムである．例えば，ゼンマイ時計が当てはまる．ゼンマイ時計はネジの力で時刻を示すシステムである．システムの構造は，時刻を示すという目的のために，バネや歯車等の要素から組み立てられて，時計の針は一定のルールで動き，時刻を表示（出力）する．

機械システムは，外部からの入力があり，入力に従って出力されるシステムである．例としてはシンプルな自動販売機がある．ユーザーが商品を選択するためのボタンや商品の格納，指定した商品を取り出すための機構が機械で構成される．ユーザーからのお金と商品選択ボタンによる入力と，指定された商品とおつりが出力される構造をもつシステムが機械システムである．この他にもアラーム付きの時計は，ユーザーがアラームの時刻を設定して（入力），設定した時刻に従って，アラームが鳴る（出力）システムと考えることができる．機械や機械システムで紹介した例は，コンピュータ等の情報機器を使わなくても実現していたシステムである．

情報システム（狭義）は，入力，出力ともにデータを伴い，扱うことを目的とするシステムである．例として，コンビニのPOS *3 システムがある．POSシステムには，POS端末があり，店員が客の持ってきた商品のバーコードをスキャンして登録することができる．さらに客から受け取ったお金の金額のデータをその端末に入力するとレシートに商品の明細と合計金額とおつりの金額が出力される．しかし，ここまでは，レジとしての機能であり機械システムとして歴史があるシステムである．情報システム（狭義）の主な目的は，データの蓄積や伝達である．精算時にバーコードから入力される商品情報，同時に販売日時，対応した店員情報，ポイントカード等から得られる購入者の属性情報のデータがPOSシステムのストアコンピュータに伝送され，リアルタイムで商品の売れ行きや在庫状況等が蓄積される．これらのデータは仕入れ量や新しい商品の品ぞろえ等の判断に使用する．

情報システム（広義）は，機械，機械システム，情報システム（狭義）等が組み込まれた，人間の営み，社会や組織の運用までを含む情報システムとなる．例として，コンビニがある．コンビニの目的は，商品を陳列して，顧客に見てもらい，商品を売り，収益を上げることである．POSシステムだけでは，目的は達成できない．コンビニは，POSシステムを中心に従業員，教育，運用，集客等人的要素や，陳列棚や商品，マニュアル等の物理的な要素等を含むさまざまな要素から構成されるシステムとして捉えることができる．

9 情報システムの機能的な分類

情報技術の進歩とともに，システムが機械か情報システムかという区別することは難しくなった．情報技術の進化はさまざまな情報機器の低価格化かつ小型化をもたらし，機械でできていた仕組みの多くは情報機器が担うようになったから

*3　POS（Point Of Sale，販売時点情報管理）

である．精緻な歯車等の機械の機構を使って動作を制御するよりも，コンピュータを組み込んで，ソフトウェアを使ってモータ等の動きを制御するほうが，安価に実現でき，仕様の変更も容易に行うことができる．そのことにより機械や機械システムだったものが，情報システム（狭義）の機能まで有するようになった．つまり，情報化が進んだ現在は，先に述べた機械および機械システムを，機械（機能），機械システム（機能）とした方が適切である．

機械（機能）は，既存のモノを目的達成のために新しい技術で置き換えたシステムである．例えば，時計は，時刻を出力する目的のシステムであり，日時計や水時計等原始的なものから，ゼンマイ時計や機械時計等へ進化してきた．時計はさらに進化してデジタル化が進み，機械よりも正確な時刻を示せるようになった．さらにスマートウォッチでは，時計としてだけでなく，スマートフォンと連動した情報システムの端末としての機能まで有するものがあり多様になった．

次にドアの電子錠の分析を例に挙げる．一般的な錠の仕組みは，鍵と錠の機構でできている．鍵を使って鍵穴から物理的に錠を開ける．ところが，ピッキングと呼ばれ，鍵を使わず鍵穴から物理的に錠が開けられてしまうという犯罪が発生すると，対策に鍵穴のない電子錠が導入され始めた．電子錠では，暗証番号（入力）やICチップ，指紋認証を用いて，電気的な機構により施錠，解錠できる．錠という機械（機能）の目的は変わらないが，情報技術により新しい仕組みで錠が実現されている．例えば，ホテル等の電子錠では，宿泊者ごとに一意となるデータを有したカードキーが発行される．この場合は，ホテルのフロントから入力されたデータに従って解錠するので機械システム（機能）と見ることができる，ホテルがこの錠の開閉時間や回数等の使用状況をデータとして蓄積する仕組みがあれば情報システム（狭義）の機能を有し，そのデータに基づいて，従業員が顧客への対応するような運用のルールがあれば情報システム（広義）と考えることができる．

10 情報システムの構成要素

ここでは，情報に関する機械的機構について取りあげる．

（1） ハードウェア

〔1〕 端末

ユーザーが情報システムにアクセスするためのインタフェースを提供する装置である．インタフェースは，情報技術分野において装置とユーザーの接点を表す用語である．端末は，ユーザーから情報システムにデータを入力する機能と，情報システムがユーザーにデータを表示する出力の機能を有している．例えば，会社のオフィスでは，パーソナルコンピュータ（PC），屋外では，タブレットやスマートフォン，店舗では，銀行のATM，電車の切符販売機，コンビニのPOS端末等専用端末が使用されている．入力には，キーボード，タッチパネル，バーコードを読み取る装置等があり，出力には，代表的な装置として，ディスプレイ，プロジェクタ，プリンタ等がある．その他にも音，光の点滅，振動等も装置からユーザーに情報を伝える手段となる．

〔2〕 サーバ

情報システムの中枢となり，端末とデータをやりとりするのがサーバである．サーバは，コンピュータの一種であるが，多数の端末からのアクセスと大量のデータを処理する能力と常に安定して動作する等一般のPCより高度な性能が求められる．そのためサーバには，高い処理能力が必要とされ，部品は故障しても稼働できるように二重化されている仕様のものがある．情報システムの中枢となるサーバは，通常データセンター等の専用施設に設置される場合が多く，災害や障害対策としてあえて距離が離れたデータセンターを選定し，複数台で冗長化されたサーバを設置する場合がある．

〔3〕 ネットワーク

事業所内や家庭等で設置できるネットワークをLANと呼び，通信業者を介して離れた地点間のネットワークをWANと呼ぶ．情報システムのネットワークは，インターネット回線以外でも拠点や店舗との間を結ぶためにWANを利用したり，LANを構築する際にはネットワーク機器以外に建物等の環境に合わせたりというように，電源やケーブルの配線，無線の電波の範囲等も考慮する必要がある．さらに，組織ごとにネットワークを分割して，アクセスする範囲を制限したり，データのバックアップ専用の回線を用意したりするといったネットワーク設計が求められる．

〔4〕 記憶装置

情報システムにおけるデータを蓄積させるための機器である．情報システムにおいてはデータが全ての基本になる．重要なデータを消失しないためにデータの定期的なバックアップ（データのコピー）や記憶装置のミラー化（二重化），データの保管，管理が重要になる．しかしデータ保存の信頼性とコストは相関しているため，データの重要度に見合う，装置の信頼性と性能，コスト，データ容量に配慮し，適切な構成の装置を選択する必要がある．

(2) ソフトウェア

〔1〕 端末用ソフトウェア

端末には，情報システムとやりとりするためのソフトウェアがインストールされている必要がある．使用目的が限定された専用ソフトウェア，汎用性のあるWebブラウザを端末用ソフトウェアとして使用するシステムがある．

〔2〕 ミドルウェア

情報システムのアプリケーションを動かすための環境を提供する主にサーバにインストールされているソフトウェアである．ミドルウェアには，データを統括的に管理するデータベースや，Webサービスを提供するためのWebサーバやアプリケーションサーバー等のソフトウェアがある．

〔3〕その他

コンピュータを動かすためのWindowsやmacOS，Linux等の基本ソフトウェア（OS）や一般的な業務を実行するためのオフィスソフト等がある．

11 オンプレミスとクラウド

オンプレミスとは，ハードウェアやソフトウェアの全てを，企業等が自前の施設内に設置して管理することである．オンプレミスは，全て自前で構築・管理するので，情報システムを自由にいちから構築することができる．しかし，購入から設置までの費用や設置場所の確保までの初期コストと構築期間がかかること，管理・運用のための専門スタッフの確保，災害や停電，ネットワークの通信障害等への24時間対応を自前で行う等，オンプレミスで大きな情報システムを構築するためには規模が大きい企業等でなければコスト的に見合わない．また，短期間に頻繁に変更することは困難なため，導入時に将来の業務量の増加を見込んだ余裕のあるハードウェアを用意する必要がある．

そこで，オンプレミスに代わり普及してきたのがクラウドである．クラウドとは，インターネット上の仮想のサーバやネットワーク機器，記憶装置を提供するサービスで，自前でハードウェアを用意することなく情報システムを構築できる．また，クラウドは世界中に分散して設置でき，災害や障害等に強いという特徴がある．情報産業を代表するグーグル*4やアマゾン*5，マイクロソフト*6等の会社がクラウドを提供し，その信頼性は高く評価されるようになり，すでに多

*4 Google LLC
*5 Amazon.com, Inc
*6 Microsoft Corporation

くの情報システムがこのクラウド上で構築されオンプレミスから移行が進んでいる．クラウドは仮想の環境なのでハードウェアの購入や設置等必要なく，契約した時点ですぐに情報システムを構築できるのも特徴となる．仮想環境の性能も，後から変更できるので最初に最小構成で構築した後，規模を拡大するということができ，あらかじめ高性能な環境を用意する必要もない．かつてはオンプレミスであった規模の情報システムがクラウドへ移行する例も増え，多くの情報システムはクラウド上に構築されるようになっている（**図3.3**）．

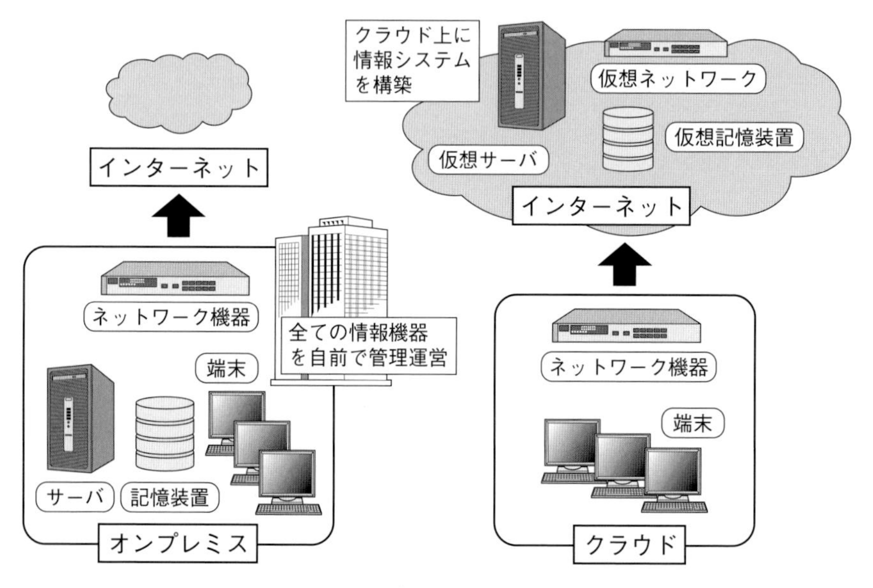

図3.3 ▶ オンプレミスとクラウドの比較

12 情報システムの例

情報システムの提供者の立場として，情報システムの導入を企画するときは，必ず達成したい目的が存在する．企業等の組織の情報システム導入の目的として，例えば，顧客データの収集やそれを使った販売促進等がある．ここでは，POSシステムとCRMシステムをその例として取りあげる．

（1） POSシステム（Point Of Sale System，販売時点情報管理システム）

代表的な情報システムであるPOSシステムは，複数の店舗を運営するコンビニエンスストアやスーパーマーケットには欠かせない情報システムである．レジとしてPOS端末（**図3.4**）を使用し，顧客が商品を買うときに，従業員（ユーザー）が商品のバーコードからデータを読み取り，支払い処理と同時に発生するさまざまなデータ（販売データ，顧客データ等）を記録するという目的をもったシステムである．顧客データは，提示されたポイントカードを読み込む方法や，従業員が見た目から判断して年齢や性別を入力する方法がある．これらのデータはPOSシステムに蓄積される．POSシステムの目的は，顧客の購買行動をデータとして蓄積だが，組織の目的は，その先のデータから情報を取り出し，店舗運営等に反映させることである．そのためにCRM等ほかのシステムと組み合わせる．

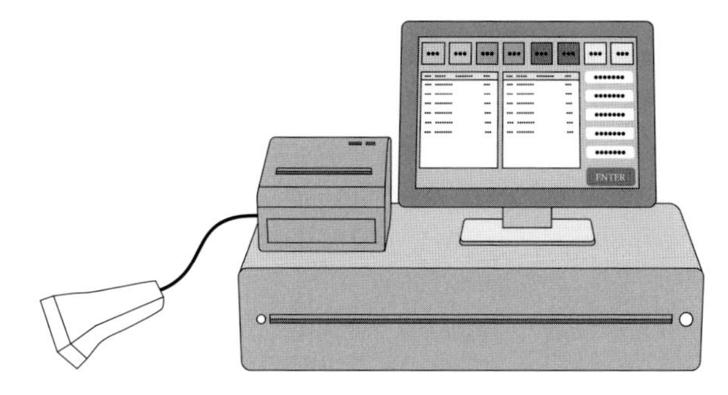

図3.4 ▶ POS端末

(2) CRMシステム（Customer Relationship Management System, 顧客情報管理システム）

CRMシステムは，多様化する消費者のニーズに応えるため，顧客情報を一元的管理し，分析することができる情報システムである．CRMシステムにより，顧客満足度の向上や商品の売れ筋予測，リピータ分析等を行うことができる．経営者は，自分たちの販売の傾向分析や消費者動向分析等を行い，さまざまな意思決定の資料として役立てている．

13 社会基盤としての情報システム

情報システムは，組織の中だけではなく，社会全体に大きな影響を与えるものも多く存在する．特にユーザーへの影響が大きくライフスタイルまでを変化させてしまうものもある．その情報システムがなければ社会に支障を与えるものも多く存在し，情報システムは，ガス，水道，電気に匹敵する社会基盤となりつつある．例えば，金融系の情報システムは，銀行だけではなく，コンビニエンスストア等でもいつでもお金を引き出すサービスを提供している．道路の交通信号の制御システムも重要な情報システムである．もしこれらのシステムにトラブルがあれば生活に大きな支障が生じる．

さらに情報システムは新しいサービスを提供することで，私たちのライフスタイルに変化を与えてきた．例えば，JRの列車等の座席を予約する情報システムはマルス（MARS）と呼ばれる巨大なオンラインシステムであり，1960年代の国鉄時代からすでに発券の業務が運用されてきた．JRの窓口や旅行代理店にマルスの端末があり，そこでしか購入できなかった乗車券は，現在はインターネット経由やスマートフォンでの購入，列車や座席の変更が可能になった．また，防災においては，テレビやラジオ等でしか提供できなかった警報に関しても，Jアラート（全国瞬時警報システム）により，時間的余裕がない大規模な自然災害や弾道ミサイル攻撃等についての情報を自治体等から住民までメールやスマートフォンのプッシュ型のアラートを伝達することができるようになった．教育分野においても，MOOC（Massive Open Online Course）と呼ばれる大学の講義を世界的なプラットフォームによりオンラインで提供する情報システムがある．これにより，インターネットの環境があれば，誰でも大学の授業を受講できるようになるため，教育による環境の格差問題を解決する一助として世界的に期待されている．

このように新しい情報システムが，私たちの生活スタイルの変化まで影響を与えるインパクトをもっていることは間違いない．

3 2 組織の情報システム

POSシステムのように企業等のさまざまな組織において，効率化だけではなく，既存の仕組みでは実現できなかった新しい価値を生じさせる．組織は，生産，販売等の営利活動や組織運営等を行う際に情報システムを活用しており，組織が大きいほど，その重要度の比重は大きくなる．情報システムは，人件費の削減や業務の効率化等コスト削減として導入する場合と，従来にない新しい仕組みを実現する将来への投資として導入する場合がある．前者では，なるべく既存のシステムを組み合わせてコストをかけずに構築しようとし，後者では，組織の戦略上の重要なシステムとして，コストをかけても他の組織と差別化できるような情報システムの構築を目指す．

1 組織の情報システムの種類

組織における情報システムは**基幹系システム**と**情報系システム**と大きく二つに分類される．基幹系システムは，組織の活動を営むためには欠かせない情報システムである．詳しくは後述するが，会計，人事給与，勤怠管理，生産管理，在庫管理等の業務を支援するシステムは基幹系システムである．先のPOSシステムは基幹系システムである．情報系システムは，業務の円滑化や効率化を目的とする情報システムであり，PCやオフィスソフト，メール，グループウェア（カレンダー共有や組織内SNS）等がある．基幹系システムと異なり，もしこれらのシステムが一部使えなくなったとしても，代替手段があり，業務全体が大きく滞り致命的な不利益を被ることはない性質をもつ情報システムである．

また，これらの企業等で情報システムを運用するためには，組織に整備された**IT基盤**が必要である．IT基盤とは情報システムに必要な構成要素であるサーバやデータベース，ネットワーク，ソフトウェア，個人端末（PC，スマホ，タブレット），プリンタ等である．さらに，情報機器だけではなく，ソフトウェアのライセンスおよびバージョン管理，セキュリティ対策，新しい技術への対応も重要な要素となっていてIT基盤は組織の情報システムを運用する体制までを含む．そのため多くの組織では，情報システム部門と呼ばれる専門の部署が設けられている．

2 小売り・製造業の基幹系システム

企業の生産性向上のためには，人，モノ，金，情報等の企業資源の管理が重要になる．基幹システムはこれらの管理を行う．

ここでは，小売業や製造業等製品や商品を扱う企業の基幹系システムの例として，生産管理システム，販売管理システム，購買管理システム，在庫管理システムを取りあげる．**表3.4**は，それぞれのシステムの説明である．またそれぞれのシステムがどのように連携するのかの例を**図3.5**に示す．販売管理システムの目的は，顧客からの発注と納品の管理である．発注データに基づいて，在庫管理システムから在庫データを受け取って，商品の在庫があれば顧客に納品する手配を行う．在庫管理システムは現在の在庫データを更新するとともに，在庫予測データを生産管理システムへ提供する．生産管理システムは，その在庫予測データに基づいて生産計画を立てる．また，生産計画に基づいて在庫管理システムへ製品入庫予定のデータを提供する．生産管理システムは，その在庫予測データに基づいて生産計画を立て，さらに生産計画に応じて部品や原材料等の調達計画を行う．調達計画データは購買管理システムに提供される．購買管理システムは調達計画データに応じて仕入れ先への発注処理や納期の管理を行う．納期に関するデータは生産管理システムに送られる．

表 3.4 ▶ 小売り・製造業の情報システム

生産管理システム	製品を製造し出荷するための生産プロセス，製造機械，製品の質や数等を管理し，最適な生産計画を立案
販売管理システム	製品を販売するために受注から出荷，請求・入金等の販売業務を管理
購買管理システム	製品を生産するための原材料や部品の調達等を管理
在庫管理システム	倉庫やバックヤード等の製品や部品の在庫を管理

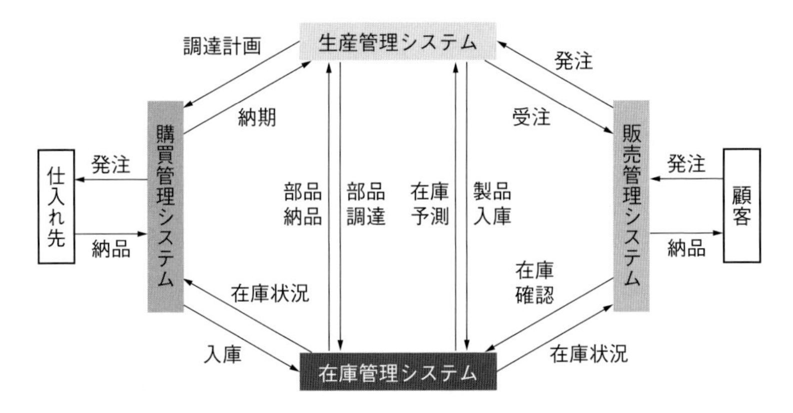

図 3.5 ▶ 製品管理のシステムの連携イメージ

実際の生産過程においては部品や製品を運ぶ物流等組み合わせて最適化を目指す必要があり，物流の最適化を情報システムで実現することをロジスティクスと呼ぶ．さらにロジスティクスよりも広い範囲で，調達から製造，販売に至る一連の流れを管理することを目的として一つの企業の枠を越えて，複数の企業によりこれらのデータを共有して，リードタイム（発注から納品までの時間）の短縮や在庫，流通の効率化や最適化を可能にするような情報システムを SCM（Supply Chain Management，サプライチェーンマネジメント）システムと呼ぶ．

3 組織運営の基幹系システム

従業員が働く企業や教育機関等の組織運営に欠かせない基幹系システムとしては，会計システム，人事給与システム，勤怠管理システム等がある（**表 3.5**）．これらの基幹システムの目的は，組織運営に必要な事務処理の効率化等である．

表 3.5 ▶ 組織運営に関する基幹システム

会計システム	財務管理，債務や債権の管理等の会計を管理するシステム
人事給与システム	人事や給与等の人事部門業務を管理するシステム
勤怠管理システム	出退勤，シフト，有給や残業等を管理するシステム

基幹システムは，本来それぞれの企業の業務プロセスに合わせて，組織に合った形で設計，構築，導入されるが，業務プロセスにはほかの基幹システムと異なり，共通の業務が多い．そこで，これらの基幹系システムをほぼ完成されたソフトウェアとして提供する ERP（Enterprise Resource Planning，企業資源管理）パッケージが存在する．ERP はそれぞれの典型的な業務を想定したソフトウェアから構成され，いちから開発するより業務分析や導入開発に時間やコストが削減できる．共通の ERP パッケージを導入することで，複数の情報システムで処理していた業務を一元化し，企業の経営資源を統合的に管理できるようになる（**図 3.6**）．

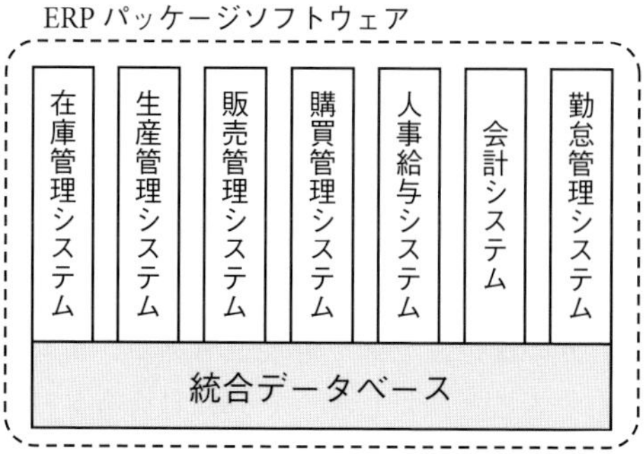

ERP パッケージソフトウェア
在庫管理システム
生産管理システム
販売管理システム
購買管理システム
人事給与システム
会計システム
勤怠管理システム
統合データベース

図 3.6 ▶ 統合データベースによる一元化

ERP パッケージは，システム統合化やコスト削減等のメリットがある反面，組織への導入時には ERP パッケージに合わせて，それまでの業務の変更や従業員の再教育等の人的機構に関する変更にコストが生じる場合がある．

4 組織の情報系システム

組織の情報系システムは，従業員の業務を支援することが目的である．目的として，組織内のコミュニケーションや業務における事務処理，経営陣の意思決定の支援等がある．

代表的な情報系システムとしては，グループウェアがある．グループウェアの機能は多岐にわたり，メール機能，掲示板機能，メンバー同士のスケジュールが把握できるカレンダー機能，報告書等の書類の決裁の流れを行うことができるワークフロー機能，備品や会議室の予約等の設備予約機能，ファイルやドキュメントの共有機能等がある．組織内コミュニケーションや業務を円滑に行うことやテレワーク（在宅勤務）の実現が目的である．

組織内のコミュニケーションは，一般のメールやSNS等とは異なり，システム管理者がグループやメンバーに対し，情報資産に関するアクセス権限を設定する．これにより組織内のコミュニケーションの単位を部署やプロジェクトに合わせてあらかじめ用意できる．複数ユーザーのチャット機能，音声や動画による遠隔会議機能等リアルタイムコミュニケーションの機能が充実しているものもある．

意思決定等のマネジメントに必要な情報系システムの一つにナレッジマネジメントシステムがある．組織の知的財産を管理，共有化する目的の情報システムである．組織にある技術や特許，従業員のもつノウハウや情報，知識等の知的財産は重要な資産である．組織が大きいほど，このような知的財産を活用することが難しいため，ナレッジマネジメントシステムを導入することで，組織内の知的財産が検索でき，組織の課題解決に役立てることができる．

例えば，従業員が把握している顧客先の社風や交渉の傾向，キーマン等をデータとして登録しておくと，ほかの従業員がその会社と交渉する際にこのシステムの情報を参照にして戦略を考えることができる．ただし，従業員にとっては，他の人に伝えることで自分の優位性を失う可能性もある．ナレッジマネジメントシステムにデータを入力することに対して，それに見合うメリットがなければシステムを導入しただけでは機能しない．ナレッジマネジメントシステムは運用が難しいといわれており，有効に活用するために従業員の能力や動機付け，運用，褒賞制度等の人的機構が重要となり，それらが伴うことで効果を発揮する情報システムとなる．

5 組織の IT 基盤

基幹系システムが稼働しているサーバ，社内外のネットワークシステム，従業員が仕事をするための数百台の情報端末の導入，管理，運用等が組織における IT 基盤となる．情報システムが故障や障害で使えない時間をダウンタイムという．営利組織においては，業務が情報システムに依存しているほどダウンタイムがそのまま損失になるため高度な安定運用が求められる．これを実現するために業務を継続的に行う BCP（Business Continuity Planning）と呼ばれる計画を立てる必要がある．例えば，コンピュータ等の端末類は，故障したときに代替できるよう予備を確保したり，サーバについては複数台で稼働させたり，通信回線を二重化する等して 1 台もしくは 1 か所に障害が起こっても稼働し続けられるような冗長性がある設計がされている（図 3.7）．また，データにトラブルがあった場合，なるべく早く，復帰できるように定期的なバックアップの実行も欠かせない．その他にディザスタリカバリ（災害対策・災害復旧）等も含まれる．また組織の IT 基盤では顧客等の個人情報を管理，運用しているためセキュリティ対策は，組織の信用に繋がる重要事項である．情報の流出を避けるためさまざまな対策が行われる．例えば，データを持ち運べないように，全ての端末に USB メモリの使用禁止させるソフトウェアを導入し情報漏洩対策への対策を行う．

IT 基盤は，安定運用やセキュリティ等を求めれば求めるほど，導入するシステムは高価となる．またライセンス更新料，保守費等は毎年発生する．IT 基盤が時代遅れとなればリプレース（入れ替え・更新）となる．IT 基盤は維持し続

図 3.7 ▶ 複数で構成されるサーバ（Wikimedia Foundation servers）
https://en.wikipedia.org/wiki/Server_(computing)#/media/File:Wikimedia_Foundation_Servers-8055_35.jpg（CC BY-SA 3.0）

けるだけでコストがかかる．そのためにIT基盤は，常にコストに対してその効果があるかチェックされる．多くの組織には，これらのIT基盤を運用するための高度な専門知識をもった情報システム部門が存在しIT基盤の導入維持に努めている．

3 身近な情報システム

ここでは，もう少し身近な例として大学の情報システムを取りあげる．大学は，学生募集，入学試験，学生への教育機会の提供，卒業要件を満たした学生に対する学位授与，社会への人材の輩出が主な役割である．そのために大学組織の運営が行われ，業務の効率化や教育サービスの向上等を目指しさまざまな情報システムが導入されている．

1 大学の基幹システム

学務システム（もしくは，教務システム）は，大学の基幹システムに当たる情報システムである．大学において最も重要なデータは学生に関するものである．学生の基本データとして，学籍番号，学生氏名，所属，入学年度，履修情報，成績情報，入試情報，奨学金，健康管理，課外活動等がある．これらデータの多くは学務システムにより管理，運用される．学務システムを使用することにより，学生の履修状況や成績を把握し，卒業要件判定を行うことができる．学務システムは，学生の個人情報を扱うため，厳密なアクセス制限が設けられており，職員や教員は自分の業務や授業に関係するデータ以外にはアクセスできないように運用されている．また，履修登録システムや成績証明書発行，出席管理システム等大学のさまざまな情報システムがこの学務システムと連携し運用されている．

2 大学の情報系システム

大学の情報系システムとして代表的なものにポータルサイトシステムがある（図3.8）．ポータル（Portal，入り口や玄関の意）は，学生に大学で学生生活を送るための情報システムへの入り口を提供する．履修する授業を登録する履修システム，大学からシラバスや授業検索システム，休講情報システム，授業アンケート等のアンケートシステム，大学からのお知らせシステム，災害時の安否確認システム等が大学のポータルシステムを通じて提供されている．教員に対して

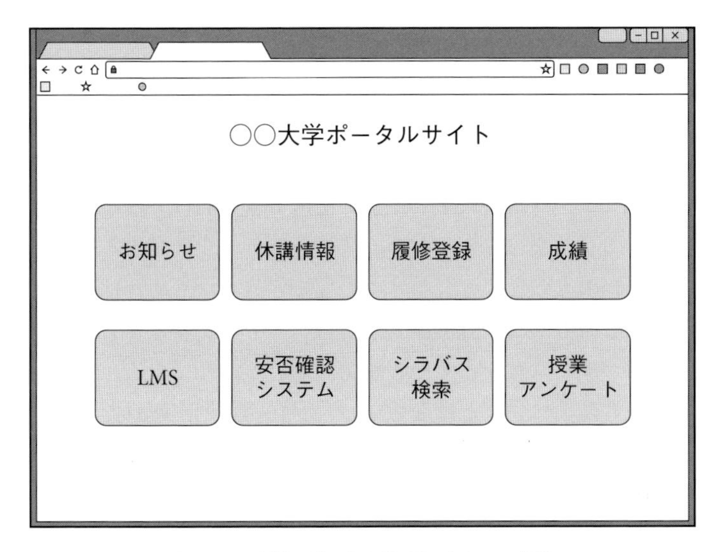

図 3.8 ▶ 大学のポータルサイト（イメージ図）

も成績入力システム，出席管理システム等の授業運営に必要な情報システムを提供する．提供される情報システムは大学によって異なるが，学生の PC やスマートフォンの普及率の向上や大学の情報化に伴い，ほとんどの大学に情報系システムが導入されている．

授業を支援する情報系システムとして LMS（Learning Management System，学習管理システム）がある．教員は，LMS を使って学生に資料等の教材配布から課題，試験，掲示板等を提供することができる．また LMS により，情報システム上で学ぶ e-Learning と呼ばれる学習方法が可能となった．このことにより従来の授業スタイルのほかに，自ら学習教材にアクセスするという主体的な学習や，事前に授業内容を学習して，教室で演習やグループワークを行う反転学習，遠隔授業等，新しい教育スタイルが可能となる．

その他の情報系システムには，大学の図書館には蔵書や貸し出しの管理をするための図書館情報システム，在学中の学生の学習に関するポートフォリオ（学習履歴やレポート等の成果物等作品集）を電子的にアーカイブする e-ポートフォリオシステムがある．また大学改善を目的として大学に存在するさまざまなデータを収集分析する IR（Institutional Research，機関調査）システムを導入して，教育成果の視覚化を行い，データを使った大学運営等の意思決定の支援を行う大学も増えてきている．

3 4 情報システム開発

企業や組織で導入される情報システムは，スマートフォンのアプリやPCのソフトウェアのように，簡単に入手してすぐ使用できるわけではない．情報システムを依頼する側の目的を達成するための情報システムを開発する必要がある．情報システムは既存のものを組み合わせて実現できるものもあれば，ほとんどをいちから開発するものもある．特に巨大な情報システムとなると大規模プロジェクトとなり大人数がチームとなってその開発に携わることになる．情報システムの開発は，必ずしも順調にいくとは限らない．開発の工期が遅れたり，予算が予定以上かかったり，情報システムが目的を達成できず，使用されなくなった等情報システムの開発には問題が生じることがある．

1 情報システム開発の課題

情報システムの開発を家の建築に例えると，情報システムの依頼者は，理想の家を建てたい施主である．施主は，自分で家を建てる能力はないので，理想の家を建ててもらえる施工業者を探して依頼する．施主と施工業者は念入りに話し合い，理想とする家のイメージを伝える．業者は，その理想をかなえるための予算と工期を見積もるが，施主の予算と工期には上限がある．そこで，現実的な建築可能な家が提案され，それに施主は同意し建築が始まる．業者は，建築士に依頼し設計図を起こし，それを見て大工や配管等複数の専門家が一つの家を完成させる．しかし，理想の家とはかなり異なり施主を満足させない家が完成する場合があり，問題の要因は施主と業者の提案を作成する過程なのか，設計図や建築の過程なのかさまざまある．この事情は情報システム開発でも同様である．

依頼側には，理想の情報システムの考えがあり，それを実現するために情報システム開発専門の業者に依頼する．依頼側と開発側は，工期やコスト，情報技術的な限界等を話し合い，実現可能な情報システムの提案に対し契約する．その提案に基づき開発に入る．開発の過程では多くの専門家が担当ごとに作業を行い一つの情報システムを完成させる．ときどき情報システム開発において工期の遅れ，コストオーバー，理想と完成した情報システムのギャップ等の問題が起こり，依頼側を満足させることができないことが起こる．情報システム開発にはそのような問題をなくそうとさまざまな開発手法が提案されて取り入れられているが未だなくすことはできていない．

情報システムの開発を請け負う企業が多く存在し，それらの提供する得意分野や専門性は異なる．そのため情報システムの開発を成功させるために，依頼側にとって開発を依頼する企業の選定が重要となる．

2 SI 企業とユーザー企業

さまざまなリソースを組み合わせて目的に合った情報システムを総合的に導入することを SI（System Integration，システムインテグレーション）という．情報システムを開発したいものの，情報システムを開発できるほどの専門家が社内にいない場合，外部の企業に依頼して開発・導入を行う．中でも SIer は，情報システムの企画，設計，製造等を一つの企業で完結できるいわゆるワンストップサービスで情報システムを構築できることが特徴となっている．SIer 等の情報システム開発の企業に対して，情報システムの構築を依頼し，導入された情報システムを運用する企業はユーザー企業と呼ばれている．家の建築に例えると，施主がユーザー企業で，施工業者は SIer の開発企業になる．ちなみに SE（システムエンジニア）は，実際に情報システムの導入の企画や設計，構築，開発する人の総称である．SE は，SIer 等の開発企業に多く所属しているが，情報システムを企画，運用するためにユーザー企業にも所属している．そのため SE は情報を専門とする企業だけではなく業種問わず情報システムを採用しているほとんどの企業に需要がある．

3 情報システム開発工程モデル

情報システムの開発を成功させるためには，コストや工期を計画どおり進める必要がある．そこで重要なのは開発手法である．ここでは情報システムの代表的なかつ伝統的な開発工程として，ウォーターフォールモデル（Waterfall Model）を紹介する．**図 3.9** にウォーターフォールモデルの例を挙げる．水が上流から下流に流れていくように開発工程を進めていくことから，そう名付けられている．

① 企画は，企業や組織が現状の課題や新しい戦略を情報システムによってどのように解決するかを検討する．

② 分析は，企画を実現するために，調査や分析を行ってどのような情報システムが必要かを探る．そしてその情報システムの実現可能性を評価する．ここまでで決められたことに基づいて，要求仕様書を作成する．要求仕様書とは，導入依頼側が開発側に対して依頼するシステムへの要求を文書化したものである．

③ 設計は，分析で提案された情報システムをどのように実現するかを検討し，

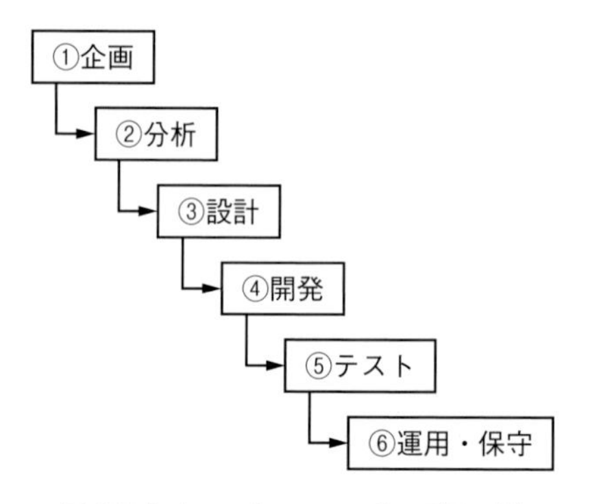

図 3.9 ▶ ウォーターフォールモデルの例

情報システムの要件を定義し，それを実現する情報システムの設計を行う．ここでは要件定義書とよばれる開発者側から導入依頼側へ開発する情報システムを伝える文書を作成する．

④ 開発は，設計をもとに実際に情報システムを構築し，仕様どおりに稼働するかを確認する．

⑤ テストは，構築された情報システムに対し，利用者が目的を達成できるかどうかを事前に運用上，想定される使用パターンによる確認を行う．

⑥ 運用・保守は，情報システムが導入された後，安定的かつ継続的に運用するためのトラブル対応やセキュリティ対策，情報システムの更新や改修等行うことである．

このウォーターフォールモデルは，比較的大規模な情報システム開発において用いられることが多く，そのメリットは，段階ごとに開発期間やコストをあらかじめ決めやすく発注側にとってわかりやすいことが挙げられる．その反面，開発の途中で情報システムを見直したりするような工程を逆行することがある開発には向いておらず，柔軟性に欠ける開発手法になる．予定された期日から遅れてしまうとそのまま下の工程に影響が出てきてしまう．このことから開発中の工程に想定外のことが起こると納期や開発費用が当初の予定と異なり発注者と開発者とのトラブルに発展してしまうことがある．

ウォーターフォールモデルに対して，アジャイル（Agile）と呼ばれる開発手法がある．アジャイルは，開発の工程を短く分割し数週単位で開発内容を適宜見直し反復する手法である．比較的小規模の Web システムやスマートフォンのアプリケーション等，開発に即時性が求められる場合に用いられる．その反面，最終的にできあがるまでの工程が見通せないため予算や期間を重視する大規模開発の構築には不向きだとされている．それを解決しようと，企業によっては独自にウォーターフォールモデルとアジャイルを融合させる試みが行われている．

4 情報システムのライフサイクル

基幹系システム等の情報システムは，構築に 1 年以上を要し，一度導入されると 5 年程度は継続して使われ，場合によっては 10 年以上使用し続けるものもある．情報システムの企画，設計，開発，運用から使用停止までの一連の流れを，情報システムのライフサイクルと呼ばれている．情報システムは，PDCA サイクルにより常に見直されている．PDCA とは，Plan（計画），Do（実行），Check（点検），Act（処置）の頭文字を取った略語であり，これを何回も繰り返すことで情報システムを見直し，改善，改修を行って運用を継続していく．そして，物理的なシステムに継続できない事案が生じたり，改修の繰り返しで開発の限界を迎えたりしたときに，新しい情報システムへの移行が検討される．既存の情報システムを新しいものに変更することをリプレースといい，その際は組織運営や業務の進め方を含める人的機構へも大きな影響を与える事案になる．

情報システムは，組織の目的，外的要因，情報システムの問題等情報システム以外の要因でその価値が変化する．そのような環境の中で，何度もライフサイクルを繰り返し，その組織や社会に欠かせないインフラの役割を担うものもあれば，短命で終わってしまうものもある．情報システムの価値の判断には，本章で扱った情報システムの構成要素や機能的な分類等が役に立つので参考にして欲しい．

演習問題

問❶ 自分の身の回りでコンピュータが組み込まれている製品や情報機器を挙げよ．

問❷ 問❶で挙げた製品や情報機器について，それ以外で代替する手段を挙げよ．

問❸ 問❶で挙げた製品や情報機器について，蓄積されるデータはあるか．もしあるならば，どのようなデータか考察せよ．

問❹　身近な情報システムを例に挙げ，情報システムの提供者とユーザーそれぞれの目的を考察せよ．

問❺　問❹で挙げた情報システムを構築する要素について，機械的機構と人的機構を区別せよ．

問❻　社会基盤となった情報システムを調べ，実際に導入した組織と情報システムにより起こった社会変化について具体例を挙げよ．

情報ネットワーク

私たちは，インターネットに代表される，さまざまな情報ネットワークのサービスや端末に囲まれて生活している．例えば，スマートフォンでは，ネット検索やネット通販等のサービス，SNS，ゲーム等さまざまなサービスが利用できる．ほかにも，スーパーコンピュータや IoT（Internet of Things）のように，ネットワーク接続が前提のシステムや機器もある．情報ネットワークは，交通網やエネルギー網等と並んで，欠くことができない重要な社会インフラとなっている．

ここでは，情報ネットワークとは何か，インターネットとは何かに焦点を当てて解説する．また，情報ネットワークを活用したサービスやクラウドコンピューティングについても概説する．

1 コンピュータのネットワーク化の意義

インターネットの説明の前段階として，情報ネットワークの必要性や意義を考えてみよう．一般のパソコンは単独でも，個人での利用には十分堪えるだけの処理能力を有している．しかしながら，複雑かつ特殊な計算（例えば，地球全体の気象シミュレーション）や専用装置を必要とする場合（例えば，手元にない3Dプリンタによる造形）の処理は単独のパソコンでは不可能である．1台のパソコンで処理しきれない対象に対しては，複数のコンピュータや専用の装置をネットワーク化することによって，ネットワーク全体で処理すればよい．これを実現するために，コンピュータ間を共通化された通信回線と**通信プロトコル**（**Protocol，通信規約**）を用いて接続することにより，コンピュータ1台1台が個別に情報を処理するよりも，更に高い処理能力を得ることができる．

ネットワーク化の目的は**表4.1**のように整理することができる．

表4.1 ▶ ネットワーク化の目的

項　目	概　要
情報機器間の通信手段の提供	ネットワークに接続されたコンピュータや装置の間の通信が可能となる
情報資源の共有	ハードウェア資源（計算能力，記憶能力，入出力装置等）とソフトウェア資源（プログラムやデータ）をネットワークに接続されたコンピュータや装置の間で共有することが可能となる
分散処理の実現	大規模なデータの処理等において，複数のコンピュータによる並列処理（分散処理）が可能となる
人間の通信媒体の提供	ネットワークに接続されたコンピュータや装置の間で通信が可能であることを利用して，Webや電子メール，SNS等の通信媒体を利用者に提供することが可能となる

2 ローカルエリアネットワーク

最も基本的な情報ネットワークとして，**ローカルエリアネットワーク**（**Local Area Network：LAN**）がある．LANは限られた地域内（オフィスビル，工場，大学キャンパス，倉庫，ホテル等）に分散して配置されている，情報通信を行う機器（パソコン，サーバ，ネットワーク装置等）を通信回線で結んだネットワークである．

LAN はメーカに依存せずに構成することができる．ネットワーク構成（より専門的には，トポロジーという）の詳細は本書では取りあげないが，これらの機器は**図 4.1** のように階層的に構成される．

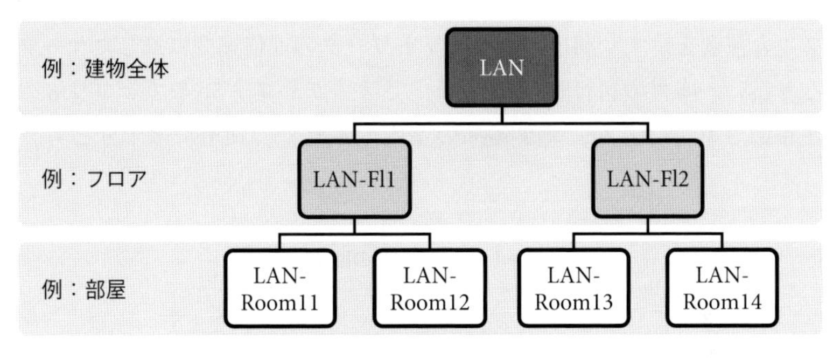

図 4.1 ▶ LAN の階層構造のイメージ

1 情報ネットワークを構築する要件

情報ネットワークに接続されたコンピュータ同士が通信する要件として，接続するためのハードウェアの構成が共通化されていることと，接続するためのソフトウェアの構成が共通化されていることが挙げられる（ハードウェアとソフトウェアについては第 7 章参照）．

(1) 接続するためのハードウェアの構成が共通化されていること

通信装置が共通の仕組みに基づいて構成されていて，通信される信号の意味が共通化されていることが要求される．例えば，通信が電波により行われ，「0」と「1」を表す電気信号のパターンや通信速度を規格化する必要があることを示している．

(2) 接続するためのソフトウェアの構成が共通化されていること

通信の手順やデータ形式等のプロトコルをお互いに了解しておくことが要求される．例えば，通信相手の特定，通信の開始，通信データの送受信，通信終了について，具体的なやりとりの手順や具体的な「0」と「1」の系列（符号）等を取り決める必要がある．

2 LANの通信回線の種類

(1) 有線LAN

LANは主に，有線で接続される．電気信号を通信に用いるLANケーブルは，必要とする通信速度によって，ケーブルのカテゴリが異なる．**表4.2**にLANケーブルの種別を示す．利用可能なネットワークの通信速度に適したケーブルを用いると良い．本書の刊行時（2020年）では，カテゴリ5eやカテゴリ6のケーブルが市販されているが，オフィスの室内や家庭での利用には十分と考えられる．

表4.2 ▶ LANケーブルの種類と特性

種　類	通信速度	伝送帯域
カテゴリ3	～10 Mbps	16 MHz
カテゴリ5	～100 Mbps	100 MHz
カテゴリ5e	～1 Gbps	100 MHz
カテゴリ6	～1 Gbps	250 MHz
カテゴリ6A	～10 Gbps	500 MHz
カテゴリ7	～10 Gbps	600 MHz
カテゴリ7A	～10 Gbps	1000 MHz
カテゴリ8	～40/25 Gbps	2000 MHz

光ファイバは主に，長距離（50 m～数十km）の通信に使用される．通過できるレーザー光の種類によって，SMF（Single Mode Fiber，シングルモードファイバ），MMF（Multi Mode Fiber，マルチモードファイバ）等がある．

(2) 無線LAN

近年無線LANが広く普及してきた．これはパソコン等の情報機器を無線通信により**AP**（**Access Point**，**アクセスポイント**）を介してネットワーク接続を行うものである．有線の場合と異なり，LANケーブルの配線を考慮せずに情報機器を配置できる．一方で，無線であることから，対応する情報機器を持つ者は誰でも通信を傍受できるので，通信データの暗号化等，セキュリティに配慮する必要がある．

無線LANの通信には，**表4.3**に示すように，多くの規格がある．

表 4.3 ▶ 無線 LAN の規格

規格名	通信速度	周波数帯
IEEE802.11a	54 Mbps	5 GHz
IEEE802.11b	11 Mbps	2.4 GHz
IEEE802.11g	54 Mbps	2.4 GHz
IEEE802.11n	300 Mbps，450 Mbps	2.4 GHz，5 GHz
IEEE802.11ac	290 Mbps ～ 1.3 Gbps （wave1） 6.9 Gbps （wave2）	5 GHz
IEEE802.11ad	6.9 Gbps	60 GHz
IEEE802.11ax	9.6 Gbps	2.4 GHz，5 GHz

3 LAN を構成するネットワーク装置

パソコンやさまざまな情報機器は，前項で述べた回線を用いて，**図 4.2** に示すネットワーク装置に接続することで LAN に接続される．これらのネットワーク装置を複数接続することにより，図 4.1 のような LAN を構成することができる．各装置の役割について，概要を**表 4.4** に示す．表中の OSI 参照モデルや MAC アドレス，ネットワークアドレスについては後述する．実際には後述するネットワークの経路や DNS による名前解決等の仕組みが必要となる．

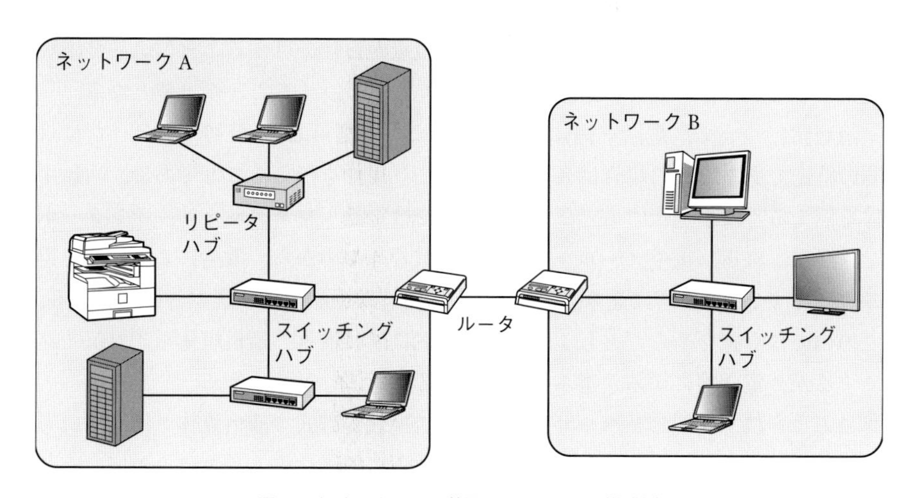

図 4.2 ▶ ネットワーク装置による LAN の構成例

表 4.4 ▶ ネットワーク装置の特徴

機　器	OSI 参照モデル上の層	機能の概要
リピータハブ	物理層	受信したデータの内容を全ての接続ポートにコピーして送信する
スイッチングハブ	データリンク層	宛先が自分に接続している装置の MAC アドレスに一致する受信データを中継する
ルータ	ネットワーク層とトランスポート層	ネットワークアドレスが異なる二つのネットワークを接続して中継する

4 3 OSI 参照モデル

4.1 節では，プロトコルの取り決めが必要であることを紹介した．本節では，一般的に利用されている **OSI**（**Open Systems Interconnection，開放型システム間相互接続**）参照モデルの考え方について説明する．

1 プロトコルの階層化

プロトコルを考えるうえで重要な考え方に，階層化がある．私たちは「コンピュータ同士でデータをやりとりする」目的で，プロトコルを考えるが，情報ネットワークを介した通信では，電気信号の使い方，「0」と「1」の区別の仕方，「0」と「1」の系列の意味，通信の具体的な合図等，全てのプロトコルをひとまとめには設計しない．通信を機能や内容の視点から仕分けすることによって階層化することができ，個々の階層について独立して設計することが可能となる．

階層化について，電話を例にとって考えよう（**図 4.3**）．最初のステップは目的の特定である．この場合は人間層において，用件を伝えることである．次に用件を伝える手段を選択する．伝達手段としては電話，ファクシミリ，インターホン，手紙，肉声，電子メール，手話，手旗信号等の中から，電話による伝達を選ぶこととする．下位層に進み，通信経路として有線や無線から選ぶことができる．この例では有線を選んだとしよう．さらに下位層に進み，通信媒体を光ファイバにするか，電話線にするか選ぶことができる．

このように，人間のレベル⇒通信の手段⇒通信の方式⇒通信媒体と階層的に考えが徐々に具体化する様子がわかる．このように階層化することによって，それぞれの層に集中して設計できるようになる．

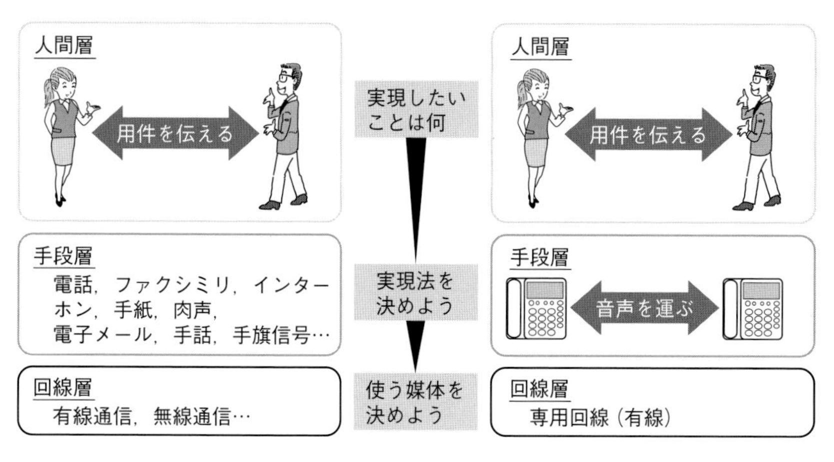

図 4.3 ▶ 階層化の意義

2 OSI参照モデルの構造

コンピュータの通信の場合，OSI参照モデルの考え方に沿って，**表 4.5** のような7層に階層化される．OSI参照モデルは国際標準化機構（ISO）が通信を設

表 4.5 ▶ OSI参照モデル

階層	名　称	役　割	電話の例
7	アプリケーション層	電子メールやブラウジングのように，具体的な機能を提供する．	相手に用件を伝える
6	プレゼンテーション層	アプリケーション層でのデータ転送を行うための形式に変換する	会話は日本語で行う
5	セッション層	通信プログラム間でデータを送受信するための仮想的な接続の確立・開放を行う．	話したい相手を電話口に呼び出す
4	トランスポート層	セッション層に対して，誤りなく通信を行うため，通信品質を規定する．	電話の音声状態を良好に保つ
3	ネットワーク層	ネットワークを通じてのデータ中継を行い，宛先にデータを正しく伝える．インターネットの通信では，宛先の情報としてIPアドレス（後述）を用いる．	複数の電話局を経由し，相手の電話に音声を伝送する
2	データリンク層	通信相手と物理的な通信路を確保して，データ伝送を行う．ここで送受信者の特定にMACアドレス（後述）を用いる．	電話⇔電話局，電話局⇔電話局で音声を伝える
1	物理層	ビット単位でのデータ伝送を行う．	電話線や電波で音声を送出する

計するうえでの考え方として提案したモデルである．各層で独立してプロトコルを設計することによって，コンピュータ同士の通信が可能となる．

OSI参照モデルにおいても，電話の例と同様に上位層から考えると理解しやすい．コンピュータ通信の場合，アプリケーションソフト間の通信（電子メールソフトやWebブラウザ等）から考える．この最上位の階層を**アプリケーション層**（**Application Layer**）という．次にアプリケーション間で通信するために，データの表現方法を決める必要がある．表現を決めることから，この層は**プレゼンテーション層**（**Presentation Layer**）と呼ばれる．表現が決まったら，相手のコンピュータと通信できるように接続する必要がある．これを「セッションをもつ」ことから，**セッション層**（**Session Layer**）という．セッションが確立したら，データの届け方（郵便でいえば，普通郵便か書留郵便かといったこと）を決める必要がある．「届ける」，「輸送する」という意味の英語にちなんで，この層を**トランスポート層**（**Transport Layer**）という．届け方が決まったら，ネットワーク上のどの経路を通るかを決める必要がある．この層を**ネットワーク層**（**Network Layer**）という．続いて，自分のLANアダプタから見て，データを送る対象のコンピュータがもつLANアダプタに対してリンクを張る必要が生じる．この層を**データリンク層**（**Data Link Layer**）と呼ぶ．最後にリンクを張った相手に対して電気信号を通信媒体に送出する．ここでは物理的な通信媒体（例えば，有線LAN）に信号を送受信するところから**物理層**（**Physical Layer**）と呼ばれる．

4 各層のプロトコル

本節では，各層のプロトコルの例を紹介する．

1 物理層のプロトコル

物理層においては通信媒体中を介して送受信される電気信号の波形に対する符号化が行われる．

通信の物理的な媒体として，電気信号，光信号，電波が挙げられる．それぞれLANケーブル，光ファイバ，無線により伝達される．

物理層のプロトコルの例として，**図4.4**にマンチェスター符号化方式を示す．①のように，電気信号はプラスとマイナスに変化して，直流成分を含まないと

①信号を受信

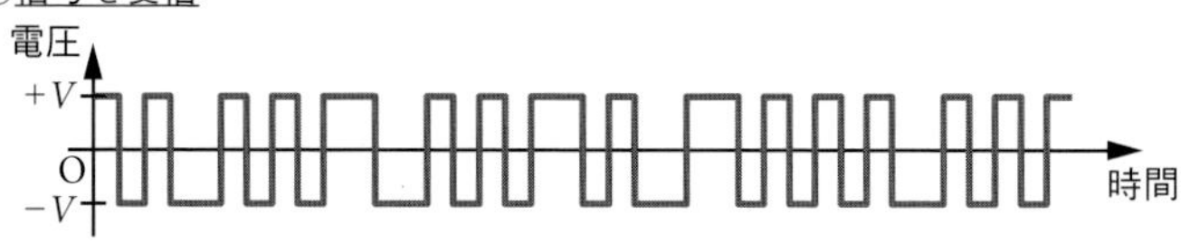

②信号を時間軸に沿って均等に分割

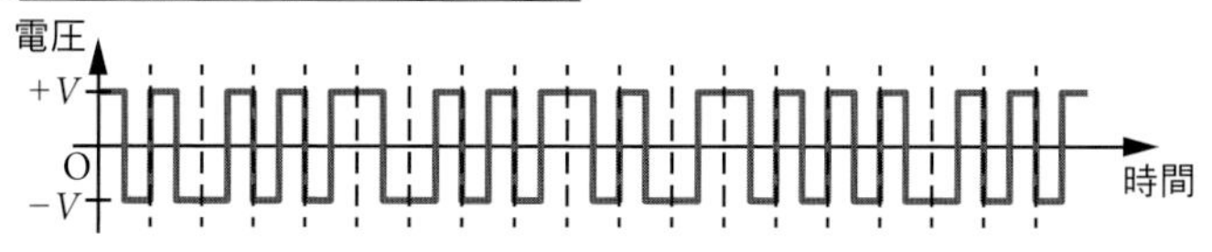

③信号のパターンに基づいて「0」と「1」に変換

波形が立ち下がっているときを「0」，立ち上がっているときを「1」とする

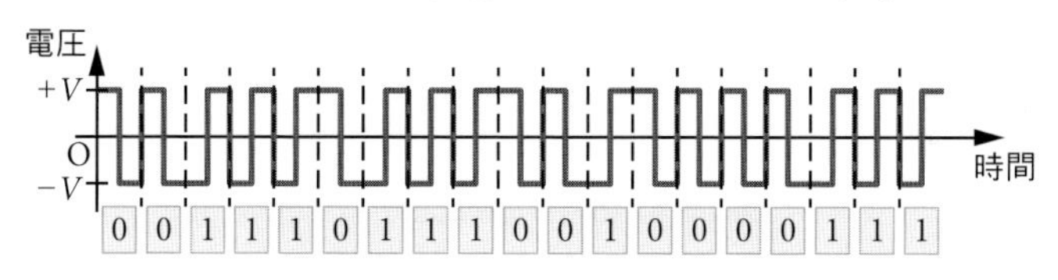

図 4.4 ▶ マンチェスター符号化方式の概要

いう特徴がある．②では受信した波形を均等に時分割する．さらに③に示すように，波形の変化の仕方に基づいて，「0」と「1」に変換される．

2 データリンク層のプロトコル

データリンク層のプロトコルは，データを伝送するための機能や手順，物理層で発生する誤り検出方法，誤りの訂正法を規定する．イーサネット（同一のネットワーク内でデータ伝送を行うための通信規約）の通信では，**スイッチングハブ**（**Switching Hub**）上で接続されている機器を区別しながら，輻輳なくデータを送受信するのに利用される．

コンピュータ同士の通信で，回線を占有せず共用して通信を行うケースを想定する．通信される情報を**パケット**（**Packet**）という単位に分割して，パケットの最初の部分である**ヘッダ**（**Header**）に送信元や宛先を書き込んで送出する．送出されたパケットは，後述するネットワーク装置を介して正しい経路にて中継されて，相手のコンピュータまで届けられる．パケットの特徴は大きく二つ挙げられる．

特徴1：パケットの容量は決まっている

パケットの大きさはネットワークの種類によって決まっている．例えば，イーサネットの通信では，パケットの容量が1,500バイト以下である．**図4.5**のように，2,500バイトのデータを送信する場合，パケットを1,500バイトと1,000バイトに分割し，それぞれのパケットのデータにヘッダと**トレイラ**（**Trailer**）を付す．パケットにヘッダ，トレイラを付すことを**カプセル化**という．データリンク層のパケットは**MACフレーム**（**Media Access Control Frame，MAC Frame**）と呼ばれる．

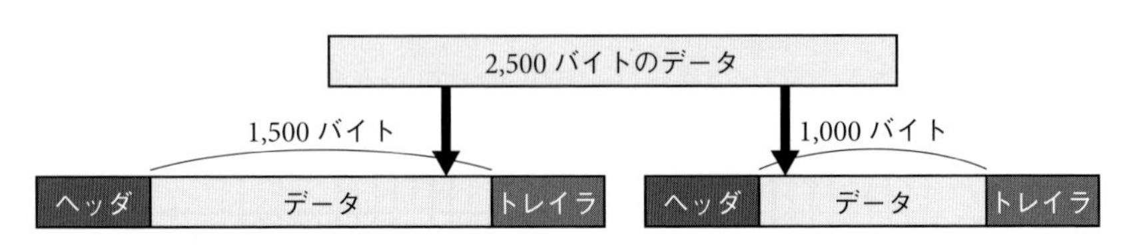

図4.5 ▶ パケットの構成とカプセル化

イーサネットのMACフレームは**図4.6**のように構成される．**MACアドレス**はコンピュータのLANアダプタ（ネットワークインタフェースカード（NIC）ともいう）に割り振られた一意の番号であり，6バイトの16進数で表記される．タイプはデータの部分に含まれるプロトコルの種別を表す番号である．FCS（Frame Check Sequence）はフレーム全体が正しく受信できたかを，受信側でチェックするための情報である．

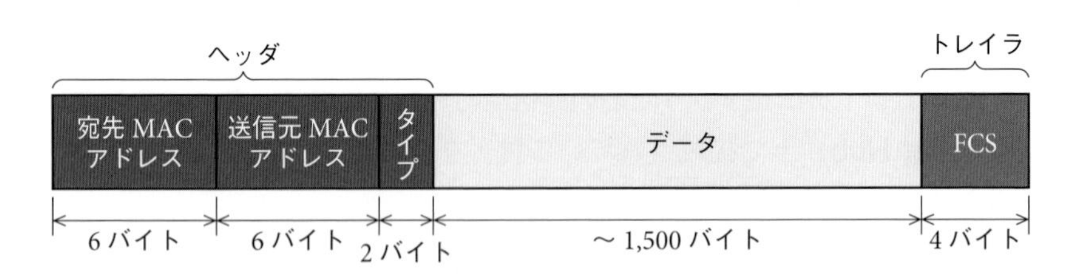

図4.6 ▶ MACフレームの構成

特徴2：通信中の誤りの訂正がパケット単位で可能

実際の通信では，通信途中で誤り（0が1に反転する等）が確率的に発生する．有線の通信では10^{-7}程度の誤り率が見込まれている．誤りを確認した場合，回復する必要が生じる．パケット通信では，FCSにより誤りと判別できた場合，そのパケットだけ再送要求すれば良い．通信される情報全体と比べると，再送される容量が小さいため，通信時間や復号の手間が少なくなるメリットがある．

3 ネットワーク層のプロトコル

ネットワーク層の通信では**IPパケット**（**IP Packet**）を単位としてデータのやりとりを行う．MACフレームのデータがIPパケットであり，LANの内外で流通する．異なる複数のLANを接続するためのネットワーク装置として**ルータ**（**Router**）があり，LANを区別する情報として**IPアドレス**（**IP Address**）が用いられる．ルータは経路情報として，通信可能なネットワークのIPアドレスをもっており，さまざまなルーティングプロトコルにより適宜更新されるようになっている．

(1) IPアドレス

IPアドレスは，ネットワークに接続される機器に対して一意に割り当てられた番号である．IPとはInternet Protocolの頭文字を取った略称で，インターネット上での通信方法について取り決めている．番号の付け方として，**表4.6**に示すように，IPv4に基づく方法（32ビット）とIPv6に基づく方法（128ビット）とがある．IPアドレスは**表4.7**のように，国際的にさまざまな管理団体が連携することによって，管理されている．

IPv4のIPアドレスは，接続端末の増加に伴い，2011年2月3日にIANAで，続いて2011年4月15日にAPNICで枯渇した．IPv6の普及が進められているが，本書発行の時点でもIPv4は利用されており，IPv6と並行運用する技術もあ

表4.6 ▶ IPアドレス

プロトコル	ビット数	IPアドレスの形式と特徴
IPv4	32	・1バイトごとにピリオドで区切って，4個の10進数（0～255）で表記 例）215.43.148.181 ・ネットワークアドレス（国際管理分）とホストID（組織の管理分）から構成される
IPv6	128	・2バイトごとにコロンで区切って32桁の16進数で表記 例）12A8:F5B7:CD3E:46EE:321D:65ED:FFFF:430B ・グローバルID（IPv4のネットワークアドレスに相当），サブネットID，インタフェースID（IPv4のホストIDに相当）から構成される

表 4.7 ▶ IP アドレスの国際的な管理体制

管理団体	主な管理の範囲
IANA	国際的なアドレス管理・割り当て
RIPE NCC	ヨーロッパでのアドレス管理・割り当て等
APNIC	アジアでのアドレス管理・割り当て等
ARIN	北米でのアドレス管理・割り当て等
Inter NIC	第 1 ドメイン（com, net, org 等）の管理（登録は複数組織の競合）
JPNIC	APNIC の下部組織で，日本国内のアドレス管理・割り当て

る．IPv4 が用いられる要因としては，古くから使われており，幾つかの枯渇対策をとっていたことが挙げられる．

（2） グローバルアドレスとプライベートアドレス

IP アドレスは**グローバルアドレス**と**プライベートアドレス**に分けられる．グローバルアドレスはインターネット上で直接的にアクセス可能な IP アドレスとして用いられる．組織に割り振られたグローバルアドレスが少なく，LAN 内に外部ネットワークと接続する情報端末を多数有する場合等，LAN の内部と外部を分離する際にプライベートアドレスが用いられる．プライベートアドレスは同一 LAN 内でのみ通用する IP アドレスで，**表 4.8** の範囲のアドレス空間を利用することができる（これ以外がグローバルアドレスとなる）．このようなケースでは，プライベートアドレスとグローバルアドレスの変換を行う NAT（Network Address Translator）/NAPT（Network Address Port Translator）が用いられる．

表 4.8 ▶ プライベートアドレス

アドレスの範囲
10.0.0.0 ～ 10.255.255.255
172.16.0.0 ～ 172.31.255.255
192.168.0.0 ～ 192.168.255.255

（3） IP パケットの構成

IP パケットの構成を**図 4.7** に示す．IP パケットは先述のように，MAC フレームのデータ部分に当たり，IP パケット自体は IP ヘッダとデータから構成されて

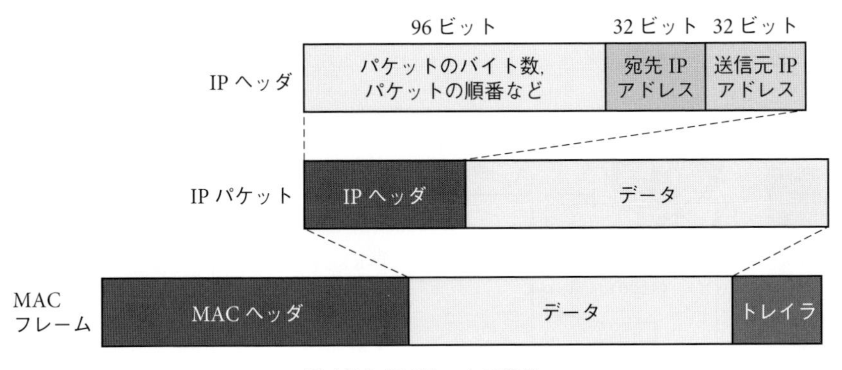

図 4.7 ▶ IP パケットの構成

いる．**IP ヘッダ**はパケットの構成に関する情報と宛先・送信元の IP アドレスから成る．

4 トランスポート層のプロトコル

ネットワーク層の通信によって，データがお互いのコンピュータまで届くようになった．トランスポート層では，ネットワーク層から受け取った通信データをアプリケーションソフト（セッション層以上）に渡したり，逆にアプリケーションソフトからの通信データをネットワーク層に伝えたりする機能を有する．

ここでは対話的なプロトコル **TCP**（**Transmission Control Protocol**）と **UDP**（**User Datagram Protocol**）の特徴を概説する．

（1） データ送受信の「要求」と「応答」

TCP と UDP におけるデータ送受信の基本は，要求と応答である．

① **要求**（**Request**）：

相手コンピュータに応答やサービスを依頼するメッセージを送ること

② **応答**（**Response**）：

受け取った要求に対して，返答や処理結果を送ること

このイメージを**図 4.8** に示す．図 4.8 ではコンピュータ A がコンピュータ B に対して要求を送信して，それに対応する応答をコンピュータ B からコンピュータ A に送信する様子を時系列的に図示している．このように通信プロトコルの図では，上から順番に送信 / 受信が行われ，通信内容（メッセージ）は矢印の方向に流れる．コンピュータは，この要求と応答を，通信終了まで繰り返す．

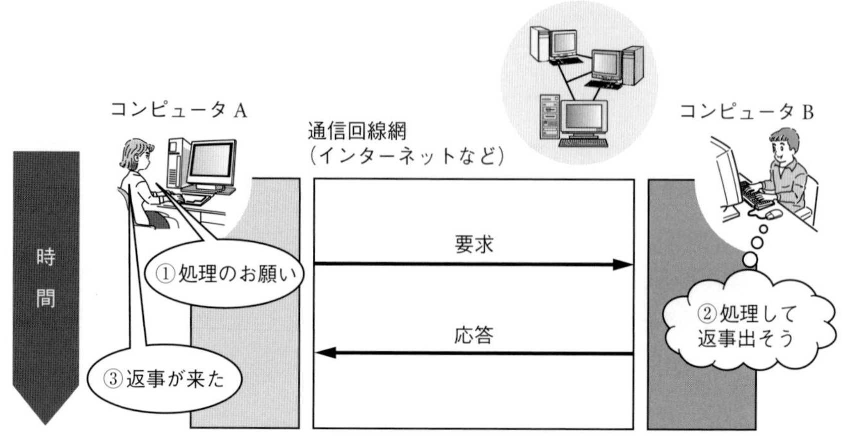

図 4.8 ▶ 要求と応答のイメージ

(2) ポート

コンピュータ等では，複数のプロセスが並行して動作するが，中にはネットワークを介したデータ通信を伴うものも少なくない．受信したデータがメールであれば，データは正しくメールソフトに渡す必要がある．このように，サービスごとにデータを受け渡す仕組みとして**ポート**（**Port**）がある．概念図を**図 4.9**に示す．ポート番号はコンピュータの中で動いているサービス（Web ページ受信，メール受信，メール送信等）の種類に応じて付される．**表 4.9** にポート番号とサービスの関係を例示する．ポート番号は 16 ビットで表される．よく使われるポート番号は**ウェルノウンポート**（**Well-known Port**）といい，0 番～1023 番が IANA（表 4.7）により管理されている．

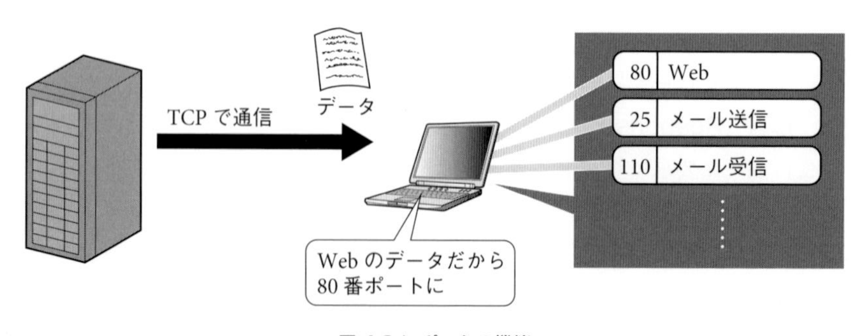

図 4.9 ▶ ポートの機能

表 4.9 ▶ ポート番号とサービスとの関係（抜粋）

ポート番号	サービスの種類	概　要
20	FTP	ファイルを転送するためのデータ伝送用
25	SMTP	電子メールの伝送（送信）
80	HTTP	ハイパーテキストの伝送
110	POP3	受信メールをコンピュータに伝送
143	IMAP2/4	メールサーバ上のメールにアクセス

（3） TCP

TCP は確実にデータを送り届けるために，コネクション型と呼ばれるプロトコルとなっている．TCP ではパケットとは呼ばれず，**TCP セグメント**（**Segment**）と呼ばれる．TCP セグメントの概要を**図 4.10** に示す．TCP ヘッダには，送信元ポート番号，宛先ポート番号や要求と応答といった連絡に用いるコードビット，信頼性を高めるための情報（ウインドウ，チェックサム，緊急ポインタ等）が書かれている．これにより，データを分割したときの組立ての順番や，TCP セグメントの容量の通知，複数の TCP セグメントの一括送信等，さまざまなことが可能である．

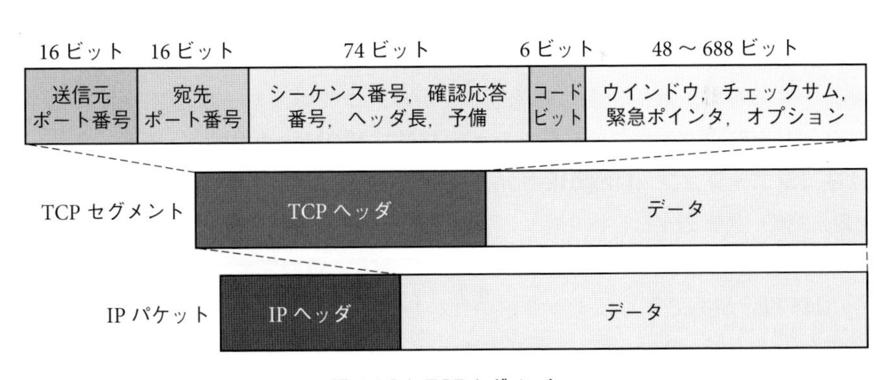

図 4.10 ▶ TCP セグメント

TCP では，**図 4.11** のように，三つのフェーズ（**コネクション確立**，**データ転送**，**コネクション切断**）でデータの通信を行う．図中の対話は TCP ヘッダのコードビットにより行われる．

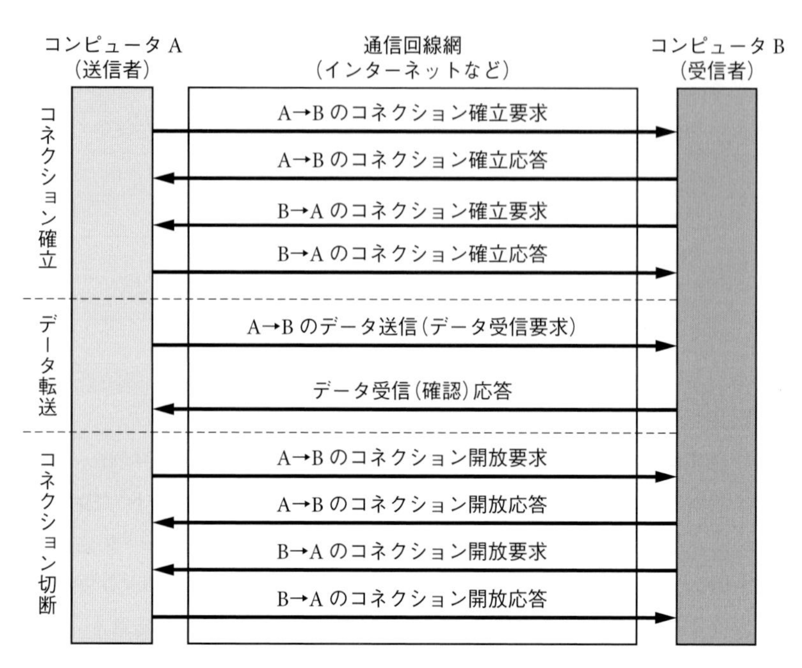

図4.11 ▶ TCPのプロトコルの概要

〔1〕 コネクション確立

コンピュータ間で通信を開始するにあたっての情報交換（最初の挨拶，送られるデータの容量，通信相手の確認等）を行う．ここで，A→BとB→Aのコネクションを確立する．この処理を**シェークハンド**（**Handshake**，**握手**）あるいは**ネゴシエーション**（**Negotiation**，**交渉**）という．

〔2〕 データ転送

実際のデータを相手に送信するフェーズである．このフェーズで他のプロトコル（HTTP，SMTP等）による通信が行われる．インターネットは通信誤りのリスクがあるので，BはTCPヘッダのチェックサムを使って，TCPセグメントの誤りの有無をチェックし，もし誤りがあれば同じデータの再送要求を行うことができる．誤りがなければ，データ受信（確認）応答をAに返す．

〔3〕 コネクション切断

このフェーズではA→Bの通信とB→Aの通信について，それぞれ通信終了の要求と応答を行って，AとBの通信は終了となる．

(4) UDP

UDPは，TCPと異なり，コネクションの確立を行うことなく，受信者にデータを転送するプロトコルである．このようなプロトコルを**コネクションレス型**という．UDPでもパケットとは呼ばれず，**UDPデータグラム**（**Datagram**）と呼ぶ．その構造は，**図4.12**に示すようにシンプルな構成となっている．

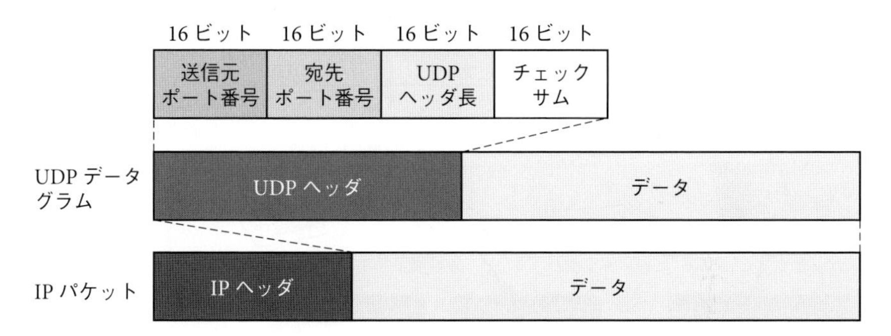

図4.12 ▶ UDPデータグラムの構成

UDPのプロトコルの概要を**図4.13**に示す．送信者から受信者にデータ受信要求を出すのみとなっており，TCPに比べてシンプルである．UDPは用途が広く，例えば，1対多の通信，つまり同じ内容を複数の相手に同時に送ることが可能である．また，IP電話や映像配信のように，比較的リアルタイムに連続的なデータ転送を必要とするアプリケーションに用いられる．

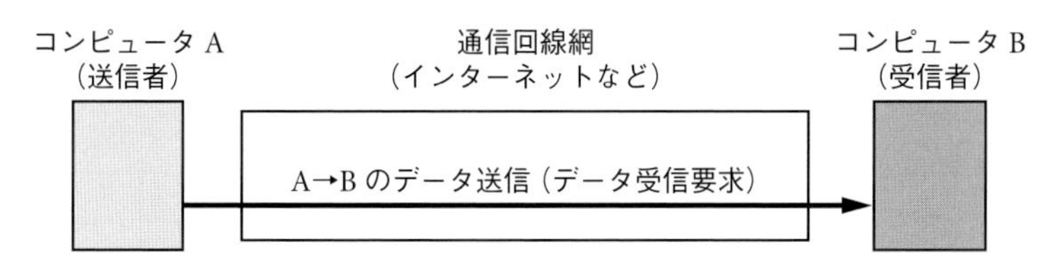

図4.13 ▶ UDPのプロトコルの概要

5 ネットワーク通信の全体像

これまで，物理層からトランスポート層までのプロトコルを俯瞰した．そのまとめとして，ネットワーク上での通信の様子を概観する．

模式図を**図4.14**に示す．パソコンのWebブラウザのあるWebページの送信要求がネットワークを伝わって，相手のサーバに届くまでの様子を表している．送信要求は，送信側のパソコンで，各層でヘッダやトレイラを追加されて（TCP

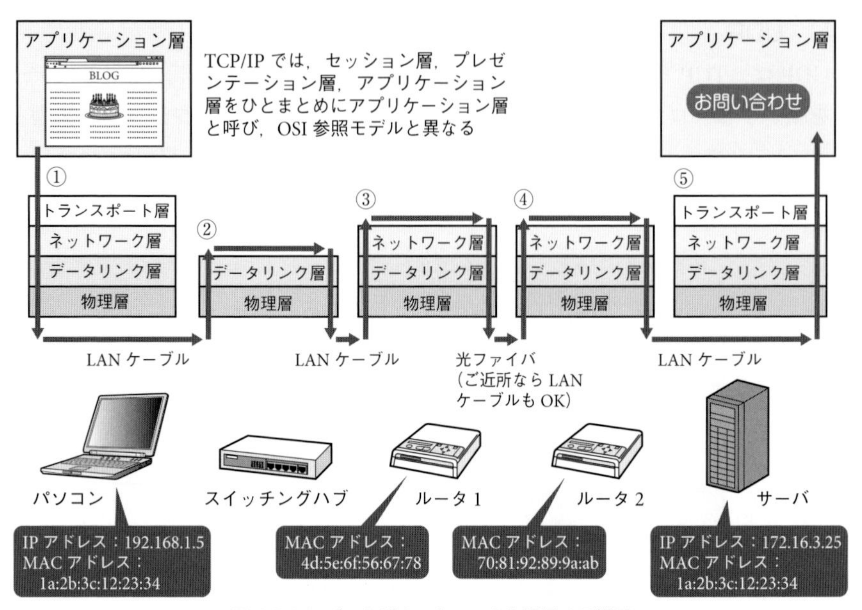

図 4.14 ▶ データがネットワークを通過する様子

表 4.10 ▶ ネットワーク中でのヘッダ情報の変化

ヘッダ情報の種類	ヘッダの内容				
	①	②	③	④	⑤
送信元ポート番号	80	80	80	80	80
宛先ポート番号	80	80	80	80	80
送信元 IP アドレス	192.168.1.5	192.168.1.5	100.100.100.xxx	100.100.100.xxx	100.100.100.xxx
宛先 IP アドレス	200.200.200.yyy	200.200.200.yyy	200.200.200.yyy	172.16.3.25	172.16.3.25
送信元 MAC アドレス	1a:2b:3c:12:23:34	1a:2b:3c:12:23:34	4d:5e:6f:56:67:78	70:81:92:89:9a:ab	70:81:92:89:9a:ab
宛先 MAC アドレス	4d:5e:6f:56:67:78	4d:5e:6f:56:67:78	70:81:92:89:9a:ab (直接接続されている場合)	1a:2b:3c:12:23:34	1a:2b:3c:12:23:34

セグメント→ IP パケット→ MAC フレームと組み立てられ)，図の①→②→③→④→⑤の流れに沿って伝送される．**表 4.10** に，この図に対応した，ポート番号，IP アドレス，MAC アドレスの変化を示す．なお，①～④は MAC フレー

ムの送出時点，⑤は受信時点のものを記載している．

4.5 IP アドレスの管理の仕組み

1 DNS

（1） IP アドレスとドメイン名

IP アドレスは数値である．数値は情報機器にとっては扱いやすいが，人間が理解しやすい形式とはいえない．そこで，**図 4.15** に示すように，ネットワークに接続された情報機器（ホスト）に**ドメイン名**を付けて文字列により表現する．ドメイン名はピリオドを区切りとして，右側から第 1 ドメイン，第 2 ドメイン，…となる．図のケースでは com が第 1 ドメイン，example が第 2 ドメインとなる．ドメインによって，第 3，第 4，…のドメインが付される場合もある．

www. example. com

ドメイン名
（ネットワークアドレスに対応）

図 4.15 ▶ ドメイン名

これにより IP アドレスとドメイン名のペアができたが，この関連付けを保存して検索する仕組みが必要になる．

（2） ドメインネームシステムの仕組み

（1）で述べたように，ドメイン名と IP アドレスの情報のペアで LAN 内で登録されたホストの件数分のデータベースを構成することができる．これはいわば住所録のようなものである．このデータベースを用いて，ドメイン名から IP アドレスを検索したり，逆に IP アドレスからドメイン名を検索したりすることができる．この機能を実現するシステムを **DNS**（**Domain Name System，ドメインネームシステム**）といい，インターネットにおける名前解決に欠かせない重要なシステムである．**図 4.16** に DNS における IP アドレスの問合せの概要を示す．図のように，第 1 ドメイン（この図では com ドメイン）から順次 IP ア

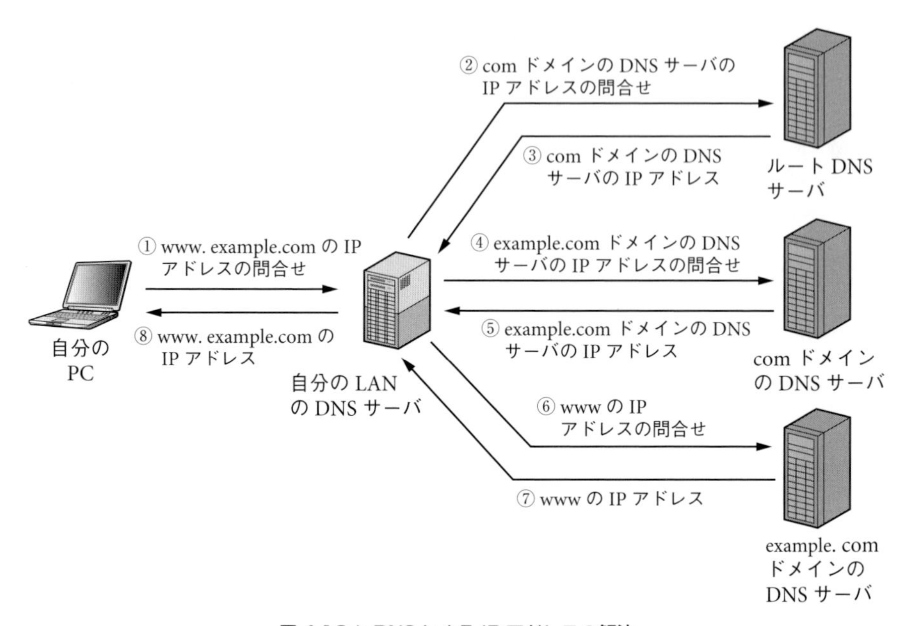

図 4.16 ▶ DNS による IP アドレスの解決

ドレスを問い合わせて，最終的に www.example.com の IP アドレスについて応答を得る．

ドメイン名から IP アドレスを解決することを**正引き**，IP アドレスからドメイン名を解決することを**逆引き**という．

2 DHCP

本来ホストに IP アドレスが設定されていなければ，LAN に接続することはできないが，IP アドレスを自動的に取得する仕組みを用いて，LAN への接続を容易に行うことができる．この仕組みのことを **DHCP**（**Dynamic Host Configuration Protocol**）という．DHCP は UDP，すなわちコネクションレス型のプロトコルである．**図 4.17** に，DHCP の概要を示す．

図 4.17 では，まずコンピュータ A が DHCP クライアントとして，DHCP サーバを探すために，**DHCP 発見**の通信を行う．これはコンピュータ A が属するネットワーク全体に向けて送信される（このような通信を**ブロードキャスト**という）．これに反応したコンピュータ B が DHCP サーバとして，利用可能な IP アドレスをコンピュータ A に提案する（**DHCP 提案**）．コンピュータ A はそれを受け入れて，提案された IP アドレスの利用要求をブロードキャストで送信する

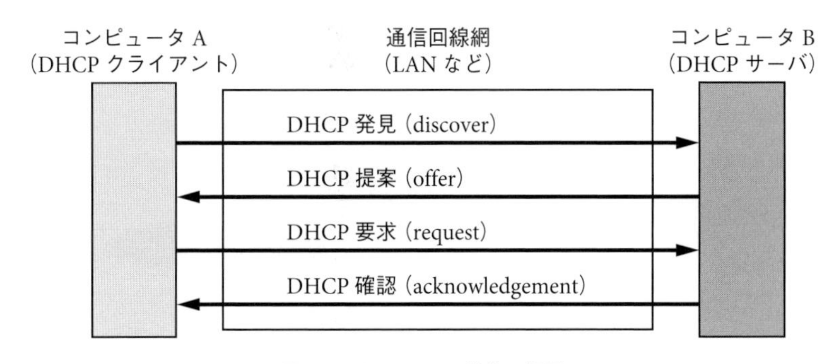

図4.17 ▶ DHCPの動作の概要

(**DHCP要求**).コンピュータBは利用可能な期間(リース期間)やその他の必要な設定情報をコンピュータAに送信(**DHCP確認**)して,IPアドレスの割り当てが完了する.リース期間が過ぎると,割り当てられたIPアドレスは返却される(**DHCPリリース**).

4 6 LANからインターネットへの拡張

各地のLANをさまざまな仕組みや共通のプロトコル(TCP/IP等)を用いて相互接続することにより,世界中のコンピュータ同士が相互に通信できる巨大なネットワークへと拡張される.このような世界規模のネットワークが,私たちがインターネットと呼ぶものである.

1 インターネットの構成の基本的な考え方

インターネットは**図4.18**のような構成で世界的な相互接続を行っている.図中の要素のうち,ISPとIXについて説明する.

(1) ISP

ISP(**Internet Service Provider**)は一般にプロバイダと呼ばれているものである.ISPはLANをインターネットに接続する役割があり,商用のものも数多くある.ISPのサービスとしては,インターネット接続のほかには,以下のようなものがある.一部のISPは大手のISPや海外のISPと相互接続を行っている.

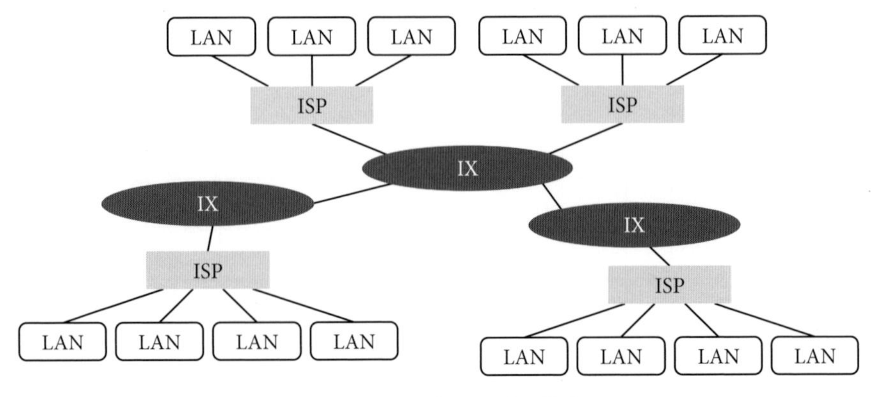

図 4.18 ▶ インターネットの構成

・電子メールアカウントの提供
・Web ページ公開用のファイル格納スペースの提供
・ISP 独自のポータルサイトの運営
・コンテンツサービスの提供

(2) IX

IX（**Internet eXchange，インターネット相互接続点**）は ISP 同士の相互接続について効率化を図る．それぞれの ISP は IX と相互接続すれば，ISP 同士で個別に回線を引かなくても，その IX を介して他の ISP と相互接続することができるようになる．

2 インターネットの技術の応用例

(1) VPN

インターネットでの基盤的な通信プロトコル（TCP/IP 等）においては，パケットの内容が暗号化されていないものがある．その場合，盗聴や改ざん等のセキュリティ上の脅威が考えられる．そこで，暗号技術を応用した仮想的な通信回線である **VPN**（**Virtual Private Network**）を構成することで，通信内容を外部に対して秘匿することが可能となる．VPN の用途としては，企業の社員が外出先から社内のサーバにアクセスする場合のように，専用回線のような安全な通信（セキュアな通信という）が必要な状況での利用が考えられる．

VPN は，適用される OSI 参照モデルの階層等の違いにより，IPSec，SSL-VPN，L2PT/IPSec，IP-VPN 等がある．

(2) クラウドコンピューティング

インターネットを経由して，仮想的なコンピュータやストレージの資源やアプリケーション等のサービスを提供する仕組みを**クラウドコンピューティング**（**Cloud Computing**）という．その特徴としては

- 上述の資源を自前で保有しなくても，複雑な手続きを経ることなく，仮想化技術等により，必要な資源の割り当てを受けて利用できること
- 割り当てを受けた資源は必要に応じて増減ができること
- サービスの利用者から見て，処理や保存が行われている資源の所在が明示的でないこと

等が挙げられる．サービスの利用者は，**図4.19**のようにあたかも巨大なサーバにアクセスしているように見える．しかし，その実態は，インターネットという雲の中で，多数のサーバのいずれかに接続してサービスを受けている．

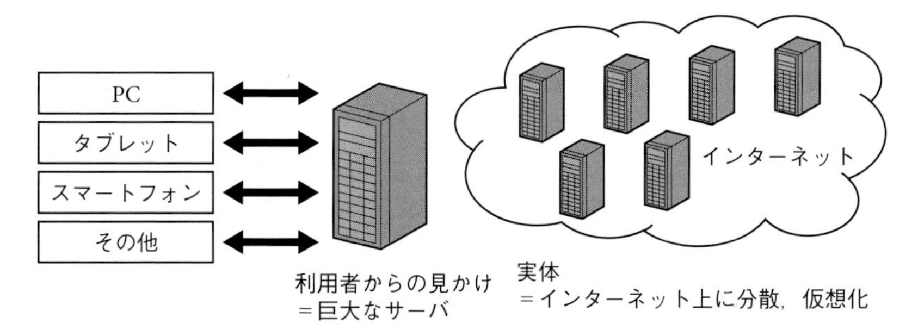

図4.19 ▶ クラウドコンピューティングのイメージ

主なサービスの提供の仕方は，**表4.11**のように大別されている．

表4.11 ▶ クラウドコンピューティングのサービス形態

名　称	サービスの形態
SaaS (Software as a Service)	クラウドのインフラ上で動作するアプリケーションの機能を提供
PaaS (Platform as a Service)	ソフトウェア開発のためのプラットフォーム（開発環境）やデータベースを提供
IaaS (Infrastructure as a Service)	仮想サーバ，ストレージ，ネットワークを提供（OSも含めて利用者が構築を行う）

7 インターネットサービス

ここでは，広く使われているインターネットの仕組みを用いたサービスについて，その概要を紹介する．

1 WWW

WWW（**World Wide Web**）は，1991年の公開からさまざまな改良を重ねながら利用されている．Webページを表示するブラウザもMicrosoft Edge，Google Chrome, Mozilla Firefox, Safari等多様化している．WWWはテキストや静止画，動画，音声，PDFファイル等のさまざまなコンテンツを扱えることやOSやブラウザに依存せずに利用できる汎用性の高さから，広く使われている．

WWWの通信では，**図4.20**のような**URI**（**Uniform Resource Identifier**）にて通信プロトコル（図中のスキーム）や利用したい資源（ドメイン名，パス）を指定して，**HTTP**（**HyperText Transfer Protocol**）に従って関連するファイル等の送受信を行う．

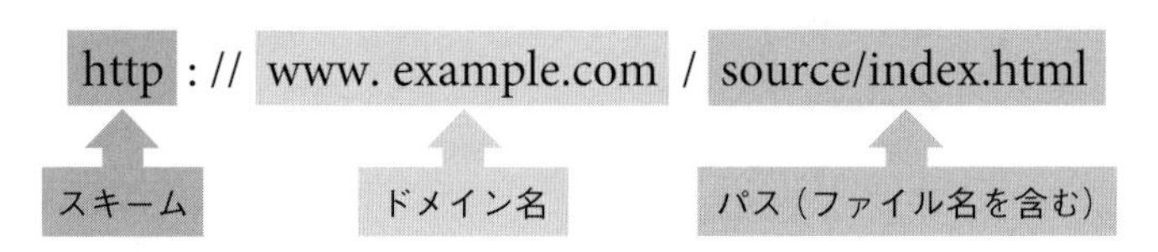

図4.20 ▶ URIの書式例

HTTPは，図4.11のデータ転送フェーズで送受信される，クライアント/サーバ型のプロトコルである．OSI参照モデルのセッション層（第5層），プレゼンテーション層（第6層），アプリケーション層（第7層）に該当する（TCP/IPではこれらをまとめてアプリケーション層と呼ぶ）．**図4.21**のように，Webサーバに格納されたコンテンツは，Webクライアント（ブラウザ）からのコンテンツ転送の要求（図中のGETコマンド）に対する応答として転送される．

Cookie等を導入して，WWWの仕組みを拡張することにより，利用者の嗜好や利用状況等の情報を用いてWebクライアントごとに動的にコンテンツを生成して転送する**Webアプリケーション**が一般的となった．例としては，通信販売や個人での物品売買のサイト，さまざまな情報配信サイト，eラーニングシステム等が挙げられる．

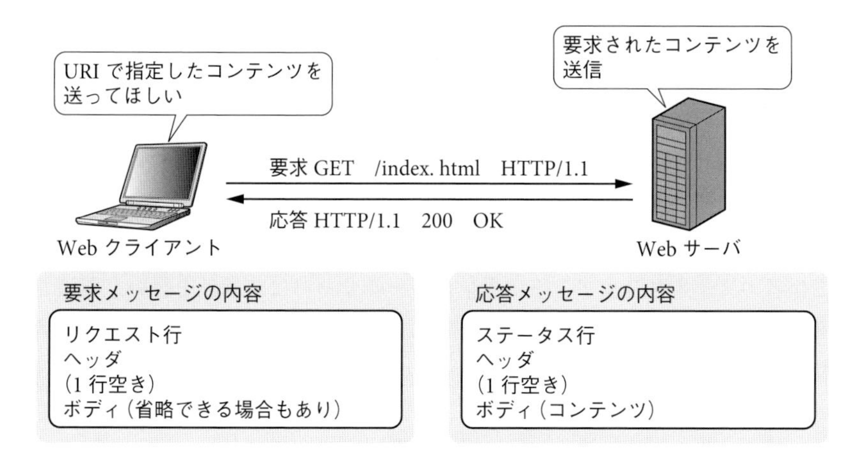

図 4.21 ▶ HTTP におけるデータの送受信

2 電子メール

電子メールは WWW よりも古く，1965 年には，その原型が TSS（Time Sharing System）上で使われ，1971 年に現在の電子メールに繋がる仕組みが開発された．

電子メールは，図 4.11 のデータ転送フェーズでのプロトコルにより送受信される．その概要を**図 4.22** に示す．電子メールにおいて，送受信者は**電子メールアドレス**（メールアカウント@メールドメイン名）によって識別される．

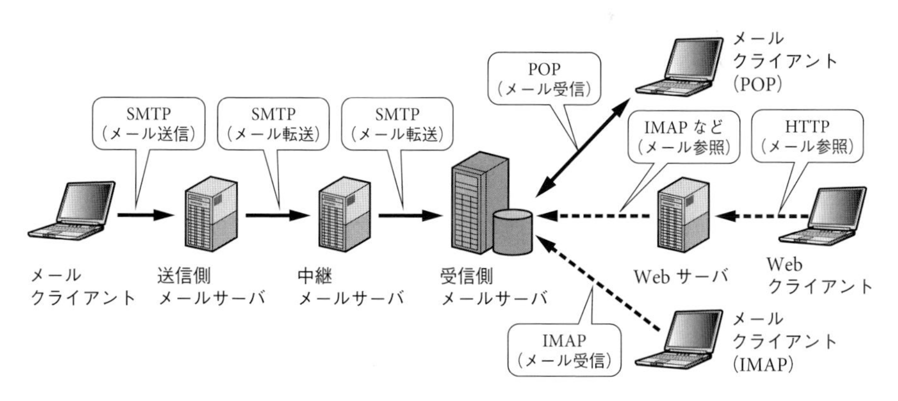

図 4.22 ▶ 電子メール送受信の仕組み

(1) メールの送信

送信者は自身のメールクライアントから，**メールサーバ**（**Mail Server**）に送信する（図中の送信側メールサーバ）．送信側メールサーバは DNS を用いて受信側メールサーバを特定して，経路上の中継メールサーバを介して，受信側メールサーバにメールを転送する．メールの送信および転送のプロトコルは**SMTP**（**Simple Mail Transfer Protocol**）が用いられる．実際には，最初期のSMTPに送信者の認証機能を追加したもの（SMTP AUTH）が用いられる．

（2） メールの受信

受信者のメールクライアントは受信側メールサーバにて認証を行い，蓄積されたメールを受信する．一般的に，メールはメールクライアントへの転送後にメールサーバ上から削除されるが，メールクライアントのソフトウェアによっては，この削除を無効化できるものもある．メール受信に関するプロトコルとしては**POP**（**Post Office Protocol**）がある．

（3） メールの閲覧

上記の方法とは別に，メールそのものをクライアントに転送せずに，メールサーバ上で閲覧する機能を提供するプロトコル**IMAP**（**Internet Message Access Protocol**）が利用されている．IMAPはフォルダを用いたメール管理も可能である．インターネットに接続されていれば，同じメールに複数のメールクライアント（IMAPに対応したもの）やWebクライアントからアクセスすることができる特徴がある．

これらのプロトコルは，HTTPと同様に，OSI参照モデルにおける，セッション層（第5層），プレゼンテーション層（第6層），アプリケーション層（第7層）にわたる．

3 eduroam

eduroam（**education roaming**）は，学術機関から発行されたアカウントを有するユーザが，他の学術機関の設置する無線LANを利用できるようにする，国際的なローミングの仕組みを指す．

この仕組みは**フェデレーション**（**Federation**）により実現されている．フェデレーションでは参加機関の認証プロバイダ（Identity Provider：IdP）が自機関のユーザーを認証し，その結果発行される属性情報をサービスプロバイダ（Service Provider：SP）が検証することによりサービスが提供される．SPとしてはeduroamのほかに，電子ジャーナルやテレビ会議システム等のサービスが知られている．IdPやSPの構築にはSAML（Security Assertion Markup Language）という言語が用いられる．

日本においては，国立情報学研究所の「学認」の取り組みにより，普及を促進している．2020年6月現在，IdPが240機関，SPが103件，eduroamが281機関登録されている．

4 ソーシャルネットワーキングサービス

SNS（Social Networking Service）はインターネット上で登録された利用者同士が繋がりをもち，コミュニティを形成したり，広く情報発信したりするサービスを指す．近年，主要なコミュニケーションのメディアとして活用が進み，個人単位だけでなく，企業・団体等の組織や政府機関での利用も見られる．SNSとしては，LINE，Twitter，Instagram，Facebook，LinkedIn，mixi等が知られ，パソコン，スマートフォン，タブレット端末等で利用できる．

SNSでは会員（利用者）がプロフィールを公開し，他の利用者の招待や承認を通じて，繋がりを拡大する．プロフィール情報は，氏名，ニックネーム，居住地区，出身地，職業，趣味等が挙げられる．SNSでは相手のプロフィール等を参考に，自分が関わりをもちたい人，人脈を作っても良さそうな相手を選べる．また，コミュニティ機能によって，共通の話題について情報交換の場を作ることもできる．これらの機能を利用することにより，地域SNSのように地域社会への住民参画や住民同士のコミュニケーションを促すSNSも見られる．その一方，プロフィール情報や自身のホームページ上の情報について，公開範囲（友人だけ等）を適切に設定しないと，意図せずに自他のプライバシーを暴露するリスクを生じる．SNSにはこれ以外にもプライバシーに関連するリスクを生じることがある．

繋がりの拡大がこれまで述べてきたSNSの特徴であるが，コミュニティに参加できる人数を家族等に制限して交流を図るクローズド型SNSも存在する（wellnote，Between等）．

5 その他のサービス

（1） 動画配信

近年では，YouTubeのようにスマートフォン等で手軽に動画を視聴できる配信の仕組みがある．このような仕組みはストリーミングと呼ばれ，HTTPを土台としたメディア配信プロトコル（RTMP over HTTP，HTTP Live Streaming，MPEG-DASH等）が用いられている．一般に，動画は収録時間や情報の圧縮率によって，ファイルあたりの容量が大きく異なる，そこで，一度にファイル全体をダウンロードするのではなく，一部ずつ復号・再生する**プログレッシブダウンロード**を行う．

ストリーミングサービスの多くは，あらかじめ複数の解像度の動画を用意することにより，通信路の品質に合わせて，動画の画質を変更して送信することができる（アダプティブストリーミング）．これによって，必ずしも通信品質が十分確保できない場合であっても，安定的に動画を視聴することが可能となる．

（2） IP電話

IP電話はIPを拡張したVoIP（Voice over Internet Protocol）を用いた電話を指す．VoIPは単一のプロトコルではなく，インターネットを介した通話を実現するために必要な一連のプロトコル群である．主なプロトコルとしてはSIP（Session Initiation Protocol）がある．SIPは呼制御という，電話をかけてから相手との間で通話が終了するまでの一連の機能を提供するプロトコルである．SIPは電話番号とIPアドレスの変換や通話相手の検索方法を含んでいる．

IP電話は，通話を頻繁に行う企業等で用いられる．そのメリットは，インターネット回線を用いることから，コストが通話相手との距離に依存しないこと等，電話による通信コストの低下が期待できる点にある．デメリットとしては，通信品質が低下する場合があること，停電時等に通信回線が確保できない状況では利用できないこと，一部のサービスで緊急電話に対応していないこと等が挙げられる．

演習問題

問1 ルータにおけるルーティングプロトコルの種類と特徴を調べよ．

問2 自分の端末（パソコンやスマートフォン）に割り振られたIPアドレスを調べよ．

問3 VoIPの仕組みを調べよ．

情報セキュリティ

私たちは日常的に，パソコン，タブレット，スマートフォン等，さまざまな情報端末を扱い，インターネットを介してサービスを享受することが一般的になった．また，近年 IoT（Internet of Things）機器として，Web カメラから医療機器までさまざまな分野で利用され始めた．工場や交通インフラ等を制御する制御システムは従来専用システムであったものが，汎用システムに置き換わり，メンテナンス等の際にインターネットに接続される．このように，規模の異なるさまざまな情報システムがインターネットに接続されるようになった．これに呼応するように，多様な手段によって情報セキュリティ上の脅威がもたらされるようになった．脅威の規模やレベルは年々拡大する一方である．

ここでは，情報セキュリティとは何かを明らかにして，暗号や認証等のセキュリティ技術，個人と組織の視点から情報セキュリティの維持に必要なことを考える．また，最近の話題としてサイバーセキュリティ等を概説する．

1 情報セキュリティが必要な理由

1 生活や仕事の中で活用される情報システム

私たち個人の生活だけではなく，社会全体が情報通信技術に大きく依存するようになった．以下のような例が挙げられる．

・検索エンジンを使った情報検索サイト
・電子メール，（マイクロ）ブログ，SNS，動画や写真の投稿等の情報発信のシステム
・スケジュール管理やファイル共有等のクラウドサービス
・インターネットショッピング，オンラインバンキング，仮想通貨による取引等，金銭を扱うサービス
・カメラや温度センサ等各種センサからの情報収集と，それに基づくサービスをフィードバックするIoT

ビジネスシーンで用いられている情報システムの多くはインターネットへの接続が前提となっている．今日，さまざまなネットサービスが広く浸透し，インターネットや情報システムは社会を構成する重要なインフラストラクチャといえる．一方で，歴史的にはインターネットは研究用ネットワークを起源としており，その時点では，システムを構成する機器の故障や通信時のノイズを原因とするトラブルは考えられていたが，利用者の不正行為等の要因で情報の安全が脅かされることについては，必ずしも考えられていたとはいえない．

2 インターネット社会における脅威

パソコンに限らず，タブレットやスマートフォン等の情報端末と通信環境を確保すれば，誰もが自由にインターネットに接続でき，上記の例のように，さまざまな形で生活，仕事に活用することができる．昨今，情報や情報技術に関連する事件・事故が起こると，経済活動や社会生活に影響を与えるようになってきている．実際，マルウェアの流布や不正アクセス，個人情報の窃取，フィッシング詐欺等，サイバー犯罪は多発している．その手口が年々多様化し，被害も拡大の一途をたどっている．

インターネットの商用利用が1988年にアメリカで，1993年からは日本でも開始されて，それ以降さまざまなサービスが現れる中で，情報や情報システムの安

全性がどれだけ脅かされているかが次々と明らかになった．このような背景から，さまざまな危険から情報や情報システムを守り，正しく利用できるようにするため，**情報セキュリティ**（**Information Security**）が重要視されるようになった．

5 2 情報セキュリティとセキュリティリスク

情報セキュリティとは「正当な権利をもつ個人や組織が，情報や情報システムを意図どおりに制御できること」である．ISO（International Organization for Standardization，国際標準化機構）や JIS（Japanese Industrial Standards，日本産業規格（旧・日本工業規格））の規格においては，「情報の機密性，完全性及び可用性が維持されていること」と定義される．機密性，完全性，可用性とは以下のような性質を意味し，これらをひとまとめに「情報の CIA」と称することもある．

- **機密性（Confidentiality）**
  許可された人だけが，情報にアクセスすることができる
- **完全性（Integrity）**
  情報が改ざんされず，正確に完全である
- **可用性（Availability）**
  許可された人が，必要なときに，情報や情報システムにアクセスすることができる

情報セキュリティを適切に確保するには，自分の扱う情報や情報システムに対して十分に**情報セキュリティリスク**（**Information Security Risk**）の程度を分析する必要がある．情報セキュリティリスクとは「情報セキュリティに関する目的（達成したいこと）に対する不確かさの影響」である．情報セキュリティに関する目的（例えば，データベースの機密性を維持する）があったとき，その目的の達成のために対策を講じる．ところが達成を阻害する不確かさ（例えば，データベースへのアクセスに関する記録が残らない）があると，将来起こり得る結果（例えば，データの漏えいや棄損）が想定され，目的とギャップを生じた状態となる．この状態が「不確かさの影響」である．情報セキュリティリスクによって，実際に情報資産の価値を損なったり組織等の運営を危うくしたりする事象（事故）を**情報セキュリティインシデント**（**Information Security Incident**）という．

情報セキュリティリスクの分析手法は幾つかある．その特徴は，リスクの程度を，定性的あるいは定量的に表現することによって，比較できるようにすることである．この分析結果に基づいて，対応すべきリスクの優先順位を決めて対策を取ることになる．

1 情報セキュリティリスクの要因

組織のもつ業務や情報資産の価値を損なう脅威として，マルウェア（ウイルス，トロイの木馬，ワーム等のソフトウェア），不正アクセス，サービス妨害，内部犯行等がある．これらの脅威は，ソフトウェアの脆弱性やセキュリティ機能の不備によりもたらされる．ほかにもソーシャルエンジニアリング（5.5節 1 参照）の脅威のように，情報セキュリティへの理解不足等，人間に起因するものもある．

適切にリスクを把握し，事前の対策を取っていたとしても，情報セキュリティインシデントが発生することがある．情報セキュリティインシデントを起こすと，リスクの把握状況に関係なく，社会的責任を問われる場合がある．被害は賠償のみならず，復旧までのコスト，事業機会の損失等多岐に及ぶことになる．

2 情報セキュリティ対策の柱

情報を守り，安全にITやインターネットを利用するには，さまざまなレベルの対策が欠かせない．情報セキュリティ対策の視点は**図5.1**に示すように，倫理，ルール，管理・運用，技術の四つからなり，それぞれをバランスよく取り入れることが重要である．まずは倫理的に行うべきこと / 行うべきでないことを明確にする必要がある．リスクを低減させ，正しく利用するためのルールを策定し，情報セキュリティを維持していく仕組みを作る．次に日常の管理・運用の中で，

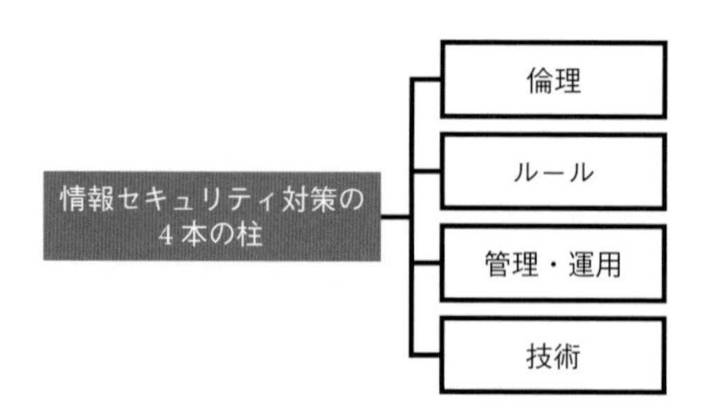

図5.1 ▶ 情報セキュリティ対策の4本の柱

ルールやセキュリティの考え方について学習し，情報セキュリティの維持のための日々の活動を行う．これによって，不正行為や事故を予防したり，発生しても被害を抑えたりすることができる．セキュリティ技術がこれらの活動を支える．

5 3 情報セキュリティ技術

機密性，完全性，可用性を維持するために，多くのセキュリティ技術が開発されている．本節では暗号，デジタル署名，認証を中心に取りあげる．

1 暗号

暗号の考え方は大変古く，紀元前19世紀頃のヒエログリフの換字式暗号（ある文字を別の文字に置き換える方式）やシーザー暗号（アルファベットを決まった字数だけずらす方式）が知られている．20世紀の第2次世界大戦でエニグマという暗号化，復号の装置が用いられた．情報を扱ううえで，暗号の重要性は歴史的にも明らかだろう．

現在使われる**暗号**（**Encryption**）は高度な整数の計算に基づいており，共通鍵暗号と公開鍵暗号に大別される．

（1） 共通鍵暗号

共通鍵暗号（**Secret Key Encryption**）は，**図5.2**のように，送受信者が秘密鍵（128ビットや192ビットの2進数）を共有していることを前提に，メッセージの暗号化・復号の計算を行う暗号化方式である．ここでのメッセージは，電子メールのようなテキストデータや，ワープロ等のソフトウェア上で作成されたファイル，デジタル画像や音楽データ等，コンピュータ上で扱えるデジタルデータを指す．共通鍵暗号では，メッセージはブロック単位で（例えば128ビットごとに）暗号化の計算を行う．復号は，暗号化と同一の秘密鍵を用いて，暗号化と逆の順序で計算される．

共通鍵暗号は，秘密鍵が漏えいしないことが安全性の根拠である．共通鍵暗号にはさまざまな計算方式があり，ISO等で安全性が検証されたうえで標準化されている．計算方法が正しく実装されていれば安全と考えられる．

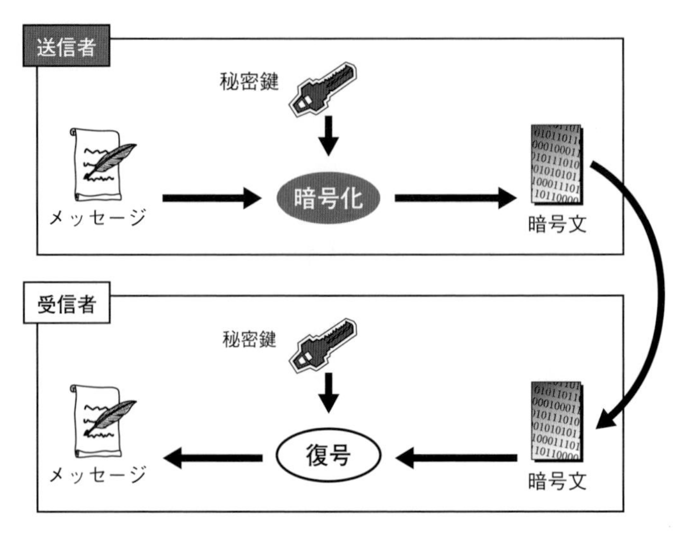

図 5.2 ▶ 共通鍵暗号による送受信の流れ

（2） 公開鍵暗号

共通鍵暗号では，あらかじめ秘密鍵を安全に共有する方法が問題となっていた．1976 年，Diffie と Hellman によって，ペアの鍵情報を用いた暗号化方式のアイデアが示された．一方の鍵情報で暗号化されたメッセージは同じ鍵情報では復号できず，もう一方の鍵情報によって復号できるというものである．この性質をもつ**公開鍵暗号**（**Public Key Encryption**）が開発された．送受信の概要を**図 5.3** に示す．受信者は二つの鍵情報を作る．一方の鍵情報を公開鍵として CA（Certification Authority，認証局）に送る．他方の鍵情報は秘密鍵として，受信者自身が安全に保管する．これにより，鍵情報の安全な共有が可能となる．

送信者は CA から受信者の公開鍵を取得し，それを使ってメッセージを暗号化し受信者に送信する．受信者は自分の秘密鍵を使ってメッセージを復号する．公開鍵暗号の安全性の根拠としては，秘密鍵が漏えいしないことと，暗号文と公開鍵から元のメッセージを解読することが困難であることが挙げられる．公開鍵暗号の方法としては RSA 暗号や楕円曲線暗号が知られている．

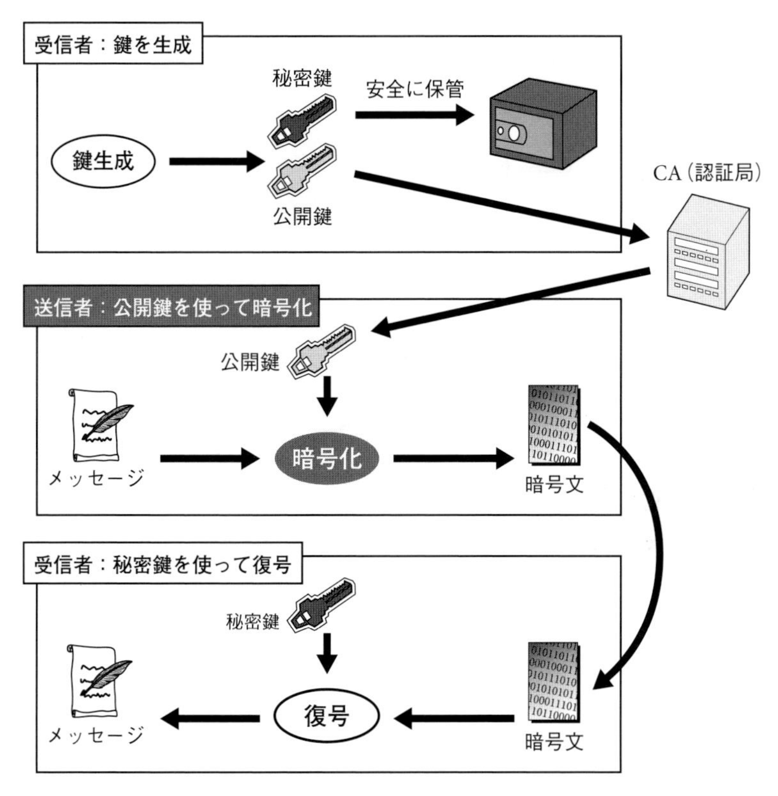

図 5.3 ▶ 公開鍵暗号による送受信の流れ

2 デジタル署名

公開鍵暗号の応用として，**デジタル署名**（**Digital Signature**）がある．デジタル署名はデジタルデータが署名の時点と同一であるかを検証でき，完全性の維持を確認する技術といえる．デジタル署名は**メッセージダイジェスト**（**Message Digest**）と公開鍵暗号によって実現される．メッセージダイジェストとはデジタルデータの要約である．この要約は，人間が読む文章ではなく，**一方向性関数**（**One-Way Function**）の計算によって求められたビット列である．元のデジタルデータが1ビットだけ変化しても，メッセージダイジェストは全く異なったものとなる．また，メッセージダイジェストから元のデジタルデータを復元することはできない．

デジタル署名の処理を**図 5.4** に示す．署名者（送信者）は自分のデジタル

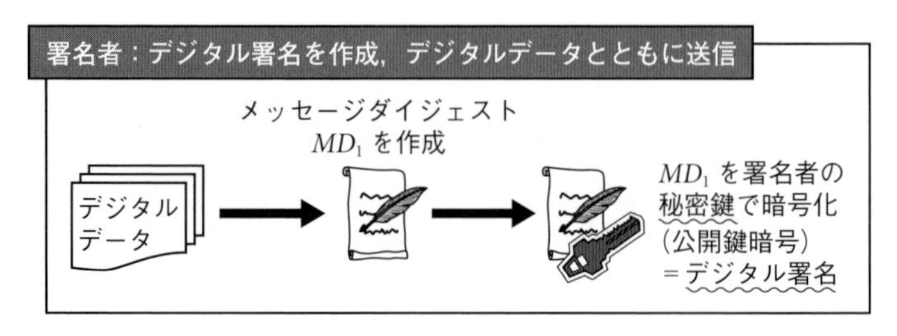

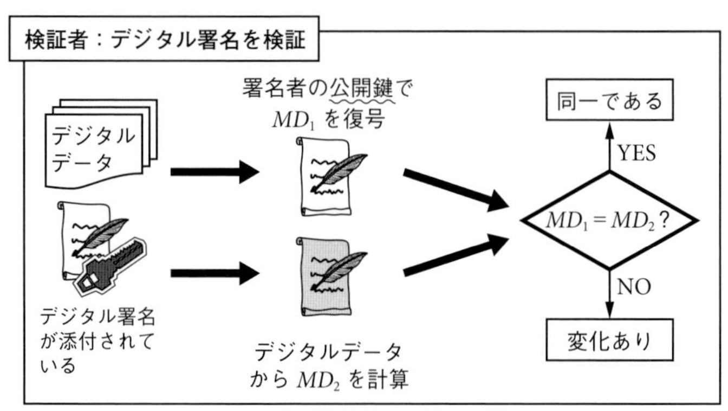

図 5.4 ▶ デジタル署名の原理

データのメッセージダイジェスト MD_1 を計算する．MD_1 を自分の秘密鍵により暗号化したものがデジタル署名である．これをデジタルデータとともに送信する．

検証者（受信者）は，受け取ったデジタル署名を署名者の公開鍵によって復号し，MD_1 を得る．次に，受け取ったデジタルデータから，検証者がメッセージダイジェスト MD_2 を計算する．$MD_1 = MD_2$ が成り立てば，検証者のもつデジタルデータは署名時と同一であることが検証される．成立しない場合には，変化があったことがわかる．図 5.3 の暗号化とは，暗号化・復号に用いる鍵情報が逆である点に注意が必要である．

ビットコインに代表される**仮想通貨**（**Virtual Currency**）において，ブロックチェーンに記録された取引情報の検証や新たな仮想通貨の発掘（Mining）等にデジタル署名の技術が応用されている．

3 本人認証

本人認証（**Authentication**）はコンピュータ上やネットワーク上で，利用者の秘密情報を提示することによって，利用者本人であることを検証する仕組みである．本人認証には**表 5.1** に示すような 3 種類の基本的な考え方があり，単独では長短がある．代表的なものは，記憶に基づくもので，**パスワード認証**（**Password Authentication**）がある．パスワード以外では，所有物に基づく認証として**IC カード認証**（**IC Card Authentication**）が，また身体的行動的特徴に基づく認証として**生体認証**（**Biometric Authentication**）が知られている．近年では表中の複数の認証方式を組み合わせた**多要素認証**（**Multi-Factor Authentication**）の普及も進んでおり，コストと確保したいセキュリティレベルに応じて使い分ける必要がある．

表 5.1 ▶ 本人認証の種別

分　類	方　式	特　徴
記憶に基づく認証	パスワード認証	ソフトウェアのみで実現可能な方法であるが，忘却やなりすましのリスクがある．
所有物に基づく認証	IC カード認証	IC カードをセンサにかざして認証を行う．紛失・盗難により，なりすましのリスクがある．
身体的行動的特徴に基づく認証	生体認証	高精度に認証でき，なりすましが困難である．センサ等の機器が必要である．本人拒否，他人受入，認証情報のプライバシーの課題がある．

ほかにも，さまざまなセキュリティ技術があるが，一例を**表 5.2** に紹介する．

表 5.2 ▶ 情報セキュリティ技術の例

種　類	概　要
ワンタイムパスワード	時刻や認証ごとにパスワードを生成してパスワード認証を行う．多要素認証において用いられることもある．
電子投票	票の内容が匿名であること，正しく投票が行われたこと，票数が正しくカウントされること等を暗号プロトコルによって保証する投票システム．
侵入検知システム	監視対象のネットワーク内に設置された観測点で不正な通信を検出するシステム．
迷惑メールフィルタ	メールの内容が迷惑メールの特徴を有するかを，ブラックリストや学習結果から判定するシステム．
電子透かし	映像や音楽のデータに秘密情報を埋め込む技術．専用のソフトウェアを用いて，透かし情報をチェックできる．著作権情報の埋め込み等に利用される．

4 個人・組織での情報セキュリティの管理

1 個人の管理と組織の管理

個人レベルでは自身の情報や情報端末について，適切に管理することが基本である．2で述べるような一般的なセキュリティ対策を行うのに加えて，SNSや動画投稿等の情報発信において，過剰に個人情報を公開しないように公開範囲を確認することや，投稿前に内容が不適切でないか確認することも基本的なセキュリティ対策である．

組織の情報セキュリティにおいても，構成員が個人レベルのセキュリティ対策を取ることは必要である．一方，組織には多様な情報資産があり，求められる情報セキュリティのレベルも情報資産の性質によって大きく異なる．そこで，後述するように，情報セキュリティリスクに基づいたセキュリティ対策をとることが必要である．

2 ウイルス対策ソフト，OS，アプリケーションソフトのアップデート

マルウェアはOSやアプリケーションソフトの脆弱性を攻撃するが，修正プログラム（パッチ）を適用することで予防できるものが少なくない．これはパソコンだけでなく，スマートデバイス等の情報端末でも同様である．最近はIoT機器のソフトウェアの脆弱性もよく狙われる．そこで，OSやアプリケーションソフトのアップデートは必須である．

ウイルス対策ソフトはインストールしただけでは十分ではない．例えば，ウイルス定義ファイルの未更新やライセンス期限切れ，端末全体のスキャンが未実施のようなケースでは，ウイルス対策ソフトは期待した動作はしない．そこで，ウイルス対策ソフトを最新の状態に保ち，定期的な端末全体のスキャンが欠かせない．

3 公衆向けの無線LAN，パソコンを利用する際の注意

公衆無線LANのアクセスポイントや公衆向けパソコンのように，不特定の人の利用を前提とした環境では，注意すべき点が幾つかある．

公衆無線LANにおいて，通信が暗号化されないアクセスポイントや不正に設

置されたアクセスポイントに接続した場合，第三者に通信内容を読み取られるリスクがある．対策としては，通信が暗号化（WPA2 等）されたアクセスポイントを利用する，VPN（4.6 節 2 参照）を用いて，通信路上の通信内容を暗号化する等がある．対策が困難な場合は，第三者の盗聴を前提に，機密性の高い情報を絶対に入力しないといった対策が考えられる．

公衆向けパソコンにおいて，キーロガー等により，入力情報が収集されるリスクを考える必要がある．公衆無線 LAN と同様，機密性の高い情報の入力を避けることは有効と考えられる．また，機密性の高い電子ファイルを公衆向けパソコンで扱うことも避けるべきである（そもそも禁止している組織もある）．

4 Web 利用のセキュリティ

さまざまなネット上のサービスが Web で利用される．Web サービスはアクセスが簡便であり，利便性が高い等の利点があるものの，さまざまなリスクを生じ得る．以下に対策例を 4 点挙げる．

（1） 適切な ID・パスワードの管理

利用者は複数のサービス等で同一の ID・パスワードを設定する行為は避ける必要がある．一部のサイトで ID・パスワードが窃取され，**パスワードリスト攻撃**（**Password List Attack**）に悪用される可能性を生じる．ID の件数が多い場合等に ID 管理ツールを利用して，パスワードを管理する方法がある．

（2） 怪しい Web サイトへのアクセス回避

改ざんされた Web サイトにアクセスし，Web コンテンツとともにマルウェアをダウンロードさせられる**ドライブバイダウンロード攻撃**（**Drive-by-Download Attack**）がある．多くのケースでは，OS，ソフトウェア，ウイルス対策ソフトを最新の状態に保つことで感染防止が期待できる．

（3） Web サイトの暗号化や運営者のチェック

フィッシングサイトのように，本物のサイトと区別が困難な場合がある．個人情報を入力するサイトにおいては，URL が https で始まるかの確認と証明書が実在証明（運営者等）を含むものかの確認がある．一部のブラウザでは，サイトの安全性を容易に確認するための工夫がなされているので，これを利用することも有用である．

(4) 偽セキュリティ対策ソフトへの対策

Web サイトの閲覧中に，突如マルウェアへの感染を知らせる警告画面がポップアップ等で表示され，偽ウイルス対策ソフトのダウンロードを促す内容が表示される．この場合，有償版へのアップグレードを装い，クレジットカード番号を入力させようとする詐欺行為を疑うべきである．このような警告画面が表示された場合，端末のウイルス対策ソフトからのメッセージか確かめる必要がある．

5 電子メールのセキュリティ

電子メールは相手に届くまでに，内容を第三者に覗き見される可能性がある．電子メールは，さまざまなコンピュータのバケツリレーにより転送される．電子メールの通信では，パケットの内容は暗号化されていないことも多い．したがって，転送の経路内にあるコンピュータ上にパケットのコピーが残る場合，その部分の情報は第三者に見られるリスクを生じる．一部のメールシステムでは，電子メールの暗号化や改ざん防止に対応することができるが，電子メールの本文に機密情報を書かない等の対策が有効である．

ほかには，添付ファイルや本文中のリンクに警戒が必要である．添付ファイルがマルウェアを含んでいたり，リンクをクリックすることによりドライブバイダウンロード攻撃を受けたりする可能性がある．電子メールの情報はテキストであり改ざんが容易なため，既知の相手からのメールにおいても警戒する必要がある．

6 情報セキュリティポリシーと組織での情報セキュリティ

組織全体の情報セキュリティを維持するためには，組織を運営するうえで重要な業務や情報資産について，情報セキュリティリスクを分析し，組織内でルールを定めて継続的にセキュリティ対策を講じることが求められる．この考え方に基づいた組織的な管理体制を **ISMS**（**Information Security Management System，情報セキュリティマネジメントシステム**）[3] という．その実現には，後述するセキュリティポリシーの策定と，情報セキュリティ活動に関する PDCA サイクルの実行が必要である．

(1) セキュリティポリシー

セキュリティポリシー（Security Policy）とは，その組織の中で一貫したセキュリティ対策を行うために，技術面，利用・運用面，管理面，組織体制等を総合的

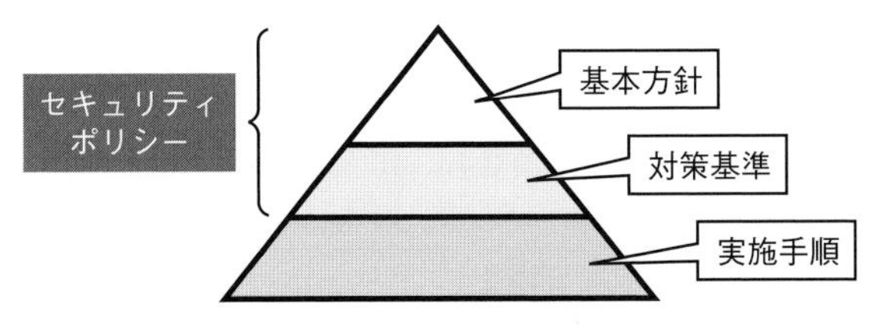

図 5.5 ▶ セキュリティポリシーの階層構造

に定めて，組織のセキュリティの**基本方針**と**対策基準**を示したものである（**図 5.5**）．

基本方針は組織における情報セキュリティ対策の基本的な考え方を示すもので，組織の経営目標に対する情報セキュリティの意義・目的を明示し，実施体制や基本的な取り組みの姿勢を示す．対策基準は基本方針を受けて，情報セキュリティを確保するために遵守すべき行為と判断等の基準を示したものである．

(2) PDCA サイクルの運用

ISMS では，組織のセキュリティ活動を**図 5.6** に示す **PDCA サイクル**に基づいて実行する．PDCA サイクルとは**計画**（**Plan**），**実行**（**Do**），**点検**（**Check**），**処置**（**Act**）の四つの段階を指す．図中の各項目に示す活動を継続的に実施していくことにより，時代に即した情報セキュリティの確保が期待される．

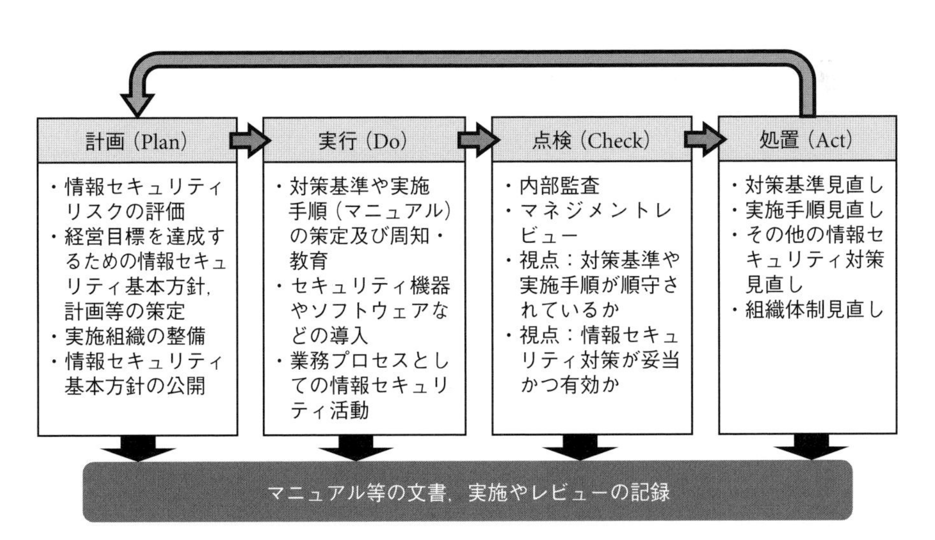

図 5.6 ▶ PDCA サイクルにおける各段階での活動の概要

5 サイバーセキュリティ

1 多様化するサイバー犯罪

近年，サイバー犯罪が多様化，大規模化している．（独）情報処理推進機構が公開している10大脅威にもその傾向が出ている．**表5.3**に2019年の10大脅威を示す[4]．標的型攻撃，フィッシングのように，長期にわたるものがある一方，ビジネスメール詐欺やメール等による脅迫・詐欺のように，**ソーシャルエンジニアリング**（**Social Engineering**，人を操って攻撃者の望む行動をとらせる攻撃）の要素を含む，比較的新しい脅威も見られる．

表5.3 ▶ 2019年10大脅威

順位	個人編	組織編
1	クレジットカード情報の不正利用	標的型攻撃による被害
2	フィッシングによる個人情報等の詐取	ビジネスメール詐欺による被害
3	不正アプリによるスマートフォン利用者への被害	ランサムウェアによる被害
4	メール等を使った脅迫・詐欺の手口による金銭要求	サプライチェーンの弱点を悪用した攻撃の高まり
5	ネット上の誹謗・中傷・デマ	内部不正による情報漏えい
6	偽警告によるインターネット詐欺	サービス妨害攻撃によるサービスの停止
7	インターネットバンキングの不正利用	インターネットサービスからの個人情報の窃取
8	インターネットサービスへの不正ログイン	IoT機器の脆弱性の顕在化
9	ランサムウェアによる被害	脆弱性対策情報の公開に伴う悪用増加
10	IoT機器の不適切な管理	不注意による情報漏えい

2 攻撃者の動機の変化

時代によるセキュリティの背景や攻撃対象等の変遷が（独）情報処理推進機構が2013年に公開した「10大脅威2013」に見られる（**表5.4**参照）．

表5.4から，サイバー攻撃における攻撃者の動機が，愉快犯的動機から金銭目的へと変化したことがわかる．また，近年では諜報活動や思想的な主義主張を目的とするものもある．特に思想的な主義主張の目的に基づく考え方を**ハクティビ**

表 5.4 ▶ 情報セキュリティの変遷

	2001 年頃～	2004 年頃～	2009 年頃～
特徴	個別のセキュリティを重視	組織の人的セキュリティを重視	国家レベルの安全保障に影響
時代背景	ウイルス全盛	内部脅威・コンプライアンス対応	脅威のグローバル化
IT 環境	コミュニケーション手段の確立	経済活動での利用が加速	経済・生活基盤
情報セキュリティの目的	ハードウェアの保護	企業・組織の社会的責任（CSR）	危機管理・国家安全保障
攻撃の意図	いたずら	いたずら，金銭	いたずら，金銭，抗議，諜報
攻撃傾向	ネットワーク上の攻撃	人をだます攻撃が本格化	攻撃対象の拡大
攻撃対象	PC，サーバ	人，情報サービス	スマートデバイス 重要インフラ
対策の方向	セキュリティ製品中心	マネジメント体制の確立	官民・国際連携の強化，人材育成強化

ズム（**Hacktivism**）という．ハクティビズムに基づく活動家をハクティビストと呼び，その攻撃は現実的な脅威となっている．

3 情報化の進展に伴う新たな脅威

AI（Artificial Intelligence，人工知能）や IoT がさまざまな産業において実用されつつある．本項ではこれらについての新たな情報セキュリティ上の脅威の例として，AI と IoT に関連するものを取りあげる．いずれについても対策は研究途上である．

（1） AI に関する脅威

AI の構築，運用に特化して説明する．脅威としては学習プロセスに関するものや利用者～運営者間の通信に関するものがある [5]．

学習プロセスに関するものとしては，学習に用いる教師データへのノイズ混入による判定・予測精度の低下を狙ったもの，攻撃者が AI の特徴（教師信号の特性，判定・予測のモデル等）を推定するもの等がある．利用者～運営者間の通信に関するものの例としては，**中間者攻撃**（**Man-in-the-Middle Attack**，通信路上の攻撃者が通信情報の摂取・改ざんを行う攻撃）や運営者への**サービス不能攻撃**（**Denial of Service Attack**，大量のリクエストを一度に送りサーバのリソースを消費させることでサービスを停止させる攻撃）等，既知のネットワークに関する攻撃が考えられている．

（2） IoT機器に関する脅威

IoTもまた近年，さまざまなセンサ，アクチュエータを用いたシステムが開発されて，すでにセキュリティ上の課題が指摘されている．個々のIoT機器の処理能力やメモリ容量がPCに比べて貧弱なため，実装可能なセキュリティに制約があり，攻撃されるリスクがある．また，IoTのセンサが収集した情報がサーバ等に集約されてプライバシー性をもつことがあり，これらの情報を窃取されないための対策が必要である．

4 生産系，制御系インフラへの脅威

近年工場の生産系システムや社会インフラ等の制御系システムのセキュリティが問題になってきた．制御系システムは導入企業ごとの独自システムであったものが，2000年代以降のオープン化の流れにより，インターネットのプロトコル等を取り込む形で進化を続け，SCADA（Supervisory Control And Data Acquisition）と呼ばれる，システム監視とプロセス制御を行う，産業制御システムが用いられるようになってきた．その結果，情報システムと同様のソフトウェアの脆弱性等のリスクが生じ，サイバーテロも発生するようになった．

基本的な対策として修正プログラムの適用があるが，これらのシステムは24時間365日の稼働を求められ，容易に停止できない．また，修正プログラム適用の影響を事前に把握することも困難である．その結果，適切な対策が取られないケースもある．個別の状況に合わせてセキュリティ対策を見出して実施する必要がある．

5 デジタルフォレンジック技術

情報セキュリティインシデントやサイバー攻撃により，組織の情報資産（特にデジタル）に損害を生じた際に，初動対応として，被害拡大の防止と並んで，コンピュータ等に残された証拠（ログや保存データ等）を確保するプロセスが欠かせない．民事もしくは刑事の訴訟に備えて証拠を分析する．この捜査手法のことを**デジタルフォレンジック**（**Digital Forensics**）という．デジタルフォレン

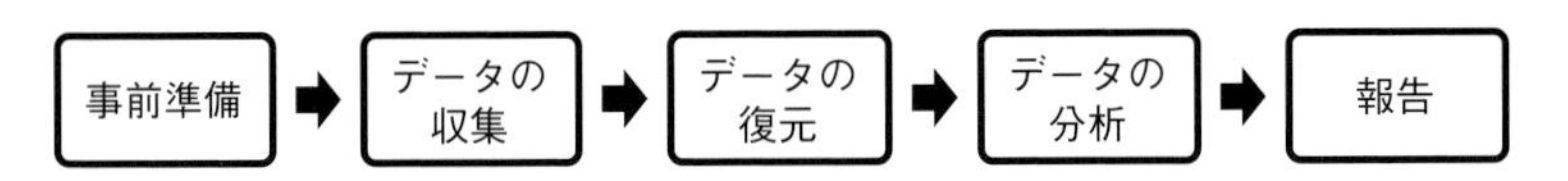

図 5.7 ▶ デジタルフォレンジックの流れ [8]

ジックの流れは**図 5.7** のようになる．例えば，データ収集のプロセスにおいて，パソコンの HDD の記憶内容を分析するため，HDD の完全なコピーを行うが，ファイル単位ではなく，ビット単位で行われる．コピー元の HDD とコピー HDD のハッシュ値を比較することにより，コピーの同等性を確認することができる．そのうえで，コピー HDD を分析して，消去されたデータや改ざん等の痕跡の有無を探す．

6 サイバーセキュリティに対抗する産官学の取り組み

サイバーセキュリティに対応できる人材の不足が問題視されていることから，国でもデータサイエンスや人工知能等と並んで，セキュリティに対応できる人材の育成の方針を取っている．

初等中等教育では，情報セキュリティや情報モラルに関する教育が，1998 年改訂以降の学習指導要領に基づいて行われている．高等教育においても，enPiT のように，高度 IT 人材育成の中でセキュリティ教育が促進されている．

産業界では，「産業横断人材定義リファレンス」[6] が公開され，企業においてセキュリティ上の役割ごとに必要な知識とスキルについて定義している．同様のものとして，「情報セキュリティスキルマップ」が 2003 年度以降公表されている [7]．さらには，2017 年 4 月に産業サイバーセキュリティセンターが設立され，産業系の制御システムのセキュリティ担当者を養成が進められている．

演習問題

問1 多要素認証の考え方について説明せよ．

問2 ソーシャルエンジニアリングが人間のどのような脆弱性を突くか説明せよ．

問3 パスワードリスト攻撃の方法と事例について説明せよ．

第6章 情報のデジタル化

現在，私たちはコンピュータを用いてメールの送受信やWebページの閲覧はもちろんのこと，動画作成や編集等多くの作業を行うことができる．しかし，コンピュータの内部では，私たちが見ているものと同じようには情報を扱っていない．コンピュータは「0」と「1」しか理解できないのである．ここでは，さまざまな情報がコンピュータ内部でどのように表現されているかについて理解を深める．

アナログとデジタル

私たちは，授業の要点をノートに書いたり，絵を描いたり，映画を見たり，ライブに行ったりとさまざまな活動を行っている．コンピュータでも同様にさまざまな活動ができる．しかし，この二つには大きな違いが存在する．それは，私たちの住む世界は**アナログ**と呼ばれる連続的なデータを扱っているのに対し，コンピュータは**デジタル**と呼ばれる離散的なデータを扱っていることである．ノートに描いた絵は線が繋がっているし，レコードやテープに記録された音声もどの部分をとっても音が繋がっている．これに対して，コンピュータでは全てが「0」と「1」で表現されている．キーボードで「Computer」と打つとディスプレイには同じように「Computer」と表示される．しかし，実際は，キーボードで「C」を押すと，コンピュータには「01000011」という数字の列が送られる．Cに続く文字も同様にどの文字を押しても0と1からできた数字の列が送られる．絵も音も全てコンピュータの内部では「0」と「1」だけで表現されている．本章では次の節から，さまざまなものがコンピュータの内部でどのように表現されるのかを解説する．

6-2 符号化の原理

コンピュータ内では，「0」と「1」の2種類の数字だけが用いられている．「0」と「1」それぞれが**ビット**（**bit**）と呼ばれ，ビット一つでは，「0」と「1」の2通りを表現することができる．2ビットでは，「00」「01」「10」「11」と4通りのものを表現することができる．さらに3ビットにすると「000」「001」「010」「011」「100」「101」「110」「111」の8通りが表される．つまり，1ビットで2通り，2ビットでは$2 \times 2 = 2^2 = 4$通り，3ビットでは$2 \times 2 \times 2 = 2^3 = 8$通り表すことができるので，$n$ビットで$2^n$通りの何かが表現できる．ここで重要なのは，何を表現してもよいということである．2ビットを用いて，0から3までの自然数[*1]の4通りを表現してもいいし，a～dまでのアルファベット4通りを表現してもよい．また，「東」「西」「南」「北」の4通りでもよい．ここで，「0」と「1」で

*1　自然数は，ここでは0以上の整数とする．

表現される数字の列を，**符号**（**コード**）と呼ぶ．つまり，コンピュータの内部では，アルファベットや「東」なども符号を用いて表現されている．

アナログデータの場合はデータを処理するための専用の機器が必要であったが，デジタルデータにすることによってどのような解釈をするかという命令（プログラム）さえ与えてやれば，コンピュータでさまざまなものを扱うことができるようになった．

また，現在では8ビットを組に用いることが多く，これを**バイト**（**byte**）と呼ぶ．1バイトは8ビットなので，$2^8 = 256$ 通りの文字や数値を表すことができる．アルファベット大文字（A～Z）と小文字（a～z）の52個，数字（0～9）の10個は8ビットで十分表すことができる．日本語では，ひらがな（あ～ん）とカタカナ（ア～ン）の96個は1バイトで表現できるが，常用漢字だけで2000字を超えるため，2バイト以上が必要となる．

バイトの次に大きい単位はKB（キロバイト）であり，Kは $2^{10} = 1024$ を表すので，1024バイトをまとめてKB（キロバイト）と呼ぶ（**表6.1**）．さらに，単位はMB，GB，TB，…の順に大きくなる．このとき，例えばKBはKilobyte，MBはMegabyteの省略形であり，小文字では表記しない．また，1024という数字が1000に近いため，HDD等のストレージデバイスでは，慣習的に $1\ \text{KB} = 10^3\ \text{B}$，$1\ \text{MB} = 10^3\ \text{KB} = 10^6\ \text{B}$ として扱ってきた．そのため，1 TBと記載されたストレージを購入したとき，仕様上では 1000 GB = 1 TB なのに対し，Windowsシステム上では 1024 GB = 1 TB と表示されるため1割程度の誤差が生じる．なお，キロバイトを「キロ」，メガバイトを「メガ」等，「バイト」を省略して呼ぶことも多い．ファイルの容量等を表現するのに用いられることが多く，ほとんどの人が耳にしたことがあるはずである．

表6.1 ▶ 情報の単位

単　位	意　味
バイト（byte）	1バイト＝8ビット
キロバイト（KB）	$1\ \text{KB} = 2^{10}$（＝1024）byte
メガバイト（MB）	$1\ \text{MB} = 2^{10}$（＝1024）KB
ギガバイト（GB）	$1\ \text{GB} = 2^{10}$（＝1024）MB
テラバイト（TB）	$1\ \text{TB} = 2^{10}$（＝1024）GB

6-3 自然数の符号化

ここでは，まずビットを自然数に当てはめる．ビットの「0」と「1」は2進法を用いて表現することにする．**表6.2**のように，1ビットだけだと単純に「0」を0,「1」を1に当てはめることができる．2進法を用いて0から3までをあてはめたのが**表6.3**である．10進法で35を「035」や「0035」と書いても同じ数を意味するのと同様に，2進法で0は「00」，1は「01」と書ける．2ビットになると桁あがりが存在する．10進法では「10」になると桁が上がったのに対し，2進法では「2」になると桁が上がる．つまり，「01」の次が「10」になる．1の次に2とはならず桁が上がるのである．同様に,3ビットでの表現は**表6.4**となる．

4ビットで自然数を表現すると，**表6.5**のようになる．これは自然数0～15

表6.2 ▶ 1ビットでの自然数の表現

自然数	1ビットでの表現
0	0
1	1

表6.3 ▶ 2ビットでの自然数の表現

自然数	2ビットでの表現
0	00
1	01
2	10
3	11

表6.4 ▶ 3ビットでの自然数の表現

自然数	3ビットでの表現
0	000
1	001
2	010
3	011
4	100
5	101
6	110
7	111

表6.5 ▶ 4ビットでの自然数の表現

自然数	4ビットでの表現	16進法
0	0000	0
1	0001	1
2	0010	2
3	0011	3
4	0100	4
5	0101	5
6	0110	6
7	0111	7
8	1000	8
9	1001	9
10	1010	A
11	1011	B
12	1100	C
13	1101	D
14	1110	E
15	1111	F

を表現することができるが，16 進法を用いて表現することもできる．16 進法は15 まで桁上がりしないので 0 ～ 9 以外にも 10 から 15 までを表す記号が必要となり，通常は A ～ F という文字を使う．10 ～ 15 にそれぞれ A ～ F の文字を割り当てることで 16 進法を表現できる．この方法を用いると，4 ビットを全て 1 文字で表すことができるため，長いビット列を短く表現できる．例えば，2 進法の「1001001011111010」は 16 進法では「92FA」と表せる．

6 4 数値の符号化

現在 10 個の数字を単位とした 10 進法がよく使われているが，ほかにもさまざまな進法が利用されている．七つの曜からなる曜日や，七つの音からなる音階は 7 進法，24 の時間からなる 1 日は 24 進法，60 の分からなる時間は 60 進法といえるものである．コンピュータでは，二つの数字を単位とした 2 進法と 16 の数字を単位とした 16 進法がよく利用されている．ここでは，相互変換のやり方や加算の方法等を学習する．

1 位取り記数法

進法がたくさん出てくると，その数字が何進法を表しているのかわからないため，ここでは数字を丸括弧で囲み右下に進法をつける記法を用いる．つまり，$(110)_{10}$ は 10 進法の 110 であり，$(110)_2$ は 2 進法なので 10 進法の 6 である．

2 進法で表されている数を求めるには，桁の数を用いて次のようにする．

$$(abcde)_2 = a \times 2^4 + b \times 2^3 + c \times 2^2 + d \times 2^1 + e \times 2^0$$

つまり，桁の数から 1 引いた数だけ 2 のべき乗したものに桁の数をかける．例えば，$(110)_2 = 1 \times 2^2 + 1 \times 2^1 + 0 \times 2^0 = (6)_{10}$ となる．これは 16 進法でも同じで，$(110)_{16} = 1 \times 16^2 + 1 \times 16^1 + 0 \times 16^0 = (272)_{10}$ となる．ここで，x^y の形で表されたものをべき乗と呼び，x を y 回かけ合わせたものを意味する．例えば，6.2 節で扱ったように，$2^3 = 2 \times 2 \times 2$ であり，$16^2 = 16 \times 16$ である．y が 0 や負数のときもあり，$2^0 = 1$，$2^{-3} = \dfrac{1}{2 \times 2 \times 2} = \dfrac{1}{8}$ となる．

2 小数点の付いた数・非常に大きな数

小数点の付いた数も，自然数と同じような 2 進法で表すことができる．ここでは，固定小数点と，浮動小数点を用いた2種類の表現方法を学習する．自然数と小数の大きな違いは，小数は小数点「.」（ピリオド）で区切られ，1未満を表す部分をもっていることである．この1未満をどう表現するかによって表現方法が異なる．

まず，表現するビット列の中で整数部と1未満の部分とを区切りを決めて分けて表現する方法が**固定小数点方式**である．例えば，全体を4ビットとし，整数部分を2ビット，1未満の部分を2ビットで表現した例が，**表6.6**である．実際にコンピュータで小数点の付いた数を扱う場合は，このような必要な刻みの大きさがあらかじめ決まっていることは少なく，そのような数値を表すかわからない場合が多いため，この方法は限られた場面でしか用いられない．

表6.6 ▶ 固定小数点での小数の表現

小数点付きの数（十進表記）	整数		1未満の数	
	2^1の位	2^0の位	2^{-1}の位	2^{-2}の位
0.00	0	0	0	0
0.25	0	0	0	1
0.50	0	0	1	0
0.75	0	0	1	1
1.00	0	1	0	0

次に，小数点の付いた数を表すのに実際によく用いられる**浮動小数点方式**を紹介する．上の例にもあるように小数点の付いた数は，整数部分と1未満の部分に分けられるが，固定小数点方式と異なり次のように表現する．例えば，0.0625は

$$0.0625 = 6.25 \times 10^{-2}$$

と書ける．この6.25部分を**仮数**，10を**基数**，−2を**指数**と呼ぶ．実際には，コンピュータでは10進法ではなく，2進法で表すため，$0.0625 = 1.0 \times 2^{-4}$となり，仮数1.0と指数−4を用いることになる．なお，実際に多く使われているIEEE754（2進浮動小数点演算に関する規格）では，仮数部には24～65ビットが，指数部には8～15ビットが使われる．

5 文字の符号化

キーボードで「C」を押すと，コンピュータには「01000011」という符号が送られる．ここでは，キーボードの文字が押されるとどのような符号が送られるのかについて説明する．

コンピュータで扱うことのできる文字を集めたものを**符号化文字集合**と呼び，それらの文字をコンピュータでどのようにして表現するかを決めたものが**文字符号化方式**である．符号化文字集合としては，アルファベットの集合である ASCII や日本語表記用の JIS X 0208，世界中の文字が集められた Unicode 等がある．

1 ASCII 文字コード

アルファベットは **ASCII**（**American Standard Code for Information Interchange，アスキー**）と呼ばれるコードによって表される文字集合の一部である．この文字集合にはアルファベット大文字（A ～ Z）と小文字（a ～ z）の 52 個，数字（0 ～ 9）の 10 個の他に，英文を記すのに最低限必要なピリオド（.），コンマ（,）等が含まれる．さらに空白文字（スペース）も，通常は文字の一種として扱う．これらは全部で 64 種類を超えるため，6 ビットで表すことはできない．

ASCII では，データ量が 7 ビットで収まるように，空白文字を含めた 33 個の記号が採り入れられ，これと英数字 62 個を合わせた 95 個が図形文字とされる（**表 6.7**）．例えば，ASCII の 75 番目の文字は，「K」であるというように対応付けられている．また，32 番（SP）はスペースを表す．表 6.7 からもわかるように，アルファベットの大文字と小文字の関係は番号のうえで 32 だけ異なったものとなっている．このため，2 進数表現における 6 桁目の数字を 0 にしたり 1 にしたりするだけで相互の変換ができる（**表 6.8**）．

ASCII のうち，最初の 0 番から 31 番と 127 番は制御文字と呼ばれ，それ以外の部分にアルファベット，記号，数字が入っている．これらの制御文字の役割は場合によって異なる

ASCII は 7 ビットに収められているが，コンピュータでは通常 8 ビットで用いられ，最初の 1 ビットは使われていないことが多い．後述する日本語を表現するための多バイト文字符号化ではこのビットに別の役割を割り当てて用いる．

表 6.7 ▶ ASCII 7ビット符号

番号			文字	番号			文字	番号			文字	番号			文字
2進	10進	16進		2進	10進	16進		2進	10進	16進		2進	10進	16進	
00000000	0	0	NUL	00100000	32	20	SP	01000000	64	40	@	01100000	96	60	`
00000001	1	1	SOH	00100001	33	21	!	01000001	65	41	A	01100001	97	61	a
00000010	2	2	STX	00100010	34	22	"	01000010	66	42	B	01100010	98	62	b
00000011	3	3	ETX	00100011	35	23	#	01000011	67	43	C	01100011	99	63	c
00000100	4	4	EOT	00100100	36	24	$	01000100	68	44	D	01100100	100	64	d
00000101	5	5	ENQ	00100101	37	25	%	01000101	69	45	E	01100101	101	65	e
00000110	6	6	ACK	00100110	38	26	&	01000110	70	46	F	01100110	102	66	f
00000111	7	7	BEL	00100111	39	27	'	01000111	71	47	G	01100111	103	67	g
00001000	8	8	BS	00101000	40	28	(	01001000	72	48	H	01101000	104	68	h
00001001	9	9	HT	00101001	41	29	)	01001001	73	49	I	01101001	105	69	i
00001010	10	0A	LF	00101010	42	2A	*	01001010	74	4A	J	01101010	106	6A	j
00001011	11	0B	VT	00101011	43	2B	+	01001011	75	4B	K	01101011	107	6B	k
00001100	12	0C	FF	00101100	44	2C	,	01001100	76	4C	L	01101100	108	6C	l
00001101	13	0D	CR	00101101	45	2D	-	01001101	77	4D	M	01101101	109	6D	m
00001110	14	0E	SO	00101110	46	2E	.	01001110	78	4E	N	01101110	110	6E	n
00001111	15	0F	SI	00101111	47	2F	/	01001111	79	4F	O	01101111	111	6F	o
00010000	16	10	DLE	00110000	48	30	0	01010000	80	50	P	01110000	112	70	p
00010001	17	11	DC1	00110001	49	31	1	01010001	81	51	Q	01110001	113	71	q
00010010	18	12	DC2	00110010	50	32	2	01010010	82	52	R	01110010	114	72	r
00010011	19	13	DC3	00110011	51	33	3	01010011	83	53	S	01110011	115	73	s
00010100	20	14	DC4	00110100	52	34	4	01010100	84	54	T	01110100	116	74	t
00010101	21	15	NAK	00110101	53	35	5	01010101	85	55	U	01110101	117	75	u
00010110	22	16	SYN	00110110	54	36	6	01010110	86	56	V	01110110	118	76	v
00010111	23	17	ETB	00110111	55	37	7	01010111	87	57	W	01110111	119	77	w
00011000	24	18	CAN	00111000	56	38	8	01011000	88	58	X	01111000	120	78	x
00011001	25	19	EM	00111001	57	39	9	01011001	89	59	Y	01111001	121	79	y
00011010	26	1A	SUB	00111010	58	3A	:	01011010	90	5A	Z	01111010	122	7A	z
00011011	27	1B	ESC	00111011	59	3B	;	01011011	91	5B	[	01111011	123	7B	{
00011100	28	1C	FS	00111100	60	3C	<	01011100	92	5C	\	01111100	124	7C	|
00011101	29	1D	GS	00111101	61	3D	=	01011101	93	5D	]	01111101	125	7D	}
00011110	30	1E	RS	00111110	62	3E	>	01011110	94	5E	^	01111110	126	7E	~
00011111	31	1F	US	00111111	63	3F	?	01011111	95	5F	_	01111111	127	7F	DEL

表 6.8 ▶ アルファベットの大文字と小文字の関係

	8	7	6	5	4	3	2	1
A	0	1	0	0	0	0	0	1
a	0	1	1	0	0	0	0	1
Z	0	1	0	1	1	0	1	0
z	0	1	1	1	1	0	1	0

2 多バイト文字コード

コンピュータは英語圏の国で主導的に作られ発展してきた．しかし，現在ではコンピュータは全世界に普及し，英数字だけでなく，英語以外の言語圏に固有の文字を扱う必要が出てきた．ところが，固有文字の多くはアルファベットに比べて種類が多く，1バイトに収まらないという根本的な問題があり，複数のバイト長（多バイト）で符号化するという方法がとられた．固有文字が使われるようになると「**文字化け**」と呼ばれる現象が発生するようになった．その原因は次の二つある．

まず，表示すべき文字のフォントをそのコンピュータが実装していない場合である．例えば，日本語用に設計されたコンピュータで，韓国語で書かれた文書を表示しようとすると，代わりに日本語の文字に置き換えられてしまい，「文字化け」して表示される．また，日本語の文書でも，それが作成されたときに使われたコンピュータに実装されている文字が，表示するときに使われるコンピュータに実装されていない場合，例えば，外字として登録した文字や「①」等の**機種依存文字**は，それが解釈できないような環境で表示しようとしたときは表示されない．

もう一つは，日本語のようにある文字集合の符号化方式が複数あることに起因するものである．次の項で日本語の「文字化け」がどのように発生するのか見る．なお，日本語以外の韓国語や中国語，ベトナム語等も扱う文字の多さから日本語の場合と同様の符号化方式がとられている．

3 日本語

日本語では，ひらがな，カタカナ，漢字，およびかぎ括弧や句読点等が固有文字としてあり，これらを英数字とともに扱わなければならない．しかし，濁音や破裂音，小書き文字等も含めると，ひらがなとカタカナだけで169文字になるため，8ビットの箱の中にASCIIで使われていない7ビット分の領域には収めることができない．また，漢字には学習漢字やそれを含む2136字からなる常用漢字等の政令で定められた文字集合があるが，そこでは符号の割り当てはされていない．

符号化された文字集合の規格は，**JIS**により1978年に定められたJIS C 6226であった．その後，規格名の変更や改定が重ねられ，2020年現在では1997年版のJIS X 0208:1997が最新のものとして通常用いられている．この文字集合はひらがなやカタカナ，漢字等の合計6879個からなる．この6879個の文字を区別するには13ビット（$2^{13}=8192$）あれば足りるが，バイト単位での処理にすると都合がよいため，2バイト（16ビット）として扱われる．こうしてJIS X 0208の各文字には2バイトの数値が割り当てられ，2バイト固定長で符号化される．

日本語の文書にはASCIIの1バイト文字も混在するため，文書中のある1バイトがASCIIの文字を表しているのか，それともJIS X 0208の2バイト文字の内の一つを表しているのかを判別できるように符号化する必要がある．そこで，2バイト文字の符号化には大きく分けて次の2種類の方法が考えらえた．

・モード切り替えによる方法

・ASCII文字の番号を避ける方法

（1） モード切り替えによる方法

この方法は，文字集合の切り替えのための特別な記号の列を用意する方法である．例えば「ここから先はASCII文字」「ここから先は日本語文字」「ここから先は中国語文字」等という意味の記号列（**エスケープシーケンス**という）を用意し，文字列の中にそれが入っていたら，そこから先の部分をそれぞれの文字集合であるとして処理する方法である．これは，通常の文書では頻繁に文字集合が切り替わることがなく，1種類の文字集合に属する文字が連なって現れることが多いという性質を利用したものである．この方法は，**ISO**によりISO/IEC 2022として規定されたものであり，これを日本語に適用したものを**ISO-2022-JP**と呼ぶ．例えば，「日本はJPだ。」という文をISO-2022-JPで符号化すると，**表6.9**のようになる．

表6.9 ▶ ISO-2022-JPによる符号化の例

ESC$B	F|	K\	$O	ESC(B	JP	ESC$B	$@	!#	ESC(B	\n
	日	本	は		JP		だ	。		

（2） ASCII文字の番号を避ける方法

前述のエスケープシーケンスを用いた文字集合の切り替えは，文字の列を先頭から順番に見ていく場合は問題がない．しかし，必ず列の先頭から見るわけではなく，例えば，列の後半部分だけを使おうとしていきなり真ん中の部分からデータの読み取りを開始することもある．その際，そこにある符号が何という文字を表しているのかがわからない問題が起こる．

例えば，それが 70 という値だったとすると，ASCII 文字ならば「F」だが，他にも可能性はある．2 バイトで日本語文字を表している符号の一部かもしれないし，韓国語や中国語の一部なのかもしれない．これらを解析する必要があるためモード切り替え方式に基づいた文書は，検索や置換等の文書処理に手間がかかる．

そこで ASCII で使われていない番号を利用した符号化の方法が考えられた．この符号化の方法の代表的なものは **EUC**（**Extended Unix Code**）と **SJIS**（**Shift JIS**）である．EUC は日本語に適用されるとき，EUC-JP と呼ばれる．EUC-JP は 2 バイト文字の第 1 バイトと第 2 バイトの両方で ASCII 領域が避けられているが，SJIS では第 2 バイトに ASCII 領域も使われている．

EUC-JP や SJIS でも ISO-2022-JP と同様に，Web ブラウザ等のアプリケーションで，文書内で使われている文字コードと異なる文字コードを表示用に選択すると場合「文字化け」が生じる．ブラウザ等の文字コードの「自動判別」の機能は，文字コードの指示が文書内に記述されていればその指示に従い，記述されていなければ文書内のデータの特徴を調べてそれに基づいた判別を行う．使用する文字コードを明示する意味で文字コードの指示を文書内に記すことが望ましいが，この記述を間違えた場合にも「文字化け」が起こるため文書作成時に注意が必要である．また，メールの本文に間違って EUC-JP や SJIS が使われた場合に，通信プログラムによって各バイトの 8 ビット目が 0 にされることがあり，それが原因となって「文字化け」が生じることがある．その場合，例えば EUC-JP で書かれた「日本は JP だ。」が「F|K\OJP@!#」と表示されるような「文字化け」となる．

4 Unicode

これまで述べた多バイト文字の扱いは，異なる言語圏の文字をそれぞれ別々の文字集合とするものであった．これは，多バイト文字の発生に際し，各言語圏で独立に文字集合の検討がなされたことから，自然なことであったといえる．そして，各言語圏で多バイト文字集合が確立すると，各文字集合を国際文字集合規格として一つにまとめることが考えられるようになった．近年コンピュータネットワークの国際化が一層進んだことと，またコンピュータの資源が豊富になり，文字集合が分散することの不便の方が浮き彫りにされるようになったことも統一を支援する要因であったと考えられる．

そうして作られたのが，**Unicode** と呼ばれる文字集合であり，ASCII 文字はもとより，その他のラテン文字や CJKV（Chinese-Japanese-Korean-Vietnamese

の略）の文字，ギリシャ文字，記号等合わせて107,361文字が割り当てられている．この文字集合に対する符号化方式の代表的なものは**UTF-8**（**Universal character set Transformation Format-8**）で，1～4バイトの可変長バイトによりUnicodeの文字と対応付けられている．ブラウザ等で文字コードとしてUTF-8を選択すると，文字はUnicodeで解釈して表示される．Unicodeは文字を世界的な統一規格として扱うのに有効なもので，オペレーティングシステム（Operating System：OS）でファイル名等の内部処理に利用されている．

6 画像の符号化

ここでは，画像を例にとり，アナログ信号がどのようにデジタル符号に変換されるかを説明する．また，実際のデジタル画像の特徴について説明する．

1 標本化と量子化

アナログ信号をデジタル符号に変換するには標本化と量子化という作業が必要である．ここではアナログ画像がどのようにデジタル符号に変換されるかを見てみよう．**図6.1**は，灰色の三角形のアナログ画像が，どのようにデジタル符号に変換されるかを示している．この例では，画像を8×8の区画に分割し，一つの区画に一つの値を割り当てることにする．このような区画の各々を**標本点**（あるいは標本）と呼ぶ．さらに，各標本点に値（この場合は色）を割り当てることを**標本化**と呼ぶ．ここでは，各区画の灰色の面積の割合に応じて標本点の色を定めることとする．この例では，標本点の数が少ないため，元の画像の斜線部分に凹凸が生じ頂点も崩れているが，数を増やして標本点の間隔を十分に小さくすれば，元のアナログ画像に幾らでも近付けることができる．次に各標本点での色を

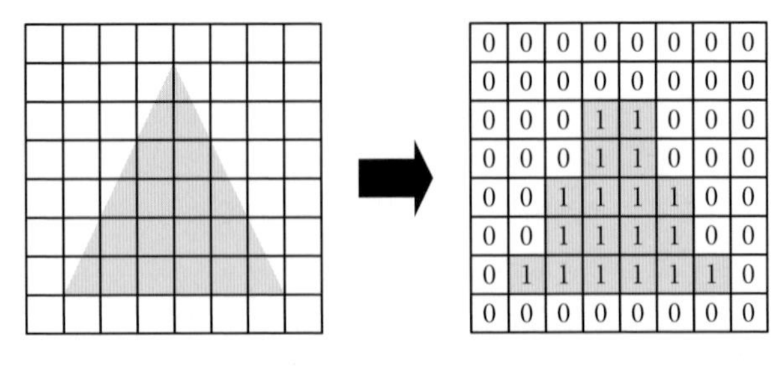

図6.1 ▶ 標本化と量子化によるアナログ画像のデジタル符号化

離散的な数値に変換する．この例では，各標本点の区画の中で白の面積が大きい場合は0に，灰色の面積が大きい場合は1を割り当てている．このように各標本点に離散的な数値を割り当てることを**量子化**と呼び，割り当て可能な数値の種類の数を量子化レベル数と呼ぶ．この例のように0と1のみ使う場合は，量子化レベル2である．最後に，数値を行ごとや列ごと等の何らかの順序で1列に並べることで，デジタル符号が生成される．

2 デジタル画像の表現

デジタル画像では，標本点のことを**画素**（**ピクセル**）と呼ぶ．各画素に量子化された色が割り当てられる．図6.1は8×8画素の画像であるが，通常は1枚のデジタル画像に数万画素以上が含まれる．各画素に，0と1のみではなく，例えば8ビットで0から255までの整数値を与えて白から黒までの段階的な灰色を割り当てると，白黒写真のようなグレートーン（グレースケール）画像が表現可能である．カラー画像の場合は，**光の三原色**の原理によって，各画素に3種類の値を与えることでさまざまな光の色を近似的に表現できる．例えば各画素に，赤（R）・緑（G）・青（B）の各色成分の明るさに8ビットずつ，計24ビットを割り当てれば，量子化レベルは2^{24}となり，16,777,216種類の色を利用できる．動画は，アニメーションや映画と同様の原理で，1秒あたりの画像枚数（フレームレート）を30 fps（frames per second）以上に用意すれば，自然な動きを表現できる．

3 実際のデジタル画像

代表的なデジタル画像入力装置であるデジタルカメラ・デジタルビデオカメラでは，数百万画素以上は利用可能なものが一般的である．搭載されるメモリ容量や撮影感度等の性能は年々向上し，解像度（利用可能な画素数）の高い撮影ができるようになってきた．

コンピュータのモニタやプリンタ等の出力装置では，画素をドットという単位で表すことが多い．日本のデジタル放送では，720×480 ～ 7,680×4,320の画素数，フレームレートは29.97 ～ 59.94 fps，色調の量子化レベルは8 ～ 24ビット程度の範囲の動画が利用されている．

上記のように，近年デジタル画像・動画の性能は非常に向上している．また，コンピュータグラフィックス等のコンピュータの中で元々デジタル画像として生成された画像も多く，アナログ画像を経由せずに，全てデジタル画像のまま利用することも一般的となりつつある．

文字のフォントも画像として表示・印刷される情報の一つであり，格子状に配置した代表点によって標本化して表した**ビットマップフォント**と，文字の輪郭を線分，円弧，放物線等の連続曲線の組合せで表した**アウトラインフォント**が代表的である．アウトラインフォントは拡大しても凹凸が現れないという利点があるが，縮小して少ない画素数で印字すると細い線も輪郭をもつ分だけつぶれて読み取りにくくなるという欠点もある．

4 静止画や動画の圧縮

デジタル放送で，1,920×1,080画素を利用し，色調の量子化レベルを12ビット，フレームレートを59.94 fpsとした場合，1秒間の動画のデジタル符号のビット数は，次のように概算できる．

(1,920×1,080画素/フレーム)×(12ビット/画素)×(59.9フレーム/秒)
=約15億ビット/秒

これはおよそ200メガバイト/秒という非常に大きなデータの量であり，このままでは伝送したり保存したりすることは困難である．そのためデジタル画像のデータを圧縮する技術が必要となる．

一枚ずつの（静止）画像を圧縮する技術としては**JPEG**（**Joint Photographic Experts Group**）圧縮技術が広く利用されており，デジタルカメラ等で一般的に用いられている．JPEGは，画像を小領域に分割して比較的少数の共通パターンを利用して表現し，さらにその共通パターンの出現頻度の偏りを利用することで，画像圧縮を実現している．動画を圧縮する技術としては，**MPEG-4**（**Moving Picture Experts Group-4**）や**MP4**（**MPEG-1 Audio Layer-4**）が広く用いられており，実際のデジタル放送でも採用されている．MPEG-4は，静止画像を圧縮するJPEG技術に加え，動画の中で実際に動く部分は比較的小さく，かつその動きもある程度は過去の様子から予測可能である，という性質を利用して，動画の圧縮を行っている．

6 7 音の符号化

ここでは，音がどのようにしてデジタル符号に変換されるかを説明する．また，実際のデジタル音信号の特徴について説明する．

1 音の標本化と量子化

音は空気等の媒質の圧縮と膨張が繰り返される振動現象であり，媒質の圧力の基準値からの変動分（音圧）の時間変化（音波）が音のアナログ信号である．**図6.2** の曲線は横軸に時刻，縦軸に音圧をとった音のアナログ信号を表している．時間を一定間隔で区切って標本化したものが△の点であり，各時点での音圧の値を量子化することによって，●の点のように音はデジタル符号に変換される．画像は1枚の画像の中で空間で区切られて標本化されるのに対し，音は時間で区切られて標本化される点が異なる．

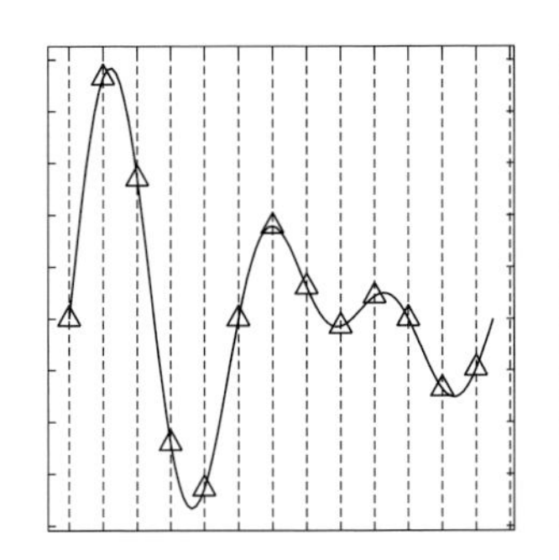
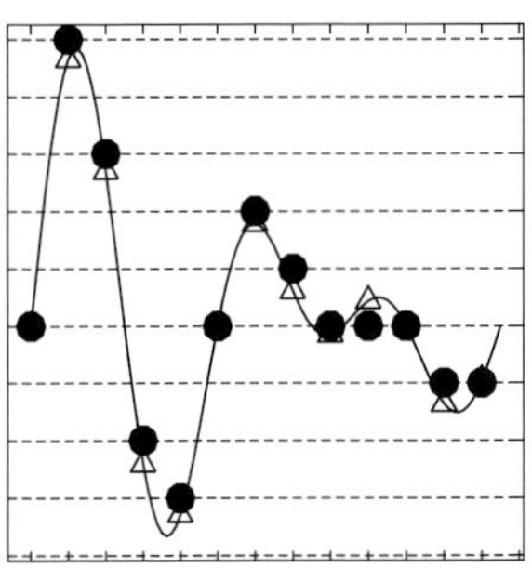

図 6.2 ▶ 音の標本化（左）と量子化（右）[1]

2 標本化定理

音をデジタル符号化する際，標本化の間隔を短くすればするほど，元のアナログ信号をより正確に表現できる．しかし，間隔を短くするほど，データの量は大きくなる．**標本化定理**はどの程度の間隔が適切か目安を与えるものである．

一般に，どんな波形でも，**図 6.3** の右図のような形の波（正弦波）の重ね合わせによって構成可能であることが知られている．細かい波をもつ波形ほど，細かく振動する波を重ね合わせることが必要である．一方，実際の音では，無限に細かく振動する波を作ったり，感知したりすることは不可能である．例えば人間の耳が感知できるのは，1秒間に2万回振動する音が限界であるといわれている．つまり，実際に取り扱われるアナログ信号には，そこに含まれている「最も細かい波」という限界の範囲内の自由度しかもっていない．この細かさとそれを標本化する間隔について以下のことがわかっている．

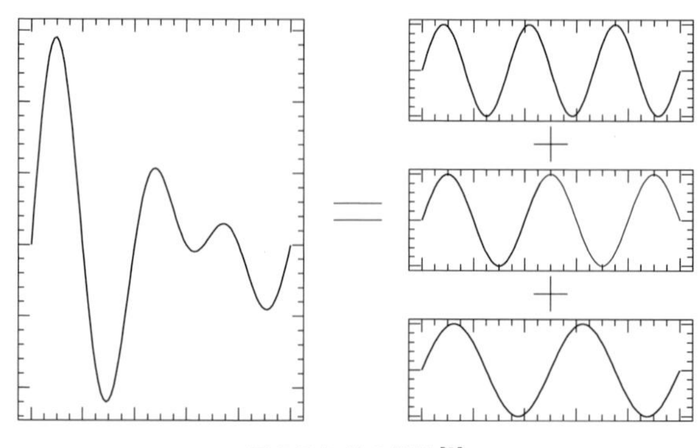

図 6.3 ▶ 波の分解 [1]

標本化定理：与えられた波に含まれる最も細かく振動する正弦波の周期の半分よりも狭い間隔で標本化すれば，その標本から元の波を再現できる．

すなわち，音に含まれる「最も細かい波」の1周期から，2回以上値を採取できるような間隔で標本化すればよい．

逆に，周期の半分よりも大きい間隔で標本化した場合，元の波形と異なる誤った波形を再現してしまう．このような標本化が原因で再現されたアナログ波形にエラーが生じる現象を**エイリアシング**と呼ぶ．

3 実際のデジタル音信号

人間の耳は周波数が約20 Hz～約20 kHz（1秒あたりの振動回数が20～20,000回）の音を知覚し，音の高さと強さで聴き分けている．最も高い音である周波数20 kHzの波形を再現するには，標本化定理から，40 kHzの標本化が必要とされる．例えば，高性能な音の再現が要求される音楽用CD（Compact Disc）では，44.1 kHzという高周波数の標本化が行われている．一方，電話では再現したい音がせいぜい人間の声の高さ程度なので，固定電話の場合8 kHzで標本化されている．

音の強さの再現性を高めるには量子化レベルを高くする必要がある．音楽用CDは16ビット（65,536種類），デジタル固定電話は8ビット（256種類）の量子化レベルをもつ．これらはともに**PCM**（**Pulse Code Modulation**）という標本化したデータをそのまま量子化する方法がとられている．また，携帯電話での符号化法はPCMとは異なり，音声波形のパターン認識に基づいた圧縮度の高いものが採用されている．

データ圧縮と情報量

ここでは，デジタル符号の圧縮について説明する．また，符号圧縮と情報理論の関係について説明する．

1 符号圧縮

前節までに，数値・文字・画像・音等をデジタル符号化してビット列にする方法を述べた．符号化されたビット列は，処理や表示をする際にはまた元の形に戻されるが，これを**復号**と呼ぶ．符号化の手法の中には，データを効率的に蓄積あるいは伝送するために，短いビット列に変換する工夫がされているものも多く，それらを特に**符号圧縮**と呼ぶ．

符号圧縮にはさまざまな方法があるが，大別して**可逆圧縮**と**非可逆圧縮**に分類される．可逆圧縮は，復号した際に1ビットの違いもなく完全に元のビット列に戻るような圧縮法であり，主に数値や文字等の厳密な正確さが要求されるデータの圧縮に利用される．半面，可逆圧縮では圧縮率に限界がある．一方，非可逆圧縮は，復号したビット列が元のビット列と多少異なることを認める圧縮法である．非可逆圧縮では，データが劣化してしまう反面，大幅にデータの量を減らすことが可能なので，データが大量かつ多少の劣化は許容可能な画像や動画，音等のデータの圧縮に主に用いられる．例えば，静止画像の圧縮法であるJPEG，動画の圧縮法であるMPEG-2はともに非可逆圧縮である．

以下では可逆圧縮に絞って，異なる符号化による圧縮率の違いおよび圧縮率の限界についての情報理論について紹介する．

2 符号化と平均符号長

ここでは，異なる符号化によって圧縮率にどのような変化があるかを見てみよう．元の信号が「a」「b」「c」「d」の4種類の記号である場合に，それぞれの文字に異なるビット列を割り当てる方式を考える（**表6.10**）．符号化A方式では，4種類を2ビットで表現する一般的な符号が用いられている．一方，B方式では，記号によってビット列の長さが異なる符号化（**可変長符号**）が用いられている．可変長符号で圧縮されたビット列において文字の切れ目は，適切に符号割り当てがされていれば見つけることができる．可変長符号だと記号により符号化された長さが異なるため，符号化された列全体の長さは原符号の文字数だけでは決まらず，どの文字が何回現れたかにより変化する．そこで，圧縮率を求めるには，その発生確率が必要となる．ここでは，発生確率パターン1として，4種類の記号が等確率で発生する場合を考える．また，パターン2として，記号「a」の発生確率が非常に高く（95％），「b」の発生確率は低めで（3％），「c」「d」はさらにまれにしか発生しない（1％）場合を考える．

表6.10 ▶ 異なる符号化と発生確率

記号	符号化A方式	符号化B方式	符号長A方式	符号長B方式	発生確率パターン1	発生確率パターン2
a	00	0	2	1	$\frac{1}{4}$	$\frac{95}{100}$
b	01	10	2	2	$\frac{1}{4}$	$\frac{3}{100}$
c	10	110	2	3	$\frac{1}{4}$	$\frac{1}{100}$
d	11	111	2	3	$\frac{1}{4}$	$\frac{1}{100}$

表6.10をもとに，発生確率の各パターンでの各符号化方式の平均符号長を計算する．符号化A方式では，平均符号長は常に2である．符号化B方式で発生確率がパターン1の場合の平均符号長は，以下のように計算される．

$$\text{平均符号長} = 1 \times \frac{1}{4} + 2 \times \frac{1}{4} + 3 \times \frac{1}{4} + 3 \times \frac{1}{4} = 2.25$$

また，符号化B方式で発生確率がパターン2の平均符号長は，以下のように計算される．

$$\text{平均符号長} = 1 \times \frac{95}{100} + 2 \times \frac{3}{100} + 3 \times \frac{1}{100} + 3 \times \frac{1}{100} = 1.07$$

表6.11に，全ての組合せの平均符号長を示す．各記号の発生確率を事前に求め，出現度の高い文字を短い符号で，出現率が低い文字を長い符号で表現することで，平均符号長を最小とする代表的な圧縮技術のことを，**ハフマン符号化**と呼ぶ．

表 6.11 ▶ 平均符号長

	符号化 A 方式	符号化 B 方式
発生確率パターン 1	2	2.25
発生確率パターン 2	2	1.07

3 情報理論と平均情報量

可逆圧縮手法としてはハフマン符号化のほかに，同じ記号が連続している場合は出現回数で符号化するランレングス符号化等，さまざまなものが存在する．しかし，どのような手法でも，符号の長さを 0 にすることは当然不可能である．ここでは，クロード・シャノンによって構築された情報理論により，可逆圧縮のうち発生確率の偏りを利用した圧縮法（**エントロピー圧縮法**）の限界がどのように与えられるかを紹介する．

まず，任意の記号の発生に関して，情報量という概念を導入する．ある記号「a」が発生する確率を P_a とした場合，その情報量は 2 を底とした対数を用いて $-\log_2 P_a$ として定義される．P_a が $\frac{1}{2}$，つまり「a」が発生するかしないか半々の確率である場合，情報量は 1 となる．これは 0 と 1 のいずれかを利用するビットと類似しているので，情報量の単位はビットと呼ばれる．ただし，ビット列の「ビット」とは微妙に意味が異なる．情報量は，ある記号の発生しにくさを表す量と解釈できる．

次に，**平均情報量**という概念を導入する．平均情報量（エントロピー）は，全ての記号の情報量を，各記号の発生確率で平均し，期待値を計算したものである．例えば，4 種類の記号の発生確率が P_a，P_b，P_c，P_d で与えられているとすると，平均情報量 H は以下の式で計算される．

$$H = -P_a \times \log_2 P_a - P_b \times \log_2 P_b - P_c \times \log_2 P_c - P_d \times \log_2 P_d$$

平均情報量は，発生する記号の予測困難性を示す値と解釈できる．特定の記号のみの発生確率が高いと平均情報量は低くなり，逆に均等に全ての記号が発生する場合，平均情報量は高くなる．

すると，平均符号長と平均情報量の間には以下の定理が成立する．

情報源符号化定理：元の信号の平均情報量よりも短い長さの平均符号長を与えるような符号化は存在しない．

すなわち，平均情報量は平均符号長の下限を与える．例として，表6.10の発生確率パターン1とパターン2の平均情報量を計算してみよう．パターン1の平均情報量 H_A は以下のように計算される．

$$H_1 = -\frac{1}{4} \times \log_2 \frac{1}{4} - \frac{1}{4} \times \log_2 \frac{1}{4} - \frac{1}{4} \times \log_2 \frac{1}{4} - \frac{1}{4} \times \log_2 \frac{1}{4} = 2$$

同様にパターン2の平均情報量 H_B は以下のように計算される．

$$H_2 = -\frac{95}{100} \times \log_2 \frac{95}{100} - \frac{3}{100} \times \log_2 \frac{3}{100} - \frac{1}{100} \times \log_2 \frac{1}{100} - \frac{1}{100} \times \log_2 \frac{1}{100}$$
$$\fallingdotseq 0.355$$

表6.11と比較すると，平均符号長が平均情報量以上の長さであることが確認できる．発生確率パターン2に関しては，より圧縮率が高い符号化B方式でも，平均符号長と平均情報量の間に大きな差がある．この差は例えば複数記号の連なりを考慮して「aa」に短い符号「0」を割り当てるような工夫をすることで小さくすることができる．理論的には，このような工夫を複雑に重ねることで，平均符号長がほぼ平均情報量と等しくなるような符号化を実現できることが知られているが，実際にはある程度の圧縮率が達成できるような単純な符号化が用いられることが多い．それでも，圧縮率の限界を与えるという意味で情報源符号化定理は重要である．

演習問題

問1 次の(1)から(5)のそれぞれについて，AとBを4ビット加算器で加算した結果のビット列Cはどのようになるかを答えよ．また，これらが

・4ビットで表した自然数同士の加算をしている場合

・2の補数で表した符号付き整数同士の加算をしている場合

のそれぞれについて

- A，B，Cそれぞれが表している数値
- 正しく計算されているか，それとも，表せる範囲を超えているため正しい結果になっていないか

を答えよ．

	A		B		C
(1)	0011	+	0010	=	
(2)	0010	+	0111	=	
(3)	1010	+	1100	=	
(4)	0100	+	1001	=	
(5)	0010	+	1110	=	

問2 「日本はJPだ。」という文はISO-2022-JP，EUC-JP，SJISのそれぞれで何バイトを費やすか答えよ．ただし，文末に1バイトの改行があるものとする．

問3 音楽用CDはステレオ，つまり右スピーカー用の音と左スピーカー用の音の二つの音で構成される．このことから，音楽用CDの1秒あたりに蓄えられているデータの大きさを計算せよ．

第7章 コンピューティングの要素と構成

ここでは，コンピュータを構成する要素や，それらの構造や仕組み，動作について解説する．まず，コンピュータを構成する物理的機構であるハードウェアの構成とその動作について学ぶ．通常目にすることが少ないコンピュータの中身を知ることで理解を深めていく．次に，ハードウェアを活用して情報処理を行う機構であるソフトウェアについて解説する．さまざまな目的に応じて存在するソフトウェアを知り，ソフトウェアやプログラムの動作について理解を深める．

7-1 コンピュータの構成

コンピュータというと，スーパーコンピュータ，サーバコンピュータ，ワークステーション，パーソナルコンピュータ，携帯電話（スマートフォン）等さまざまなものがある．これらは用途や処理能力の差によって使い分けられているが，コンピュータの動作機構や仕組みに関する基本的な部分は皆同じである．ここでは，その中の最も身近なパーソナルコンピュータを取りあげる．

パーソナルコンピュータ（パソコン，PC）は，もともと個人で使用する小型のコンピュータという位置付けにあり，その筐体の形状によって，**デスクトップ型**，**ノート型**，**タブレット型**に分類することができる．「デスクトップ」は卓上，「ノート」はノートのように持ち運び可能，「タブレット」は粘土板や石板のような板状という意味がある．

コンピュータの特徴として，**プログラム内蔵方式**と**逐次制御方式**がある．開発初期のコンピュータは，プログラムに相当する手続きをスイッチや配線の組み替えによって，その都度与えていた．これは手間がかかるだけでなく，間違いも発生しやすかった．そこで，あらかじめ作成したプログラムをコンピュータに記憶させるというプログラム内蔵方式がノイマン（John von Neumann）によって提案された．あるプログラムを記憶させておくことで何度も同じ処理が実行可能となり，用途に応じてプログラムを入れ替えることでさまざまな処理を実行することが可能となった．これによって，現代のコンピュータの広い汎用性が実現されることとなった．

コンピュータに記憶されたプログラムは，コンピュータによってその命令一つひとつが順番に呼び出され，命令を解読され，実行されている．このようにプログラムが逐次的に実行されていくことから，コンピュータは逐次制御方式を採用している．

コンピュータ本体の内部を見てみると，さまざまな装置や電子部品が内蔵され，それらが利用者の用途に応じて動作する．これらの装置を**ハードウェア**と呼ぶ．利用者はハードウェアを利用するにあたって，その利用目的に応じてハードウェアを制御するための仕組みである**ソフトウェア**を使用することとなる．

2 ハードウェア

コンピュータのハードウェアはどのような要素から構成されているのか，要素個々の構造はどのようになっているのか，それらがどのような仕組みによって動作しているのかについて説明する．ハードウェアとソフトウェアの連携によって，一連の処理を実行するコンピュータの動作原理について説明し，ハードウェアから見たコンピュータとはいかなるものか明らかにする．

1 ハードウェアの構成

コンピュータの筐体を開けると，マザーボードと呼ばれる電子回路基板がある．マザーボードにはチップセット等のさまざまな電子部品が装着されており，ソケット，スロットといったさまざまな接続器具が配置されている．**CPU**（**Central Processing Unit**，**中央演算装置**）やメモリ，コンピュータに内蔵される **HDD**（**Hard Disk Drive**）や **SSD**（**Solid State Drive**）は接続器具に装着，接続することで動作する．さらにマザーボードにはコンピュータの外部機器に接続するためのインタフェースをもち，コンピュータの筐体の側面等に接続端子を装備して，キーボード，マウス，ディスプレイやプリンタ等が接続される．

コンピュータには**演算装置**，**制御装置**，**記憶装置**，**入力装置**，**出力装置**の五つの装置があり，これはコンピュータの５大装置と呼ばれる．コンピュータの５大装置の関係を**図 7.1** に示す．入力装置から入力された情報や補助記憶装置から読み出された情報は**主記憶装置**に格納され，演算装置と制御装置が主記憶装置から情報を読み込み，演算処理を行う．演算処理後の結果は再び主記憶装置に格納され，結果は必要に応じて補助記憶装置や出力装置へ送られる．

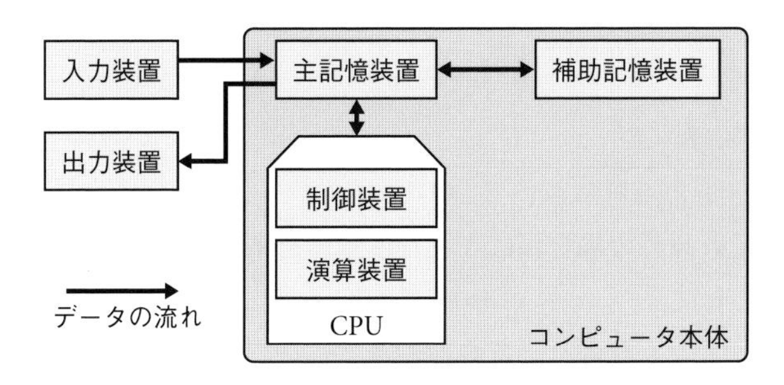

図 7.1 ▶ コンピュータの５大装置とデータの流れ

コンピュータの各装置はさまざまな電子部品で構成されている．これらの電子部品は，トランジスタ，ダイオード，コンデンサ，抵抗器，コイル等で構成される電子回路である．電子回路をさらに詳細に見ると論理回路となる．論理回路を組み合わせることにより，その動作機構が決定される．ここではハードウェアの基盤となる論理回路について取りあげる．

論理回路とは**論理演算**を実現する電子回路のことである．論理演算は論理型のデータ同士に対する演算であり，**論理積**（**AND**），**論理和**（**OR**），**否定**（**NOT**）等がある．論理回路の中で最も基本となるものに**論理ゲート**がある．これにはANDゲート，ORゲート，NOTゲートがある．各ゲートは**図7.2**のようにMIL記号を用いて表される．MIL記号は米国国防省による半導体関係の標準規格であり，**論理記号**等を表すために規定されている．

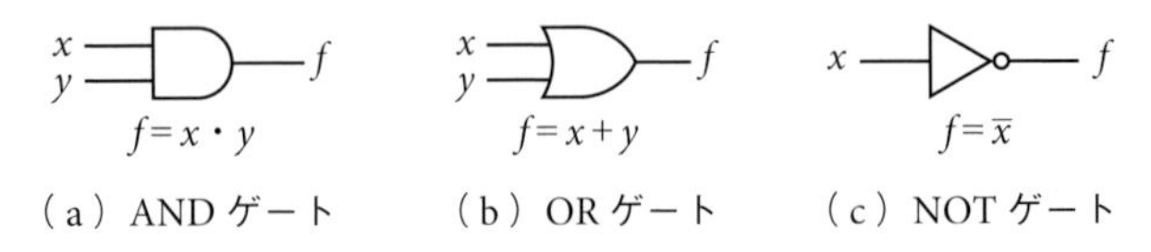

図7.2 ▶ 論理ゲートの構成

論理ゲートの入力と出力の系を表にしたものを真理値表と呼ぶ．図7.2の論理ゲートの真理値表を**表7.1**に示す．表の中の1という値は電圧の高い状態を，0という値は電圧が低い状態を表す．

表7.1 ▶ 論理ゲートの真理値表

入力 x	入力 y	ANDゲート	ORゲート	入力 x	NOTゲート
0	0	0	0	0	1
0	1	0	1	1	0
1	0	0	1		
1	1	1	1		

① ANDゲート

論理積ゲートとも呼ばれ，二つの入力（x，y）が1の場合に出力（f）が1となり，それ以外の場合には0となる動作を実現する．

② ORゲート

論理和ゲートとも呼ばれ，二つの入力（x，y）のどちらか一方または両方が1の場合に出力（f）が1となり，二つの入力が0の場合には出力が0となる動作を実現する．

③ NOT ゲート

論理否定ゲートとも呼ばれ，入力（x）が1の場合には出力（f）が0となり，入力が0の場合には出力が1となる動作を実現する．

この他に，論理ゲートとしてはANDゲートの論理否定であるNANDゲート，ORゲートの論理否定であるNORゲート，**排他的論理和**と呼ばれるどちらか一方の入力が1の場合だけ出力が1となる動作のXORゲートがある．

論理回路は複数の論理ゲートを用いて回路が構成される．入力の組合せによって出力が決まる回路を**組合せ回路**と呼ぶ．組合せ回路の代表的なものとして**加算回路**がある．加算回路は**全加算回路**によって構成されており，計算する桁の数だけ全加算回路を組み合わせることで実現される．また，入力の組合せだけでなく過去の入力によって得られる出力をもとに出力が決まる回路を**順序回路**と呼ぶ．出力が過去の出力に依存するということは以前の情報を記憶しているということを意味する．順序回路の代表的なものとして，**フリップフロップ回路**がある．

2 演算装置と制御装置

演算装置とは，論理演算や四則演算といった演算を行う装置である．また，制御装置とは，演算装置の動作，記憶装置への読み書きや入出力を制御する装置である．現在のコンピュータは，演算装置と制御装置が一体化されたCPUを用いている．ここではCPUの構造について説明する．

CPUは，プログラムの命令をメインメモリから取り出して解釈し，実行するための機能をもつ装置であり，プロセッサとも呼ばれる．プログラムは，**機械語**に変換されて，CPUが管理するメモリ空間に配置される．このメモリ空間には，一意に場所を特定するための番地（8.1節 1 参照）が割り振られており，CPUはメモリ上の命令コードと命令の格納場所を管理する機構をもつ．CPUの全体的な構成は**図7.3**のようになっている．

図7.3において，**プログラムカウンタ**は，メインメモリに記憶されている実行プログラムの各命令を取り出すための番地を指定する機能をもつ．**命令レジスタ**は，取り出した命令を一時的に格納しておく場所である．命令は，命令コードとオペランドから構成されている．命令コードには，データ転送，整数演算，論理演算，浮動小数点演算，2進化10進演算，プログラム制御，入出力処理，ビット列操作等がある．オペランドには，使用するデータが格納されている場所を指示する番地や計算で用いる値等が格納されている．**デコーダ**は，解読器とも呼ばれ，

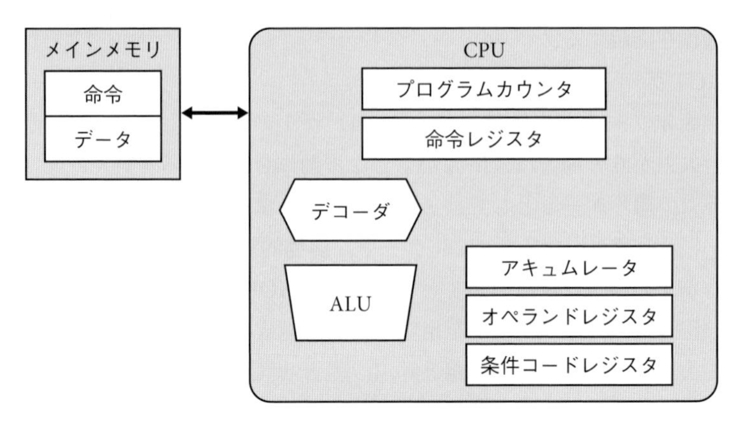

図 7.3 ▶ CPU の構成

命令コードを解読した後，その命令に対応した動作指示を与える信号を出力する．

ALU（**Arithmetic Logic Unit**）は，演算命令の場合にデータ同士の演算を行う．演算の際には，メモリやレジスタに記憶されているデータを取り出し，演算数はアキュムレータに，被演算数はオペランドレジスタに，それぞれ格納する．演算結果をアキュムレータに置き換えるとともに，必要ならば条件コードレジスタに状態コード（正負の符号やオーバーフロー等の状態）を設定する．

CPU の性能を表す尺度の一つに**クロック周波数**がある．クロック周波数とは，CPU が 1 段階の動作を行う時間単位（サイクルタイム）を決める周波数のことである．同じ構成の CPU 同士ならば，この値が高い CPU ほど高い性能をもつことになる．単位はヘルツ（Hz）で表す．例えば，1 GHz（$=10^9$ Hz）の CPU は 1 秒間に 10 億（$=10^9$）回計算していることになる．

現在のコンピュータは静止画や動画の処理を行うことが多くなった．特に映像においては高精細な映像をリアルタイムに再生することが増えたため，CPU が処理するだけでは利用者の要求に追い付かなくなってきた．**GPU**（**Graphics Processing Unit**）は，高精細な映像処理や 3 次元画像処理，コンピュータゲームのようなリアルタイム画像処理向けのプロセッサである．GPU は高速の画像表示用の記憶装置であるビデオメモリ（Video RAM：VRAM）や，画像処理に特化した演算装置を多数搭載し，並列計算を行うことで高速処理を実現している．

3 記憶装置

記憶装置とは，コンピュータが処理すべきデータを一時的または永続的に保持する装置である．コンピュータは CPU 内のレジスタやメモリ，HDD や SSD 等さまざまな記憶装置をもっている．また**USBメモリ**（**USBフラッシュドライブ**）や**CD**，**DVD**，**BD**（**ブルーレイディスク**）といった光学ディスクも記憶装置の一つといえる．

コンピュータの高速化，CPUの高速化を図るためには，記憶装置における読み書きの高速化が必須といえる．また，CPUの高性能化に伴い，プログラムやデータのサイズは大きくなり，記憶装置の容量増大も必要となる．しかしながら，現在の一般的なメモリデバイス技術において，読み書きの高速化と容量の増大を両立することは，装置の物理的な大きさ等の実装上の制約や金銭コスト上の理由により難しい．そこで，小容量ながら高速に読み書きする記憶装置と，読み書きは低速ながら大容量の記憶装置を組み合わせることでコンピュータの記憶装置が構成されることが多い．この構成方法によって，**図7.4**に示すようなCPU内のレジスタを速度の頂点とした階層構造ができる．

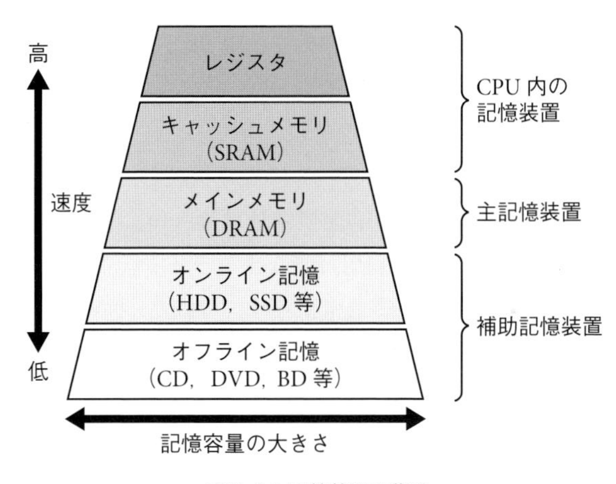

図7.4 ▶ 記憶装置の階層

図7.4において，主記憶装置と補助記憶装置の分類があるが，主記憶装置は主に記憶素子（半導体）を用いている．記憶素子には**RAM**（**Random Access Memory**）と**ROM**（**Read Only Memory**）がある．RAMはランダムに読み書きが可能なメモリであり，ROMは**不揮発性**で読み出し専用のメモリである．不揮発性とは，電源を切っても記憶した情報が消えないという特性を意味している．RAMには，記憶方式の異なる2種類の半導体記憶素子として**DRAM**（**Dynamic RAM**）と**SRAM**（**Static RAM**）がある．通常，メインメモリはDRAMを用いて構成する．DRAMは，コンデンサの電荷状態（充電：1，放電：0）によって，

データを記録する．電荷が自然放電により衰退してしまうので，数十マイクロ秒ごとにデータを読み出して書き込むというリフレッシュを繰り返す．それに対して，CPUのキャッシュメモリはSRAMを用いて構成する．キャッシュメモリとは，CPUのクロック周期とメインメモリのアクセス時間との差を埋めるため，CPUとメインメモリの間に位置する一時的な高速記憶素子である．SRAMはコンデンサではなく，複数個のトランジスタで構成される．また，電源が供給されている限り，データが消失することはなく，DRAMよりも記録時間が速い．

一方，ROMは，あらかじめ内容が固定されたメモリであり，**BIOS-ROM**（**Basic Input/Output ROM**）等がある．BIOS-ROMには，初期プログラム（ブートプログラムとも呼ぶ）があらかじめ記憶されており，電源が入ると起動するようになっている．またROMには，情報を書き込む方式の違いにより，**マスクROM**（**Mask ROM**），**PROM**（**Programmable ROM**），**EPROM**（**Erasable Programmable ROM**）等がある．マスクROMは，製造時にデータが書き込まれているROMのことであり，後からデータを追記したり書き換えたりすることはできない．これに対してPROMは，後からでもデータを書き込め，またEPROMはいつでも書き換えが可能である．

補助記憶装置は，後述のインタフェースにより接続し，読み書きを行う記憶装置である．読み書きは低速であるが，記憶容量は大きい．また，補助記憶装置は，コンピュータ本体に内蔵され常時利用可能なオンライン記憶と，記憶媒体の入れ替えや移動が可能であるオフライン記憶に分類される．オンライン記憶はOSの起動やOSに用意されるファイルシステムを構成する重要な記憶装置であり，HDDやSSDがある．HDDとSSDの内部構成モデルを**図7.5**に示す．HDDの

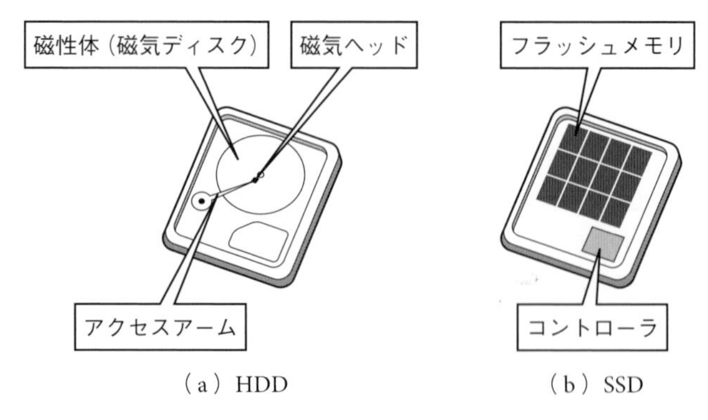

図7.5 ▶ HDDとSSDの内部

内部は円盤（ディスク）状の磁性体があり，アクセスアームの先端にある磁気ヘッドを用いてデータの読み書きを行う．SSD は**フラッシュメモリ**（**フラッシュROM**）と呼ばれる記憶素子と読み書き制御をする回路であるコントローラを用いてデータの読み書きを行う．

オフライン記憶として挙げられるのが，USB メモリ（USB フラッシュドライブ）や **SD メモリカード**，CD，DVD，BD である．USB メモリは後述の USB 接続端子をもち，記憶素子をコンピュータに接続する装置である．SD メモリカードは，コンピュータだけでなく，デジタルカメラや携帯電話等の家電製品にも使用され，SD カード，miniSD カード，microSD カードの三つの規格がある．CD や DVD，BD は光学ディスクとも呼ばれ，半導体レーザーの反射によってデータを読み書きする記憶装置である．データの読み書きには光学ドライブが必要となるが，光学ディスク（記憶媒体）はドライブから取り出して，もち運びが可能である．

4 入出力装置

入出力装置は，コンピュータに対してデータを入力あるいは出力するための装置であり，入力するための装置が入力装置，出力するための装置が出力装置である．入力装置には**キーボード**，**ポインティングデバイス**（**マウス**/**ペンタブレット**/**タッチパネル**等），**イメージスキャナ**，**デジタルカメラ**，**デジタルビデオカメラ**等がある．出力装置には**ディスプレイ**，**プリンタ**等がある．

コンピュータで最も利用される入力機器として，キーボードとポインティングデバイスがある．キーボードとは，文字や記号のキーがある規格に準じて並べられている装置である．キーの配列についてはいくつか種類があるが，現在最も普及しているものは（旧）JIS 配列である．これは，上から 2 列目の左から Q，W，E，R，T，Y とキーが並んでいることから **QWERTY**（**クワティ**）**配列**とも呼ばれる．キーボードからキーを打つとキーボードコントローラが起動してキー固有の電気信号が生成され，コンピュータ本体に転送される．

ポインティングデバイスとは，**WYSIWYG**（**What You See Is What You Get**）対応の画面上に表示されているアイコンやポインタを操作するための装置である．マウスはねずみにその形状が似ていることから名付けられており，2 次元の画像上の座標位置と移動距離を検知する仕組み（ボール式，光学式，レーザー式等）をもつ．ペンタブレットは，板状の検知部分（タブレット）に専用のペンを用いて座標位置を検知する仕組みをもつ．タッチパネルやタブレット端末は，液晶パネルの画面を指等で触れることで直感的な操作を行うことができる．

コンピュータで最も利用される出力機器として，ディスプレイとプリンタがある．ディスプレイは，画面上に文書や表あるいは図形や画像を表示するための装置である．現在は，液晶ディスプレイや有機ELディスプレイが利用されている．ディスプレイ画面の大きさは，画面の対角線の長さをインチで表示する．また解像度は横方向の画素数×縦方向の画素数で表示し，現在市販されるディスプレイの解像度は1,920×1,080や3,840×2,160のものが多い．また，ディスプレイは発光する装置であるため，**光の三原色**（R（Red），G（Green），B（Blue））を用いて色を表示する．各色の光の強弱によって，さまざまな色を表現する．

プリンタは，塗料を塗布することによって文書や表あるいは図形や画像を表現するための装置である．プリンタには，印刷方式の違いにより，**インクジェットプリンタ**，**レーザープリンタ**等がある．プリンタの解像度は，1インチの直線に幾つの点（ドット）によって表すかという尺度を用い，単位はドット/インチ（dpi）を用いる．解像度が高いほど，印刷の品質が良いことになる．プリンタは，発光ではなく，紙に塗料を塗布し，紙面に当たる光の反射を利用して表示する装置である．このため，**色の三原色**（C（Cyan），M（Magenta），Y（Yellow））を用いて色を表示する．

ディスプレイの色表現とプリンタの色表現とでは違いがある．光の三原色と色の三原色のRとC，GとM，BとYは，それぞれ補色関係になっている．このため，ディスプレイからプリンタへ出力する際に，色の変換をする必要がある．この機能は**プリンタドライバ**が行う．

5 インタフェース

一般に装置と装置をお互いに接続する場合，配線を結ぶ端子の形状やデータの伝送方式が一致している必要がある．そのための規格を**インタフェース**と呼ぶ．

コンピュータ本体内部のインタフェースとして，**PCI**（**Peripheral Component Interconnect**）や**SATA**（**Serial Advanced Technology Attachment：Serial ATA**）がある．

PCIはマザーボードにスロットが直接搭載されるインタフェースである．現在はPCIの後継規格である**PCIe**（**PCI express**）が主流であり，GPUを搭載したグラフィックボードや拡張用インタフェースカード等が接続に利用される．SATAはPCIと同様，マザーボードにスロットが直接搭載されるインタフェースであるが，PCIとは接続端子の形状が異なる．コンピュータ内蔵型の光学ドライブやHDD，SSDの接続に利用される．

コンピュータ本体と外部の周辺機器を接続するインタフェースはさまざまなものがあるが，代表的なものは**USB**（**Universal Serial Bus**）である．旧来の入出力装置はさまざまな種類のインタフェースを使用していたが，現在は入出力装置の多くがUSBで接続される．USBの接続端子の形状は，標準タイプのUSB Type-A，Type-B，Type-C，ミニ型，マイクロ型と多岐にわたるため，接続する周辺機器のUSB接続端子の形状や使用するケーブルの端子を確認する必要がある．

この他に，ディスプレイとコンピュータ本体を接続するインタフェースとして，**HDMI**（**High-Definition Multimedia Interface**）や**DVI**（**Digital Visual Interface**），**VGA**（**Video Graphics Array**）がある．また，周辺機器と無線で近距離接続するための規格として**Bluetooth**，有線ネットワーク接続のための規格として**イーサネット**，無線ネットワーク接続のための規格として**IEEE 802.11a/b/g/n/ac/ax**がある．

7.3 ソフトウェア

ハードウェアの記憶装置には，さまざまなデータ（情報）が記録される．その中にはハードウェアを使用して何らかの処理を行うプログラムが存在する．このプログラムおよびプログラムに関連するデータのまとまりを，ソフトウェアと呼ぶ．物理的な装置として存在するハードウェアに対して，物理的に存在せずデータとして存在することからソフトウェアと呼ばれるようになった．ソフトウェアがどのように作られてきたのか，現在はどのようになっているのか説明する．ハードウェア技術が進歩し，利用者の用途や目的が多様化することによって，ハードウェアを使用して処理を行うソフトウェアは，より複雑になっている．しかし，一般ユーザにとっては，ソフトウェア技術の発展により，コンピュータとネットワークはより簡単に使いやすくなっている．ソフトウェアの分類や機能，使用方法を知ることによって，利用者はより便利に効率良くコンピュータを使用することに繋がる．

1 ソフトウェアの構成

私たちがコンピュータを使う場合，内部ではさまざまなプログラムが動いている．これらのプログラム群をソフトウェアと呼んでいる．ソフトウェアは，次のように大きく三つに分けられる.

- **オペレーティングシステム**
- **ミドルウェア**
- **アプリケーションソフトウェア**

ハードウェアを動かすための基本的なソフトウェアを，**OS**（Operating System, オペレーティングシステム）と呼ぶ．OSは，コンピュータのリソース（資源）を効果的に活用するためのソフトウェアである．OSだけではコンピュータが動く状態になるだけで，コンピュータを使って何かをするには別のソフトウェアが必要となる．OSはハードウェアとのやりとりを行う非常に厳密で細かいプログラムであり，OSを開発するためにはハードウェアの機能を詳しく知る必要がある．

OS上で動くソフトウェアを，アプリケーションまたはアプリケーションソフトウェアと呼ぶ．私たちがよく利用しているワープロソフト，表計算ソフト，Webブラウザと呼ばれるソフトウェアは，アプリケーションである．

OSとさまざまな処理を行うアプリケーションとの中間に入るソフトウェアをミドルウェアと呼ぶ．ミドルウェアはOSの機能の拡張やアプリケーションの汎用的な機能を集めたものである．アプリケーションがミドルウェアに要求を出すと，ミドルウェアがOSに必要な要求を出し，結果をアプリケーションに返す動作を行う．

ハードウェアとソフトウェアの働きについての概念を**図7.6**に示す．

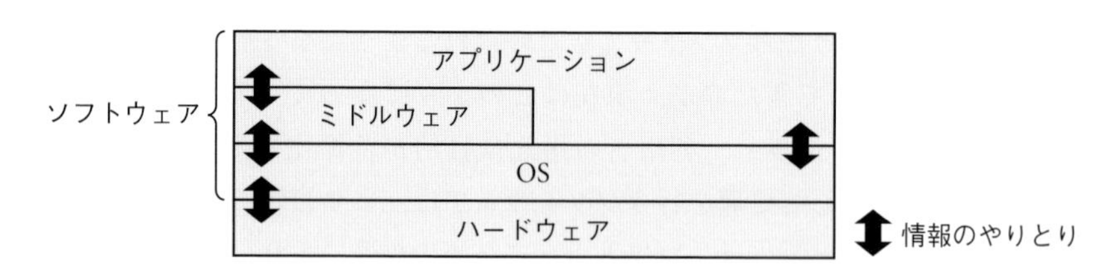

図7.6 ▶ ソフトウェアの構成と情報のやりとり

2 オペレーティングシステム（OS）

前述のように，OSはハードウェアを動かすための基本的なソフトウェアであり，コンピュータを利用する人がハードウェアの細かい動きを知らなくても利用できるように開発されたものである．ここでは，OSの発展の経緯とその機能をもう少し詳しく見てみる．

道具や機械で計算をさせるという考えは，紀元前から存在していた算盤が原型だといわれている．その後，フランスのパスカル（Blaise Pascal）が1640年代に歯車式計算機を考案し，作成した．1945年にペンシルバニア大学で開発されたENIAC（Electronic Numerical Integrator And Computer）は，初期に開発されたコンピュータとして有名であるが，プログラムが自動的に処理されたのではなく，人間が配線を繋ぐことにより計算が行われた．当時のコンピュータでも計算速度は人間より速かったが，計算内容が異なれば配線をしなおす必要があり不便であった．そこで，プログラム内蔵方式が提唱され，プログラムを先にメモリに読み込んでから処理を実行させることを考えた．現在のコンピュータもこのプログラム内蔵方式を継承している．

OSは，**ユーザ管理**，**ファイル管理**，**入出力管理**，**資源管理**，**メモリ管理**，**タスク管理**といった機能をもつ．ユーザ管理は，コンピュータにユーザアカウントを登録および削除する機能であり，登録したユーザアカウントごとに資源のアクセス権やユーザアカウントに関する情報をまとめて管理する．ファイル管理は，HDDやSSD等にファイルの記録や読込を行うとともに，ユーザごとにファイルやディレクトリの使用を制限する機能である．入出力管理は，キーボードやプリンタ等の周辺機器の管理や制御を行う．また，周辺機器をコンピュータに接続すると，自動的に認識し利用可能にする機能（プラグアンドプレイ）をもつようになった．資源管理は，コンピュータの資源を効率良く利用するために，資源の割り当てや管理を行う機能をもつ．メモリ管理はメモリ領域を有効に利用するために管理する機能である．仮想メモリを使用して，実際のメモリ容量よりも多くのメモリを使用できる．タスク管理は実行しているプログラムを管理する機能である．プログラムの実行単位はタスクと呼ばれ，複数のタスクを並列に実行できる**マルチタスク**機能をもつOSが現在は多い．

かつて，コンピュータがメインフレームと呼ばれた時代のOSは機種に依存していた．しかし，インターネットが普及し，コンピュータとコンピュータがネットワークで繋がれ，さまざまな機種のコンピュータを繋げて利用するようになった．現在では，ある程度OSが標準化されていて，さらにそれぞれのOSでサーバ用OSとクライアント用OSに分けられている．同じハードウェアのコンピュータでも，インストールするOSによってサーバとなったりクライアントとなったりする．一般にパソコンとして販売されているコンピュータに最初に入っているのはクライアント用OSである．

パソコンの初期の頃によく使われていたOSは，**MS-DOS**（**Microsoft Disk Operating System**）であった．これはコマンドプロンプトと呼ばれるものが画面上に表示された．利用者はコマンドプロンプトが出ると，決められたコマンドを入力することによりOSに直接コマンドを与えることができる．このコマンドは，UNIXやLinuxのコマンドとよく似ている．現在でも，OSに直接コマンドを与える場合には，これらのコマンドが利用されている．初期のパソコンはコマンド入力タイプのOSであったが，**GUI**が開発され，コマンドプロンプトではなく，アイコンをクリックしたりダブルクリックしたりして，コンピュータやネットワークを利用できるようになった．これは，アイコンをクリックしたりダブルクリックしたりするとアプリケーションを起動するユーザインタフェースのプログラムが開発されたからである．アップルがGUI機能をもつSystemを開発したことを契機に，ほとんどのコンピュータにGUI機能が搭載された．現在パソコンでよく利用されているOSとして，マイクロソフトが開発したMicrosoft Windows，アップルが開発したmacOS，グーグルが開発したChrome OS，Linuxがある．また，携帯電話（スマートフォン）で良く利用されるOSとして，グーグルを中心として組織されたオープン・ハンドセット・アライアンスが開発したAndroid，アップルが開発したiOSがある．この他，大学や研究所のワークステーションやサーバで利用されるOSとして，AT&T社のベル研究所で開発されたUNIXがある．なお，LinuxはUNIX互換として開発されたOSである．

3 ミドルウェア

ミドルウェアは，OSとアプリケーションの中間に位置し，さまざまなソフトウェアから共通して利用される機能を提供するものである．OSが提供する機能よりも分野や用途が限定された，個別的な機能を提供することが多い．多くのアプリケーションで共通して利用される機能やハードウェアの基本的な制御機能等は，個別に開発するのは非効率であるため，通常はOSの機能として提供されている．アプリケーションはOSの機能を利用するだけで済むようになっている．しかし，OSの機能はほとんどのアプリケーションが必要とするようなきわめて基本的なもの，汎用的なものに限られ，特定の分野でしか使われないが，その分野では必要とされるような機能がミドルウェアとして提供されるようになった．ミドルウェアの中には複数種のOSやハードウェアに対応し，アプリケーションがOSの違い等を気にしなくても良いように設計されているものも開発され，さまざまなプラットフォームで動作するソフトウェアの開発を容易にする利点がある．

どのようなソフトウェアがミドルウェアとして提供されるかは用途や目的によって大きく異なる．インターネット上のサーバ等では，**Webサーバソフトウェア**，**データベース管理システム**等のソフトウェアがミドルウェアとなることが多い．Webサーバソフトウェアは，ネットワークを介したクライアントからの要求を解釈し，HTML情報を応答したり，他のサーバのプログラムを呼び出して実行する．現在利用されるソフトウェアとして，Apache HTTP ServerやNginx，Internet Information Serverがある．データベース管理システムは，入力された情報や管理情報を統括的に管理するとともに，要求があった場合には条件に見合った情報を提供する検索機能をもつ．現在利用されるソフトウェアとして，オラクルが開発したOracle Database，IBMが開発したDB2，マイクロソフトが開発したSQL ServerやオープンソースのMySQLやPostgreSQLがある．この他のミドルウェアとして，各種通信プロトコル上のセッションとその上に流れるデータとアプリケーションプログラムとの間で発生する処理（トランザクション）を監視し，一貫性を維持する**トランザクションモニタ**やWebサーバからデータベース管理システムへの橋渡しを担い，データの加工等の処理を行う**アプリケーションサーバ**がある．さらに，組込みシステムではOSの機能が大きく限定されているため，ファイルシステムやGUI等パソコンならOSが提供するような機能がミドルウェアとなることもある．

4 アプリケーションソフトウェア

さまざまな処理を行う目的で開発されたソフトウェアを**アプリケーションソフトウェア**または**アプリケーション**と呼ぶ．ここでは，アプリケーションについて説明する．アプリケーションの種類として，専用アプリケーション，オフィススイートアプリケーション，コミュニケーションツールが例として挙げられる．

アプリケーションには企業や大学等で開発して使われている**専用アプリケーション**，大学等の教育で使われる**eラーニング用アプリケーション**，個人が利用するアプリケーション，車やエアコン等のように特殊な用途に使われる**組込み用アプリケーション**等，さまざまな種類がある．これらは数十億円から数百億円という莫大な費用をかけて開発されたもの，一般に販売されているもの，シェアウェアと呼ばれる低価格で販売されているもの，フリーウェア（フリーソフト）と呼ばれる無料のもの等，さまざまなタイプがある．

企業や大学等で使われている専用アプリケーションは，独自開発あるいはベンダーに開発させたものが多い．例えば，銀行のオンラインシステムやPOS（Point

Of Sale，3.1節 8 参照）と呼ばれるコンビニやスーパーの販売管理システム，大学の事務システム等である．これらの中には開発費用だけで数十億円をかけているものもある．これらの専用アプリケーションは，例えば二つの銀行が統合されるとオンラインシステムも統合しなければならない．また，大学の入学試験方法が変わると入試システムを変更しなければならなくなる．このように，一旦開発したアプリケーションでも，その用途が変更されると大幅に変更するか新規開発が必要となる．

アプリケーションとしてパソコンでよく使われるのは，**オフィススイート**と呼ばれるアプリケーションである．オフィススイートがもつ機能として，**ワードプロセッサ**，**表計算**，**プレゼンテーション**，**データベース**等が挙げられる．マイクロソフトは，Officeとして販売しており，**オープンソース**として開発されているものにLibreOfficeがある．また，マイクロソフトのMicrosoft 365のように，Webブラウザ上で実行できるものが開発され，実用化されている．その中でもよく使われているのは，ワープロと呼ばれるワードプロセッサである．ワープロにはマイクロソフトのWord，ジャストシステムの一太郎，LibreOfficeのWriterがある．また，UNIXやLinux利用者が数式等を使うときに利用しているTeXがある．

表計算ソフトはさまざまなデータの集計および分析をするためのアプリケーションで，多くの関数が用意されており，入力データおよび集計・分析結果をグラフ化することもできる．現在では，マイクロソフトのExcelを使用することが多い．日本でも幾つかの表計算ソフトが開発されたが，現在ではあまり使われていない．

大学の授業等でよく使われるプレゼンテーションソフトはスライドを表示するためのアプリケーションである．スライドそのものは，プレゼンテーションソフトが開発される以前から学会発表等でよく使われていた．スライドの作成および編集が容易で，表示を自動的に簡単に操作できるようにしたものがプレゼンテーションソフトである．現在では，マイクロソフトのPowerPointがよく使われている．

データベースソフトは，特定のテーマに沿ったデータを集めて管理し，それらを容易に検索・抽出できるアプリケーションである．マイクロソフトのAccessがよく使われているが，上述のExcelは，データベース機能の一部を処理できるようになっている．

コンピュータネットワークを利用したアプリケーションとしてよく使われてい

るものには，Webページの表示を行う**Webブラウザ**または**ブラウザ**や，Webアプリケーションを利用するための専用アプリケーションがある．

ブラウザは，Webサーバと通信してリソースを取得し，それらのリソースをテキストや画像等の種類に応じて解析し，解析結果をもとに文字や画像等を表示するアプリケーションである．ブラウザは，1990年頃からTimothy John Berners-Leeが研究情報のやりとりのために**HTML**（**Hyper Text Markup Language**）を考案し，その後1994年，W3C（World Wide Web Consortium）を設立している．現在も，HTML等の言語仕様標準はW3Cで決められている．現在よく使われているブラウザは，グーグルのChrome，アップルのSafari，マイクロソフトのEdge等があり，OSとともにインストールされたり，無料でダウンロードしたりして利用することが可能である．また，オープンソースのブラウザとしては，Mozilla Firefoxがある．ブラウザには，いろいろな機能がついているものや，スマートフォンや携帯電話等で利用されているもので，検索と表示速度を速くするために機能を少なくしているものがある．

Webアプリケーションとは，Web技術を基盤として作られたアプリケーションソフトウェアのことである．利用者はブラウザを用いてWebアプリケーションを使用し，ブラウザ内の表示領域を使用して操作し，Webアプリケーションの処理結果も同様に表示領域へ表示される．よって，利用者はハードウェアやOSの種類に関係なく，ブラウザさえ利用できれば同じアプリケーションを利用することが可能である．現在，Webアプリケーションはさまざまな用途で開発されており，電子メールをはじめとして，音声通話，ビデオ通話，ビデオ会議，ソーシャルネットワークサービスといったコミュニケーションツールやオフィススイートがWebアプリケーションとして存在する．

パソコンでWebアプリケーションをより利用しやすくするためにあるものが，専用アプリケーションである．ブラウザを用いてWebアプリケーションを利用する場合，URLの入力等の手間があるが，専用アプリケーションを用いた場合はURLを入力する手間が省け，利用者情報等を専用アプリケーションに記録することができる．また，処理結果の表現等をパソコンの環境に合わせて行うことができ，利用者の利便性が向上する．

以上のように，アプリケーションはその用途に応じて高額なものから無料のものまで多数あり，オペレーティングシステムのバージョンアップとともにさまざまな改良がなされて新しいバージョンが開発されている．

演習問題

問1 米国で製造されたENIACは，世界初の電子式汎用コンピュータといわれている．その根拠について具体的に説明せよ．

問2 現在，さまざまなリムーバブルメディアが登場してきている．そこで，磁気ディスク系，光学ディスク系，メモリ（記憶素子）系と分類して，それぞれのメディアの特性について説明せよ．

問3 携帯情報端末の一つであるスマートフォンを取りあげ，代表的な機種に関する機能と特性について説明せよ．

問4 これからの時代におけるコンピュータはどうあるべきか，ハードウェアとしてどのような機能をもつべきかについて，現状の技術革新の推移を見定めたうえで自身のアイディアを述べよ．

問5 自分の使っているコンピュータのオペレーティングシステムの種類を調べよ．

問6 ミドルウェアの必要性と機能について調べ，今後どのようなミドルウェアが登場するか述べよ．

問7 身近にあるコンピュータに入っているアプリケーションについて調べよ．

問8 Webアプリケーションのメリットとデメリットについて調べよ．

第8章 アルゴリズムとプログラミング

ここでは，コンピュータを動作させるために必要となるプログラムとアルゴリズムについて学ぶ．最初に，コンピュータの中核をなすCPUの動作の基本となる，機械語の命令，メモリ，動作手順について説明する．次に，プログラムを作成する各種のプログラミング言語について説明し，Pythonを使ったプログラミングについて説明する．最後に，コンピュータを効率よく動かすために欠かせない，各種のアルゴリズムについて述べる．

8 1 コンピュータへの命令

今日ではコンピュータに何かの仕事をさせるとき，アプリケーションソフトウェア（例えばワープロソフト，Webブラウザ等）をインストールして使う．あるいはそれらを新しく作る場合でも，プログラミング言語（例えばJava, Python等，8.2節で詳述）を使ってプログラムを書く．例えば，c=a+bと書くと，aとbという二つの場所に入っている数を加算して，その結果をcという場所に入れる，という意味になる．しかしコンピュータのCPUでは，コンピュータが理解できる「命令」（機械語命令）が動作している．本節ではこの一例を紹介する．

1 コンピュータの動作の基本

（1） 命令とレジスタ

実用のプログラミング言語と違い，機械語では具体的な命令等がCPUの種類ごとに異なる．ここでは例として，KUE-CHIP2という，実用のものに比べて非常にシンプルなCPUについて説明する．

「0であるか1であるか」を覚えておく場所をビットと呼び，8ビットを1バイトとよぶ．命令はビットの列で表され，1バイトのものと2バイトのものがあるが，まず簡単な1バイトからなる命令を紹介する．以下は1バイトの命令の例である．

1011 1 000

最初の4ビットは命令コードと呼び，命令の種類を表す．1011は加算命令を表す．**表8.1**に命令の一部を示す．

表8.1 ▶ KUE-CHIP2の命令（一部）

最初の4ビット	演　算
1010	減算（Subtract）
1011	加算（Add）
0110	ロード（Load）
0111	ストア（Store）

次の1と000はそれぞれ，「何と何を加算するか」を表す．これは具体的な数ではなく「その数がどこに書いてあるか」を表している．最初の1を第1オペランド，次の000を第2オペランドと呼ぶ．

KUE-CHIP2には1バイトの場所が二つある．この場所は，命令の実行で使うデータの一時保存や，計算の途中結果等のデータの保持に使われ，レジスタと呼ばれる．これらには，**図 8.1** に示すように ACC と IX という名前が付いている*1.

この命令の後半 4 ビット 1 000 のうちの第 1 オペランド 1 は「IX」を，第 2 オペランド 000 は「ACC」をそれぞれ意味する（**表 8.2**）.

0	0	0	0	1	0	1	1

ACC

0	1	1	0	1	0	0	1

IX

図 8.1 ▶ ACC と IX

表 8.2 ▶「何を計算するか」の指定（その 1）

後半 4 ビットのうち			
最初の 1 ビット（第 1 オペランド）		後の 3 ビット（第 2 オペランド）	
値	意味	値	意味
0	ACC	000	ACC
1	IX	001	IX

すなわち，この命令は

IX に今入っている内容 + ACC に今入っている内容

を計算する．このような計算をする命令の場合，それぞれのビット列は 2 進法として扱われる．すなわち，ACC と IX が図 8.1 の内容のとき，この命令は

2 進法で表すと　01101001 + 00001011　結果は 01110100

10 進法で表すと　105 + 11　結果は 116

を計算する.

計算した結果は，第 1 オペランドの 1 で示すレジスタ IX に入る．すなわち，この命令は

IX ← IX に今入っている内容 + ACC に今入っている内容

という命令である（本節では記号←をこのようなデータの動き（代入）の意味で用いる）．ACC と IX が図 8.1 の内容のときにこの命令を実行すると，IX の内容が置き換わる．第 2 オペランドで示している ACC の内容は変わらない（**図 8.2**）.

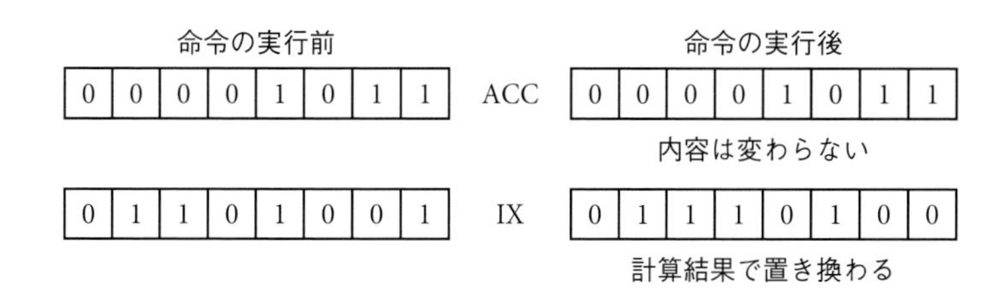

図 8.2 ▶ ACC と IX

*1　ACC は ACCumulator，IX は IndeX register からきている.

この命令の命令コードを1010に変えて1010 1 000とすると，

IX ← IXに今入っている内容 − ACCに今入っている内容

を計算する減算命令になる．

また，命令コードを0110に変えて0110 1 000とすると，

IX ← ACCに今入っている内容

すなわち，第2オペランドの000が示すACCから第1オペランドの1が示すIXへ内容をコピーする命令（ロード命令）になる．この場合，コピー元のACCの内容は変わらず，コピー先のIXは元の内容が消えてコピーされた内容に置き換わる．

（2） メモリ

レジスタだけでは合計16ビット（2バイト）しか覚えておくことができない．

レジスタとは別に，より多くのビットを覚えておける「メモリ」がある．KUE-CHIP2では8ビット（1バイト）を覚えておける場所が256個ある*2．レジスタはACCやIXという個々の名前があるだけだが，メモリには番地（アドレス）が振られており，それぞれ0番地，1番地，…，255番地と呼ばれる（**図8.3**）．

メモリ 0 番地	1	0	1	1	1	0	0	0
メモリ 1 番地	0	1	1	0	0	0	0	1
メモリ 2 番地	0	0	0	1	1	1	0	1
⋮				⋮				
メモリ 255 番地	1	0	1	0	1	1	0	0

図8.3 ▶ メモリ

メモリを使う命令は，8ビットの後にさらに番地を表す8ビットが付き2バイトになる．例えば

IX ← IXに入っている内容＋メモリ2番地の内容

は1011 1 100 00000010である．第2オペランドが100になっているのはそれがメモリであることを表し（**表8.3**），00000010は10進法の2を表しているので，メモリの2番地であることを示す．

ロード命令も，第2オペランドにメモリを指定することができる．例えば，

*2 実際はそれと別に256バイトの「データ領域」があり，合計512バイトあるが，後述のメモリアクセスの方式が区別されており複雑になるので，ここでは256バイトの「プログラム領域」だけとする（「プログラム領域」と呼ぶが，データも置ける）．

表 8.3 ▶「何を計算するか」の指定（その 2）

後半 4 ビットのうち			
最初の 1 ビット（第 1 オペランド）		後の 3 ビット（第 2 オペランド）	
値	意味	値	意味
0	ACC	000	ACC
1	IX	001	IX
		100	メモリ

0110 1 100 00001000 では，00001000 は 10 進法の 8 を表しているので，

IX ←メモリ 8 番地に今入っている内容

を行う．

このように，ロード命令ではメモリの内容をレジスタにコピーすることができる．この逆にレジスタの内容をメモリにコピーするためには，ロード命令ではなくストア命令 0111 を用いる．例えば，先ほどのロード命令をストア命令に変えた 0111 1 100 00001000 は

メモリ 8 番地← IX に今入っている内容

を行う．KUE-CHIP2 では，多くの命令でレジスタの内容は変更されるが，メモリの内容を変更する命令はストア命令だけである*3．

2 命令手順の作成

（1） プログラム内蔵方式

命令一つだけでは前項で述べたような単純なことしかできないので，通常，CPU に何かをさせるには，命令を幾つも組み合わせてプログラムにする．例えば

メモリ 1 番地，メモリ 2 番地，IX の三つにそれぞれ入っている内容を加算し，メモリ 3 番地に入れる

には

0110 0 100 00000001	ロード命令	ACC ←メモリ 1 番地
1011 0 100 00000010	加算命令	ACC ← ACC + メモリ 2 番地
1011 0 001	加算命令	ACC ← ACC + IX
0111 0 100 00000011	ストア命令	メモリ 3 番地← ACC

*3 他の CPU では，メモリの内容を変更する命令が複数種類あるものもある．

のように命令を組み合わせればよい．なお，ここからは例えば「ACC←メモリ1番地に今入っている内容」を「ACC←メモリ1番地」のように省略して書くことにする．

前項で，1バイトの命令と2バイトの命令を説明したが，その内容がどこに入っているかには触れなかった．実際は，これらも例えば**図8.4**に示すようにメモリの一部に入れておく．

メモリ番地	メモリの内容							
8	0	1	1	0	0	1	0	0
9	0	0	0	0	0	0	0	1
10	1	0	1	1	0	1	0	0
11	0	0	0	0	0	0	1	0
12	1	0	1	1	0	0	0	1
13	0	1	1	1	0	1	0	0
14	0	0	0	0	0	0	1	1
15	?	?	?	?	?	?	?	?
⋮	⋮							

図8.4 ▶ メモリに入ったプログラム

図8.4の例では，プログラムは先頭の8番地から実行される．メモリはプログラムが入っている14番地までで終わっているのではなく，15番地以降も続いている．したがってこのままでは，13–14番地に入っている0111 0 100 00000011（ストア命令　メモリ3番地← ACC）を実行した後，例えば15番地にたまたま0110... というビットが入っていれば，ロード命令であるとCPUに解釈されてしまう*4．

このため，最後（図8.4の場合は15番地）に停止命令00001000を入れておく．CPUは停止命令を実行すると，もうそれ以上は実行されずに停止する．CPUは，いったん停止したら，外部からのスイッチや信号により再開されない限り動作しない．

---

*4　プログラムカウンタ（PC）という8ビットからなる一種のレジスタがあり，次に実行する命令が入っている番地が保持されている．開始時にはここにプログラムの開始番地（図8.4の例では8番地から始まるので8）を入れておく．各命令を実行する際に，PCに，1バイトの命令なら1が，2バイトの命令なら2が自動的に加算される．CPUは，一つの命令の実行が終わったらPCを見てその番地（例えばPCが10ならば10番地）の命令を実行する，という動作を繰り返す．

1011 1 100 00001010

命令コード		第 1 オペランド		第 2 オペランド		メモリの番地
1010	減算 (Subtract)	0	ACC	000	ACC	
1011	加算 (Add)	1	IX	001	IX	
0110	ロード (Load)			100	メモリ	
0111	ストア (Store)					

図 8.5 ▶ KUE-CHIP2 の命令の構成
※本節で紹介していない命令や機能，および構成の異なる停止命令は省略してある．

ここまでに解説した命令と機能の一覧を**図 8.5** にまとめた．

3 アセンブリ言語

ここまでで紹介した機械語を人間が直接書くのは容易でないため，8.2 節 1 で述べるように，アセンブリ言語や高水準言語でプログラムを書き，それを翻訳プログラムによって機械語に変換することが広く行われている．8.2 節 2 で紹介するプログラミング言語 Python は高水準言語の例であり，例えば

```
A = B + C
```

と書くと，

メモリの中の B という名前で参照される場所の内容と，同じく C という名前で参照される場所の内容を加算して，その結果を A という名前で参照される場所に書き込む

という動作が行われる．なお，「メモリの中の B という名前で参照される場所」は高水準言語では「変数 B」と呼ばれる（8.2 節 1 の最後の部分を参照）．

それに対してアセンブリ言語は，より機械語に近い．同じ処理をアセンブリ言語で表記すると，例えば

```
LD  ACC,B
ADD ACC,C
ST  ACC,A
```

のように書かれる．ここで，LD はロード（Load）を，ST はストア（Store）命令を表す．これが翻訳プログラム（アセンブラ）により，機械語命令に変換される．すなわち，図 8.5 に示す対応に従って，例えば，LD は 0110 に，第 1 オペラ

ンドのACCは0に置き換えられる．またA，B，Cにそれぞれメモリ内の場所を割り当てて，Bには例えば100番地を割り当てた場合，10進法の100は2進法では01100100なので，LD ACC,Bの第2オペランドは01100100に置き換える，ということも自動的に行われる．すなわち，この命令全体は0110 0 100 01100100という機械語命令に置き換えられる．

8 2 プログラミング

コンピュータを動かすためにはハードウェアだけではなく，ソフトウェアが必要である．ソフトウェアを広く解釈すると，プログラムだけでなくドキュメント等も含まれるが，ここではプログラムに焦点を当て，プログラムの作成に必要な各種のプログラミング言語の概要を述べる．さらに，具体的にPythonを使った基礎的なプログラミングを紹介する．

1 プログラミング言語の役割と概要

プログラムはコンピュータに動作させるべき命令列を書いたものである．8.1節で述べたように，コンピュータへの動作指示であるプログラムは機械語で記述する必要がある．しかし，人間にとっては2進法表現で機械語を書くのは手間がかかるうえにわかりづらい．そこで人間にとってわかりやすい形式でプログラムを記述し，何らかの方法でコンピュータに実行させると便利である．プログラムを前もって機械語に変換（翻訳と呼ぶ）してから，その機械語をコンピュータに実行させるという方法が考えられる．この方式をコンパイル方式と呼ぶ．それに対して，プログラムを少しずつ逐次解釈しながらコンピュータに実行させる方式があり，この方式をインタプリタ方式と呼ぶ．

人間が使用している自然言語は曖昧性を含んだり，単語数が多かったりするため，人工的なプログラミング言語を用いてプログラムを記述する．さまざまなプログラミング言語が開発され利用されているが，コンピュータが開発された頃の1940年代から，2進法表記で記述された機械語の命令を人間が理解しやすい表意記号（ニーモニックと呼ぶ．例えば，LD ACC,B）で表して記述するアセンブリ言語が用いられた．アセンブリ言語で書かれたプログラムは，アセンブラを用いてビット列の機械語に翻訳される（詳細は8.1節 3 を参照）．アセンブリ言語で書かれたプログラムは機械語の命令にほぼ1対1に対応しているので，機械語とほぼ同じレベルという意味で，アセンブリ言語を低水準言語とも呼ぶ．アセンブリ言語は，機械語を直接2進法で表記するのに比べると楽であるが，それでも後述する高水準言語に比べて記述が大変である．一方，アセンブリ言語に比べて抽象度が高く，人間が比較的理解しやすいプログラミング言語を高水準言語と呼ぶ．1950年代後半に生まれたプログラミング言語として，主に科学技術計算に用いるFortran*5や，主に事務処理に用いるCOBOL等が挙げられる．FortranでもCOBOLでも，コンピュータへの計算指示を数式で行うことができる．COBOLでは，英語に近い形でプログラムを記述することができ，プログラムを読みやすい．

高水準言語で書かれたプログラムのテキストをソースプログラムと呼び，コンパイラと呼ばれるプログラム使ってソースプログラムを機械語に翻訳する．FortranやCOBOL以外にも多くのプログラミング言語が開発された．コンパイラ方式のC，インタプリタ方式の教育用プログラミング言語として使われていたBASIC，Cにオブジェクト指向機能を追加したC++，この他にPython，Java，Ruby，C#，JavaScript，PHP，Swift，Scala，R，Visual Basic.NET等の高水準言語がプログラミングによく使われている（**図8.6**）．機械語に近いものが低水準言語で，メモリ番地等を意識せずにプログラムを書けるという意味での「抽象度」の高いものが高水準言語である．Cは両者の中間的な水準のプログラミング言語である．言語によって異なる特徴をもち，適用分野に向き不向きがある．

多くのプログラミング言語では，コンピュータに実行させる命令を手続きの組

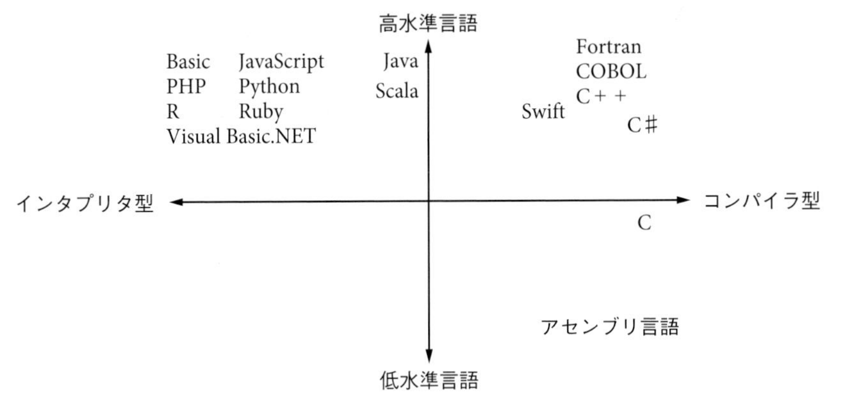

図8.6 ▶ プログラミング言語の比較

*5 Fortran 90より前のFortranは，大文字で「FORTRAN」と記した．

合せとしてプログラムを記述するため，手続き型言語と呼ばれる．手続き型言語では三つの基本的な動作がある．プログラムに記述された命令を上から下に向かって順番に実行していくことを「順次」，条件に従って処理を行うかどうかを判断して実行する処理を変えることを「分岐（または条件分岐）」，処理を繰り返すことを「繰り返し」と呼ぶ．複雑な動作を行うプログラムも，基本的には「順次」，「分岐」，「繰り返し」の三つの組合せで構成されている（図8.7）．

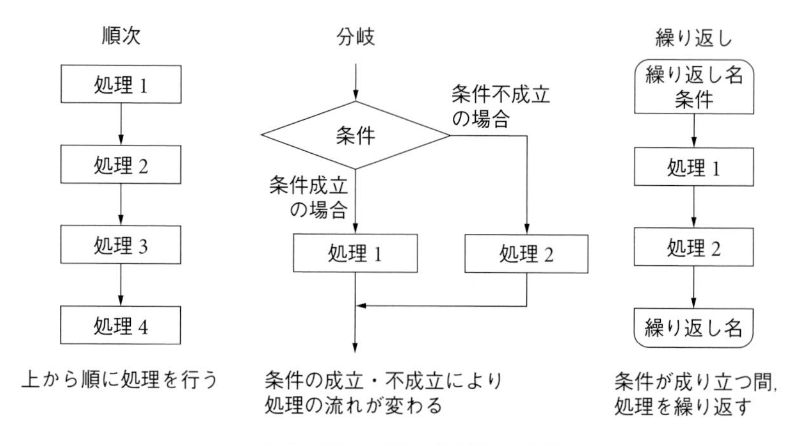

図8.7 ▶ 順次，分岐，繰り返しの処理

プログラミング言語は，手続き型言語以外に関数型言語や論理型言語がある．関数型言語では，問題の性質を関数の組合せ等により記述していく．関数型言語としては，Lisp や Scheme，Haskell 等が挙げられる．また，Scala 等の最近のプログラミング言語は，基本は手続き型で，関数型の機能もオブジェクト指向の機能も扱えるようになっている．論理型言語は，記号論理学の体系をプログラミング言語として実現したもので，手続き型言語とはプログラムの構成方法が異なる．論理型言語には，一階述語論理をベースとした研究用の言語として Prolog があり，三段論法的推論等が行える．

プログラミングを行う際に必要な各種概念について，手続き型言語を中心に説明する．高水準言語において，値を記憶するために変数が用いられる．変数は文字や数値等の値を入れる箱のようなものであり，変数に付けられた名前を変数名と呼ぶ．数値を入れることのできる変数を数値型の変数と呼び，文字や文字列を入れることのできる変数を文字型の変数と呼ぶ．プログラミング言語によっては，数値や文字列等さまざまな型のデータを入れられるものもある．変数を使う場合，最初に変数の宣言をしなければならないプログラミング言語があるが，変数を宣言せずにいきなり変数を使えるプログラミング言語もある．基本的に変数には一つのデータが格納されるが，配列と呼ばれる同じ型の複数のデータを格納できる変数もある．配列に格納する各データを配列の要素という．

変数は，コンパイラあるいはインタプリタによって，指定された型に応じたサイズの領域として扱われ，実行時にメモリ上にその領域が確保される．配列の場合は，「型に応じたサイズ×配列の要素数」の大きさの領域として扱われる．プログラムでは，配列の名前を a としたとき，a[3] のような添え字を用いた形式で特定の要素を参照できる．変数と配列のイメージを**図 8.8** に示す．

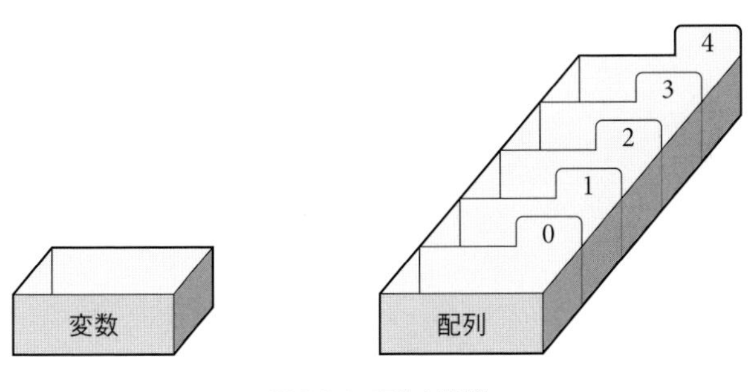

図 8.8 ▶ 変数と配列

配列に似た複数のデータを保存できるものとしてリストがある．リストでは，格納されたデータに次の格納場所を示す情報を付与しているため，データの追加と削除が容易である．リストに格納したデータにアクセスする場合は，データを順番にたどっていく．配列とリストの違いのイメージを**図 8.9** に示す．

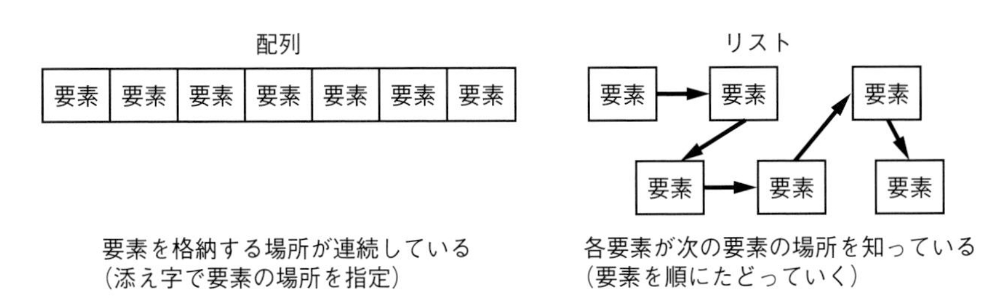

図 8.9 ▶ 配列とリストの違い

2 Pythonによるプログラミング

高水準言語であるPythonを使ったプログラミングについて，幾つかのプログラムを例示しながら説明する．最初に基礎的なプログラムについて説明する．変数に値を代入して，その値を使って計算を行い，計算結果を表示するサンプルプログラム1を**図8.10**に示す．なお，以降の図で示すプログラムには，左端に1, 2, 3, …の数字があるが，これは説明のために付けたものであり，プログラムコードの一部ではないことに注意されたい．

```
1  # サンプルプログラム1
2  a = 2
3  b = 5
4  c = a + b * 5 + a / (b - 1) + a**3
5  print(c)
6  a = a + 3
7  d = a % 3
8  print(d)
```

図8.10 ▶ サンプルプログラム1

プログラムの中には，プログラムを読みやすくするためのコメントを入れることができる．図8.10の1行目の先頭の「#」はその後の部分（行末まで）がコメントであることを表している．コメントの部分は，プログラムとして実行はされない（コンパイラあるいはインタプリタはコメントを無視して機械語にしない）．Pythonでは，変数の宣言をせず，いきなり変数を使うことができる．

2行目では，「a」という名前の変数（以下，変数aのように表記）に数値の2を代入している．Pythonでは，「=」は左辺と右辺の等価を意味しているのではなく，左辺の変数への値の代入演算，すなわち変数の値を変える操作を意味している．4・6・7行目では数値計算を行った結果を代入している．なお，4行目の「a**3」は変数aの値の3乗を示している．Pythonにおける四則演算等の代数演算子（算術演算子）を**表8.4**に示す．

ここで，a + b * cと書いた場合の式の演算順序は，a + (b * c)であり，小学校で習う通常の式と同様である．また，2**3**4は，2**(3**4)であることを注意しておく（右結合という）．どのプログラミング言語を使う場合も，演算子の優先度および結合性については，その言語の解説書等を参照して確認して

表 8.4 ▶ 代数演算子

演算	演算子	例	結果
加算（足し算）	+	3+5	8
減算（引き算）	-	5-3	2
乗算（掛け算）	*	2*5	10
除算（割り算）	/	2/5	0.4
べき乗	**	3**2	9
切り捨て除算（整数除算）	//	3//2	1
剰余	%	10%3	1

ほしい.

Python では，値の表示機能等のよく使う機能を組込み関数として事前に用意してある．関数はカッコ内に値を引数として与えると，その値の処理を実行し，処理結果を返す．print 関数の場合は，「print」が関数名であり，カッコ内に与えられた値等を表示する処理を行う．この他に，絶対値を返す abs 関数や，文字列の長さやリストの要素の数を返す len 関数，数値を文字列に変換する str 関数等多くの組込み関数がある．サンプルプログラム 1 を実行した結果を**図 8.11** に示す.

```
35.5
2
```

図 8.11 ▶ サンプルプログラム 1 の実行結果

もう少し複雑な，1 から 10 までの偶数の和を計算して表示するサンプルプログラム 2 を**図 8.12** に示す.

図 8.10 のサンプルプログラム 1 では行頭の位置（左端）が揃っていたが，図 8.12 のサンプルプログラム 2 では端がそろっていない．Python では，インデント（左端を一定量ずらす）することにより，インデントされた左端の位置がそろっている部分をひとまとまりの処理範囲としてブロックと呼ぶ．後に説明する繰り返し処理等では，インデントがずれて同じブロックと扱われない場合は処理のループから外れてしまい，意図しない動作となるため注意が必要である．なお，ブロックの中には別のブロックを入れ子状態にすることができる.

図 8.12 の 1 行目の sum = 0 は，単なる値の代入ではなく，その後の処理のた

```
1  # サンプルプログラム 2
2  sum = 0
3  max = 10
4  num = 1
5  
6  print("1 から 10 までの偶数の和の計算 ")
7  while num <= max:
8      rem = num % 2
9      if rem == 0:
10         sum = sum + num
11         print(num)
12     num = num + 1
13 # 合計の表示
14 print(" 合計 :",sum)
```

図 8.12 ▶ サンプルプログラム 2

めにあらかじめ 0 を代入することで，変数 sum を初期化している．5 行目は，プログラムを見やすくするための空の行である．7 行目では，繰り返し処理の機能をもつ「while」を使い，「while」の後に書かれた変数 num の値が変数 max の値以下という条件「num <= max」が成り立つ場合，インデントされた下にある 8 行目から 12 行目までのブロックのプログラムを繰り返す．条件の記述の後には，区切りを示すために「:」を記述する．この条件が満たされない場合は，下のブロックが実行されず，次の 13 行目に処理の実行が移る．8 行目はサンプルプログラム 1 で説明した代入である．9 行目では，分岐機能の「if」文を使い，「if」の後に書かれた変数 rem が 0 と等しいという条件「rem == 0」が成り立つ場合，インデントされた下にある 10 行目から 11 行目までのブロックのプログラムを実行する．条件が成り立たない場合は，次の 12 行目に処理の実行が移る．この「==」のように Python で用いられる比較演算子を**表 8.5** に示す．

サンプルプログラム 2 を実行すると，変数 num の値が 1 から 10 まで 1 ずつ増え，変数 num が偶数の場合（2 で割って余りが 0 の場合）に値を表示し，最後に偶数の合計が計算される．その実行結果を**図 8.13** に示す．

プログラムの中で，同じ処理を行う部分が複数ある場合，同じ処理を複数個所に記述するのはプログラム作成の効率が良くない．同じ処理の部分を抜き出して，その処理を print 関数のように呼び出すことができれば，処理の記述が簡

表 8.5 ▶ 比較演算子

条件	比較演算子	例	意味
等しい	==	if A==B:	A と B が等しいとき
異なる	!=	if A!=B:	A と B が異なるとき
小なり	<	if A<B:	A が B より小さいとき
小なりイコール	<=	if A<=B:	A が B 以下のとき
大なり	>	if A>B:	A が B より大きいとき
大なりイコール	>=	if A>=B:	A が B 以上のとき

```
1 から 10 までの偶数の和の計算
2
4
6
8
10
合計： 30
```

図 8.13 ▶ サンプルプログラム 2 の実行結果

略化できる．Python 等の多くのプログラム言語では，プログラム作成者が独自の関数を定義し，その関数を使うことができる．サンプルプログラム 2 の偶数の総和を求める部分を関数にし，その関数を利用するサンプルプログラム 3 を**図 8.14** に示す．

図 8.14 の 3 行目から 10 行目までが独自に作った関数の定義になっている．この場合もブロックを用いる．Python では，「def」文の後に独自の関数の関数名を記述し，それに続くカッコ内に引数を渡す変数名を記載する．複数記載することで複数の引数を渡すことができる．独自に作った関数が呼び出された場合は，その引数の変数（仮引数）に値がコピーされる．関数名の行の後のブロックに関数の処理内容を記述し，「def」文を使った関数名の行の終わりに，区切りとして「:」を記述する．処理した結果を，関数の呼び出し元に返したいことがある．その場合，「return」文を使うことにより，関数の処理を中断し，「return」文の後の変数の値を戻り値として返すことができる．関数を呼び出す場合には，関数名の後のカッコ内に値を記述したり変数名を記述したりする（これを実引数と

```
1   # サンプルプログラム3
2   # 偶数の総和を計算する関数
3   def evensum(num,max):
4       sum = 0
5       while num <= max:
6           mod = num % 2
7           if mod == 0:
8               sum = sum + num
9           num = num + 1
10      return sum
11
12  # 偶数の総和の計算のメインプログラム
13  a = 1
14  b = 11
15  sum = evensum(a,b)
16  print(a,"から",b,"までの偶数の和:",sum)
17  c = 20
18  sum = evensum(b,c)
19  print(b,"から",c,"までの偶数の和:",sum)
```

図 8.14 ▶ サンプルプログラム3

いう）．そして，関数からの戻り値は，15行目のような形で変数に代入することができる．

変数には有効範囲（スコープ，可視範囲）があり，関数内で使用した変数は関数内だけで有効となる．つまり，関数の外に同じ変数名の変数があっても，別物の変数として扱われる．図8.14の関数部分（4行目）とメインプログラム部分（15行目）の両方に同じ変数名の「sum」という変数があるが，別の変数として扱われてプログラムが実行されている．これはそれぞれの変数がそれぞれのスコープ外で定義されているため，お互いが「見えない」状態だからである．なお，メインプログラムの15行目の「sum」は18行目の「sum」で上書きされる．

13行目からが関数を呼び出す側のメインプログラムであり，15・16行目で1から11までの偶数の総和を計算して表示し，次に18・19行目で11から20までの偶数の総和を計算して表示するプログラムになっている．16・19行目のように，print関数では，表示する変数の前後に，2重引用符（"）で囲んだ文字列を指定できる．サンプルプログラム3の実行結果を**図8.15**に示す．

```
1 から 11 までの偶数の和: 30
11 から 20 までの偶数の和: 80
```

図 8.15 ▶ サンプルプログラム 3 の実行結果

プログラムで大量のデータを処理する場合は配列やリストを使い，繰り返し処理を使うと効率よくプログラムが作成できる．リストと繰り返し処理を組み合わせたサンプルプログラム 4 を**図 8.16** に示す．

```
1  # サンプルプログラム4
2  a = [1,3,5,7,9]
3  print(a)
4  for i in a:
5      print(i)
6  sum = 0
7  n = len(a)
8  for i in range(n):
9      c = a[i]
10     print(i,":",c)
11     sum = sum + c
12 print("平均値:",sum/n)
```

図 8.16 ▶ サンプルプログラム 4

図 8.16 のサンプルプログラムでは，2 行目で [] を用いて「a」という名前のリストを作成し，1，3，5，7，9 の数値を代入している．3 行目ではリスト a の中身をそのまま表示している．なお Python では，9 行目の a[i] のように添え字を指定して記述することで，リストに対して配列のようにアクセスすることができる．4・5 行目では，繰り返し処理でよく用いられる「for」文を使って，リスト「a」に格納されたデータを先頭から一つずつ取り出すことで，変数 i としてリスト a の中身の値を一つずつ表示させている．7 行目では，len 関数を用いることでリスト a の要素数を調べている．8 行目では「for」文と range 関数を用いて 0 から n − 1 までの n 個のリストを生成させている．11 行目では，変数 sum を用いて和を累積させている．右辺の sum は処理前の sum であり，変数 c の値を加算した結果を左辺の（同名の）sum に代入し，上書きしている．サンプルプログラム 4 の実行結果を**図 8.17** に示す．

```
[1, 3, 5, 7, 9]
1
3
5
7
9
0 : 1
1 : 3
2 : 5
3 : 7
4 : 9
平均値： 5.0
```

図 8.17 ▶ サンプルプログラム 4 の実行結果

3 プログラミングの実際

プログラミングとは，簡単にいうと，コンピュータに行わせたい処理を，プログラミング言語を使って記述することである．プログラミング言語の文法に沿っていないプログラムは，コンパイラ型の言語の場合，コンパイルする際に文法エラーとなり，コンパイルができない．インタプリタ型の言語の場合には，プログラムの実行時に文法エラーが発生し，プログラムの実行が中断される．

プログラムが文法的に正しくても，その動作手順等が間違っているような論理エラーを含んでいる場合，プログラムが正しく動作しない．プログラムの文法エラーや論理エラーの部分をバグという．プログラミングの際には，バグが発生しないよう気を付ける必要があるが，バグが発生した場合には，発生したバグの個所を修正するデバッグという作業を行う．文法エラーに比べ，論理エラーは発見しづらいため，テストデータ等を使ってプログラムの動作検証を行い，論理エラーを探し出す．プログラムが間違っていると，正しい計算結果が出なかったり，コンピュータで制御している機器の動作がおかしくなったりするため，バグのないプログラムを作る必要がある．

8 3 アルゴリズム

コンピュータに効率よく計算を行わせて問題を解決するためには，工夫が必要である．本節では，探索と整列を例に，どのような工夫がなされているかについて説明する．また，工夫をしても現在のコンピュータでは解くことが非常に難しいとされている問題についても紹介する．

1 アルゴリズムの定義

(1) アルゴリズムとアルゴリズム表現

何らかの問題を解決するときに，その解決する手順を表現したものをアルゴリズムと呼ぶ．このアルゴリズムをコンピュータが理解し，アルゴリズムに則って処理を実行できるように記述したものがプログラムである．人間はアルゴリズムが与えられなくても過去の経験等から臨機応変に問題を解くことも期待できるが，コンピュータはプログラムとして指示されたアルゴリズムに忠実に従って動作するので，人間が正しくかつ効率の良いアルゴリズムを考える必要がある．

アルゴリズムを通常私たちが使っている言葉（自然言語）で表現すると，曖昧な部分が含まれてしまったり，解釈の違いが生じてしまったりする場合がある．そこで，誤解なく正確にアルゴリズムを表現するための方法が必要になる．これには，プログラミング言語を用いたもの，自然言語をプログラミング言語のように記述したもの（これを疑似言語と呼ぶ），記号や矢印等を使って図で表現したもの等がある．

図 8.7 にあるような，記号や矢印等を使って図で表現したものの一つである**流れ図**（**フローチャート**）は，JIS によって，記号の形等が規格化され，多くの場面で利用されている．**表 8.6** に流れ図の主な記号とその意味，**図 8.18** にその使用例を示す．

表 8.6 ▶ 流れ図の主な記号とその意味

記　号	意　味
	流れ図の開始と終了
	演算などの処理
	条件判断
	処理の流れ

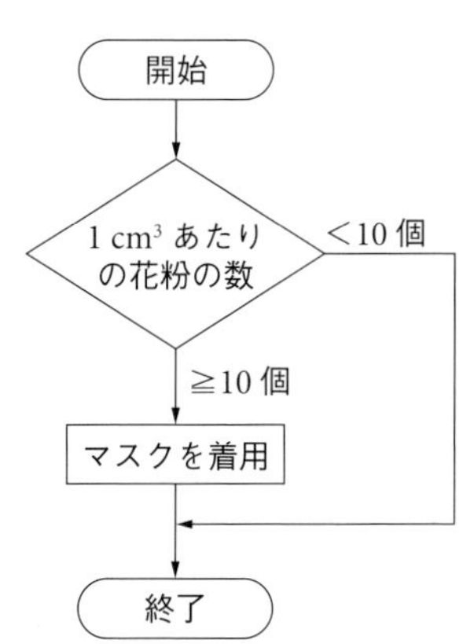

図 8.18 ▶ 流れ図（フローチャート）の例（マスク着用の判断）

探索アルゴリズム

(1) 線形探索

あるデータの集合から特定の条件を満たすデータを探し出すアルゴリズムを**探索アルゴリズム**という．リストに格納されたデータ群の探索を行う最も単純なアルゴリズムは**線形探索**（**Linear Search**）である．線形探索は，リストの先頭から順番に探索しているデータを比較し，見つかれば処理を終了する．

例えば，[21, 13, 98, 31, 44, 87, 72, 50] の八つのデータがリストに格納されていたとする．このリストに対して 98 を線形探索で探索すると，**図 8.19** に示す次の順番で処理が実行される．

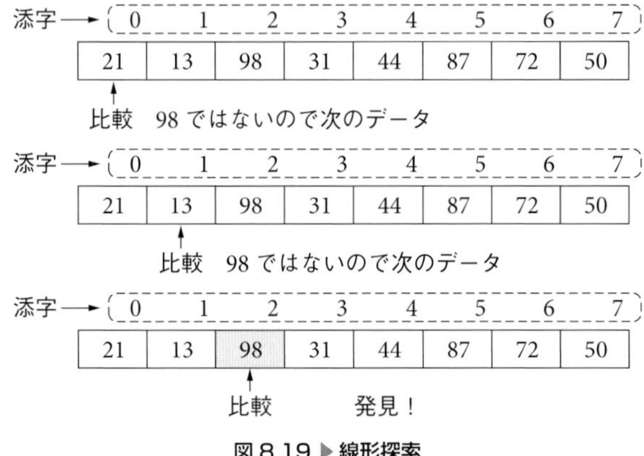

図 8.19 ▶ 線形探索

98 はリストの 3 番目に格納されていたので，3 回の比較で探索が完了する．しかし，50 やリストに含まれていない値を探索したりする場合は，リスト内の全てのデータとの比較を行うので，8 回の比較が必要になる．一方，探索したいデータがリストの先頭にあれば 1 回の比較でデータを発見できる．このことから，線形探索にかかる比較操作の回数（手間）は最短で 1，最長でデータの個数分になる．これを Python で記述すると，**図 8.20** のようになる．

線形探索ではデータの数が増えるとそれに比例して探索の時間がかかる可能性があるので，大量のデータを扱うには適していない．

(2) 二分探索

二分探索（**Binary Search**）は，線形探索に比べて探索時間の短縮が期待できる探索手法である．リストを用いた二分探索のアルゴリズムは次のとおりである．

```
1  def linearSearch(list, n):
2      for i in range(len(list)):
3          if list[i] == n:
4              print(str(i+1)+"番目に"+str(n)+"を見つけました")
5              return
6      print(str(n)+"は見つかりませんでした")
7
8  numbers = [21, 13, 98, 31, 44, 87, 72, 50]
9  linearSearch(numbers, 98)
10 linearSearch(numbers, 51)
```

実行結果

```
3番目に98を見つけました
51は見つかりませんでした
```

図 8.20 ▶ Python での線形探索

① 検索対象となるデータの中央の値と検索している値を比較し，値が等しければ終了する
② 「中央の値＜検索している値」であればリストの右側だけを検索対象とする．そうでなければ，リストの左側だけを検索対象とする．
③ 検索対象が存在しなければ終了する．そうでなければ，①に戻る

ただし，このアルゴリズムが正しく動作するためには，リストに格納されるデータがあらかじめ小さい順に並んでいる必要がある．データが小さい順に並んでいない場合は，データを並べ替える作業も必要になるので，探索時間だけで二分探索が線形探索よりも優れているということはできない（**図 8.21**）.

これを Python で記述すると，**図 8.22** のようになる．

3 整列アルゴリズム

データの集合をある規則に沿って一列に並べることを**整列**（**ソート**）と呼び，そのアルゴリズムを整列アルゴリズム（ソートアルゴリズム）と呼ぶ．また，整列の基準となるデータの値を小さい順に並べることを昇順，大きい順に並べることを降順というが，一般に昇順・降順を付けず，単に整列と言った場合は昇順を指すことが多い．整列のアルゴリズムは非常に多くの種類が発明されているが，ここでは**選択ソート**と**バブルソート**について取りあげる．

1. 中央の値と比較

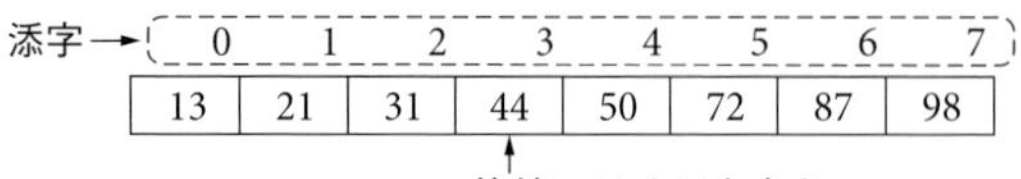

2. 44 より右側の部分の中央の値と比較

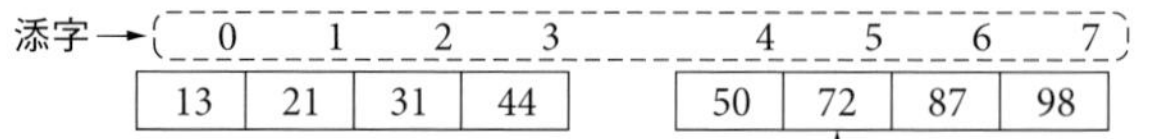

3. 72 より右側の中央の値と比較

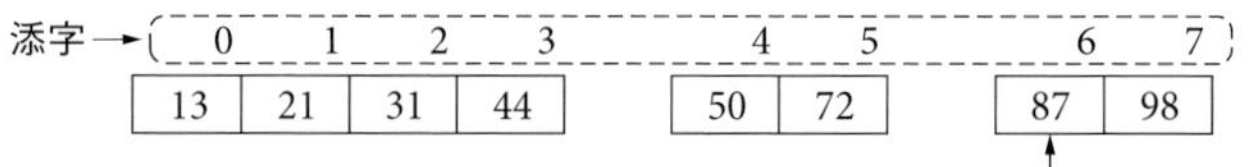

4. 右側に残った一つの値と比較

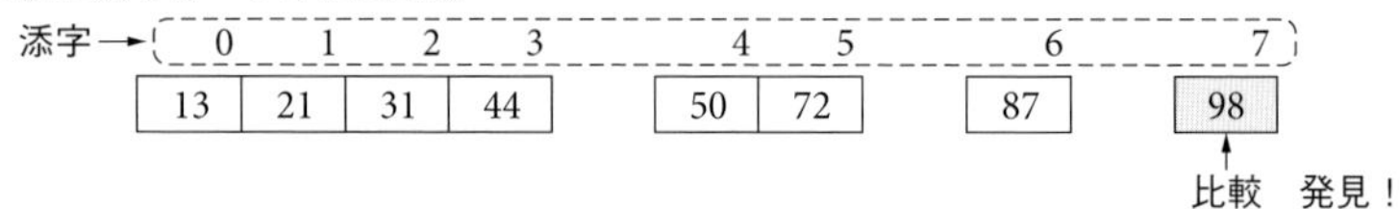

図 8.21 ▶ 二分探索

```
 1  def binarySearch(list, n):
 2      left = 0
 3      right = len(list)-1
 4      while left <= right:
 5          mid = (left + right) // 2
 6          if list[mid] == n:
 7              print(str(mid+1)+" 番目に "+str(n)+" を見つけました ")
 8              return
 9          elif list[mid] < n:
10              left = mid + 1
11          else:
12              right = mid -1
13      print(str(n)+" は見つかりませんでした ")
14
15  numbers = [13, 21, 31, 44, 50, 72, 87, 98]
16  binarySearch(numbers, 98)
17  binarySearch(numbers, 45)
```

実行結果

```
8 番目に 98 を見つけました
45 は見つかりませんでした
```

図 8.22 ▶ Python での二分探索

(1) 選択ソート

選択ソート（Selection Sort）は全てのデータの中から最も小さい値を見つけ，そのデータと 1 番目（添字が 0）のデータとを交換する．次に，そのデータを除いたデータの中から最も小さい値を見つけ，それと 2 番目（添字が 1）のデータとを交換する．この操作を繰り返して，最後のデータの一つ前までのデータまで行う．

例えば，[21, 13, 98, 31, 44, 87, 72, 50] の八つのデータがリストに格納されていたとする．このリストを選択ソートで整列すると，**図 8.23** のようになる．

人間であれば，6 回目の整列の段階で全てのデータの整列が完了していることが一目でわかるが，7 番目のデータ（87）と 8 番目のデータ（98）の比較が行われていないため，処理は継続されることになる．なお，降順にデータを並べ替える場合は，並べ替えの対象となるデータの中から最も大きいものを見つけて交換を繰り返せばよい．このアルゴリズムを Python で記述すると，**図 8.24** のようになる．なお，5 行目では，多重代入を行っており，代入演算子の左辺 `numbers[i]` と `numbers[i+j]` に，`numbers[i+j]` と `numbers[i]` の値をそれぞれ代入している．

図 8.24 のプログラムを改良し，もっと多くのデータを整列させ，その時間を計測してみよう．整列させるデータを一つずつ入力するのは大変なので，`0` から変数 `num-1` までの連番を生成し，それを `random` モジュールを使用してランダムに並べ替える．また，処理に要した時間を表示させるために，時刻データに関する機能を提供する `time` モジュールを使用する（**図 8.25**）．

(2) バブルソート

隣同士の値を比較し，大小関係が逆であれば値を入れ替えることで整列を行う方法をバブルソート（Bubble Sort）という．**(1)** と同様に [21, 13, 98, 31, 44, 87, 72, 50] の八つのデータがリストに格納されていたとすると，**図 8.26** に示す比較と入れ替えの処理が行われる．これを Python で記述すると，**図 8.27** のようになる．

図 8.26 の処理によって，最大値である 98 がリストの最後（`numbers[7]`）に格納されることになるので `numbers[7]` の整列後の位置は確定し，残りの `numbers[0]` から `numbers[6]` までの七つのデータで同様の処理を行う．これを（データの数 − 1）回繰り返すことで，全てのデータの整列が完了する．以下に 2 回目以降のデータの並びを示す．

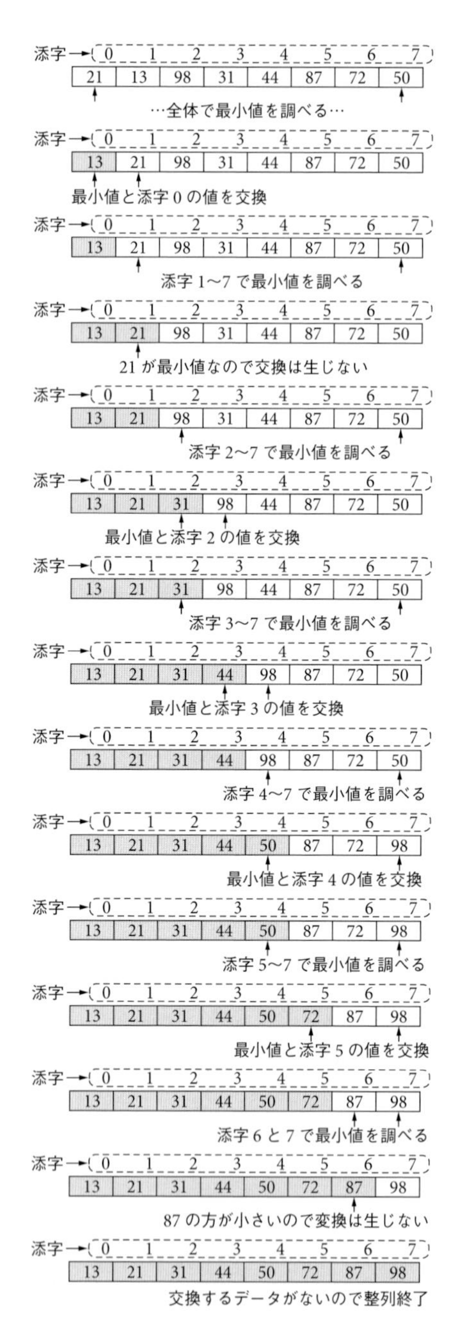
添字
0 1 2 3 4 5 6 7
21 13 98 31 44 87 72 50
…全体で最小値を調べる…
13 21 98 31 44 87 72 50
最小値と添字0の値を交換
添字1～7で最小値を調べる
21が最小値なので交換は生じない
添字2～7で最小値を調べる
13 21 31 98 44 87 72 50
最小値と添字2の値を交換
添字3～7で最小値を調べる
13 21 31 44 98 87 72 50
最小値と添字3の値を交換
添字4～7で最小値を調べる
13 21 31 44 50 87 72 98
最小値と添字4の値を交換
添字5～7で最小値を調べる
13 21 31 44 50 72 87 98
最小値と添字5の値を交換
添字6と7で最小値を調べる
87の方が小さいので変換は生じない
交換するデータがないので整列終了

図 8.23 ▶ 選択ソート

```
1  numbers = [21, 13, 98, 31, 44, 87, 72, 50]
2  print(numbers)
3  for i in range(len(numbers)-1):
4      j = numbers[i:].index(min(numbers[i:]))
5      numbers[i], numbers[i+j] = numbers[i+j], numbers[i]
6  print(numbers)
```

実行結果

```
[21, 13, 98, 31, 44, 87, 72, 50]
[13, 21, 31, 44, 50, 72, 87, 98]
```

図 8.24 ▶ Python での選択ソート

```
1  import random, time
2  num = 100
3  numbers = list(range(num))
4  random.shuffle(numbers)
5  print(numbers)
6  start = time.time()
7  for i in range(len(numbers)-1):
8      j = numbers[i:].index(min(numbers[i:]))
9      numbers[i], numbers[i+j] = numbers[i+j], numbers[i]
10 end = time.time()
11 print(numbers)
12 print(str(num) + " 個のデータの整列にかかった時間は " + str(end-
   start) + " 秒でした. ")
```

実行結果

```
[86, 13, 97, 41, 90, 88, 38, 98, 64, 22, 23, 57, 81, 7, 52, 0, 89,
69, 33, 15, 62, 48, 56, 44, 5, 71, 34, 46, 3, 40, 32, 95, 65, 96,
83, 63, 35, 54, 61, 68, 87, 59, 30, 94, 39, 12, 51, 29, 2, 6, 49,
99, 11, 78, 31, 55, 47, 85, 20, 66, 58, 60, 8, 45, 72, 28, 25, 80,
21, 91, 16, 70, 4, 73, 27, 14, 92, 75, 19, 36, 77, 93, 42, 1, 37,
17, 67, 74, 84, 43, 24, 9, 79, 53, 18, 76, 10, 50, 82, 26]
[0, 1, 2, 3, 4, 5, 6, 7, 8, 9, 10, 11, 12, 13, 14, 15, 16, 17, 18,
19, 20, 21, 22, 23, 24, 25, 26, 27, 28, 29, 30, 31, 32, 33, 34, 35,
36, 37, 38, 39, 40, 41, 42, 43, 44, 45, 46, 47, 48, 49, 50, 51, 52,
53, 54, 55, 56, 57, 58, 59, 60, 61, 62, 63, 64, 65, 66, 67, 68, 69,
70, 71, 72, 73, 74, 75, 76, 77, 78, 79, 80, 81, 82, 83, 84, 85, 86,
87, 88, 89, 90, 91, 92, 93, 94, 95, 96, 97, 98, 99]
100 個のデータの整列にかかった時間は 0.0006330013275146484 秒でした.
```

図 8.25 ▶ 選択ソートによる 100 個のデータの整列と所要時間

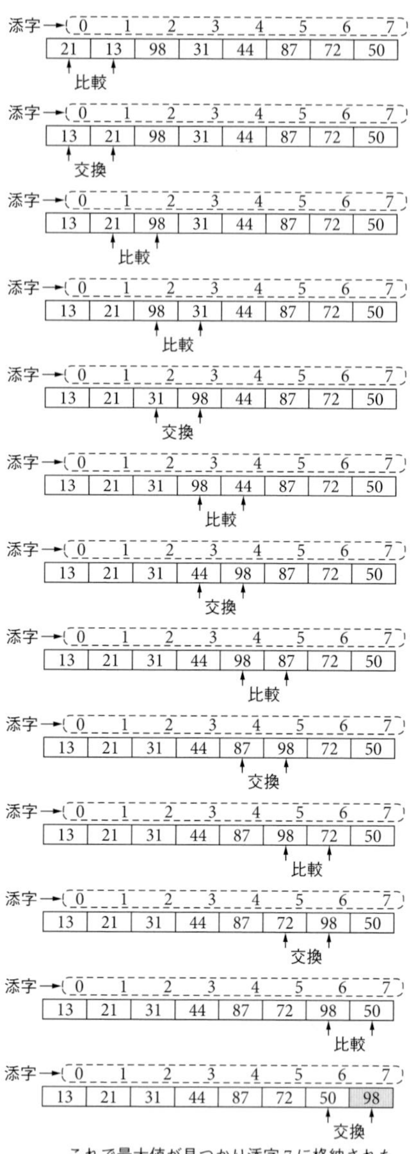
添字
0 1 2 3 4 5 6 7
21 13 98 31 44 87 72 50
比較
13 21 98 31 44 87 72 50
交換
比較
13 21 98 31 44 87 72 50
比較
13 21 31 98 44 87 72 50
交換
比較
13 21 31 44 98 87 72 50
交換
比較
13 21 31 44 87 98 72 50
交換
比較
13 21 31 44 87 72 98 50
交換
比較
13 21 31 44 87 72 50 98
交換
これで最大値が見つかり添字7に格納された.
次は添字0～6で同様の処理を行う.

図 8.26 ▶ バブルソート

```
1  numbers = [21, 13, 98, 31, 44, 87, 72, 50]
2  print(numbers)
3  for i in range(len(numbers)):
4      for j in range(0,len(numbers)-1-i, 1):
5          if numbers[j + 1] < numbers[j]:
6              numbers[j], numbers[j+1] = numbers[j+1], numbers[j]
7  print(numbers)
```

実行結果

```
[21, 13, 98, 31, 44, 87, 72, 50]
[13, 21, 31, 44, 50, 72, 87, 98]
```

図 8.27 ▶ Python でのバブルソート

2 回目の整列　13,21,31,44,72,50,87,98
3 回目の整列　13,21,31,44,50,72,87,98
4 回目の整列　13,21,31,44,50,72,87,98
5 回目の整列　13,21,31,44,50,72,87,98
6 回目の整列　13,21,31,44,50,72,87,98
7 回目の整列　13,21,31,44,50,72,87,98

4 身の回りのアルゴリズム

これまで紹介した探索や整列以外でも，アルゴリズムはさまざまなところで広く利用されている．例えば，目的地まで最も早く到着する経路や最も安い運賃になる経路を探すには，**ダイクストラ法**等のグラフ（重み付きグラフ）上の 2 点間の最短経路を求めるアルゴリズムが利用されている．

また，動画の視聴でもさまざまなアルゴリズムが利用されている．動画は大量のデータで構成されるため，インターネットを利用して動画を視聴することは多くのコストがかかるだけでなく，ネットワークトラフィックの観点からも好ましいことではない．そこで，動画のデータをそのまま送信するのではなく，圧縮して送信してデータ量を減らす工夫がなされている．動画を圧縮するアルゴリズムはさまざまなものが提案されており，対象とする動画の特徴や用途によって選択される．

5 アルゴリズムの計算量

実際にコンピュータで問題を解くためには，どのアルゴリズムを用いるのが良いかを十分検討しなければならない．プログラマの視点では，わかりやすい（プログラムを作成しやすい）アルゴリズムが良し悪しの判断の大きな基準になるかもしれないが，プログラムを実行して問題を解くユーザの視点では，計算時間が短いことや，使用するメモリが少ないことが重要になる．特に，扱うデータが大量になればなるほど計算時間の短縮は重要になってくる．

あるアルゴリズムがどの程度の時間やメモリを要するかは，実際にプログラムを作成してコンピュータ上で計測すれば良いのだが，使用するコンピュータの違い等の理由によって数多くのアルゴリズムを一律に判断することは現実的ではない．そこで，アルゴリズムがどの程度複雑であるかを**計算量**という概算で見積もる方法がとられている．計算量はアルゴリズムの実行時間の目安となる**時間計算量**とメモリ使用量の目安となる**空間計算量（領域計算量）**に分けられるが，本書では前者の時間計算量について説明する．

8.3 節 **2** で紹介した線形探索では，データの数が増えると比較する回数がそれに伴って増加することになるので，仮にデータが 100 個のときに探索処理時間が 1 秒かかったとすると，その 10 倍の 1,000 個であれば 10 秒かかると考えることができる．データが n 個であったとすると，処理時間は，この n に比例して増加する．これを**ビッグ・オー記法**（ランダウの記号ともいう）を使って $O(n)$ と表し，「オーダ n」という．ビッグ・オー記法は漸近的な値を表すので定数倍は無視できるものと考え，$O(n)$ の処理時間の 2 倍だけ処理時間がかかるアルゴリズムは $O(2n)$ ではなく $O(n)$ と表す．

計算量の見積もりは，データ数 n が変化しても常に一定時間で処理が実行できるときに $O(1)$，データの数に比例して時間がかかるときに $O(n)$，データの数の 2 乗に比例して時間がかかるときに $O(n^2)$ と表す．

なお，$O(n^2)$ や $O(n^3)$ のように，n の多項式に比例するアルゴリズムを特に**多項式時間アルゴリズム**と呼び，$O(2^n)$ や $O(n!)$ のようなアルゴリズムを**指数時間アルゴリズム**と呼ぶ．

一つのデータの処理が 0.000001 秒で実行できるコンピュータに，10，20，30，50，100，10,000，1,000,000 のデータを与えたときの計算時間を**表 8.7** に示す．なお，表中の $\log n$ は底を 2 とする n の対数である．この表から，コンピュータの性能が向上したとしても，指数時間アルゴリズムはデータの数が 20

表 8.7 ▶ 計算量の比較

n	$\log n$	n	$n \log n$	n^2	n^3	2^n	$n!$
10	0.000003 秒	0.00001 秒	0.00003 秒	0.0001 秒	0.001 秒	0.001 秒	3.6 秒
20	0.000004 秒	0.00002 秒	0.00009 秒	0.0004 秒	0.008 秒	1 秒	77000 年
30	0.000005 秒	0.00003 秒	0.00015 秒	0.0009 秒	0.027 秒	1100 秒	8×10^{18} 年
50	0.000006 秒	0.00005 秒	0.00028 秒	0.0025 秒	0.125 秒	36 年	
100	0.000007 秒	0.0001 秒	0.00066 秒	0.01 秒	1 秒	4×10^{16} 年	
10000	0.000013 秒	0.01 秒	0.133 秒	100 秒	12 日		
1000000	0.000020 秒	1 秒	20 秒	12 日	32000 年		

を超えるだけで，実用的ではなくなってしまうことがわかる．

このような実用的な時間でコンピュータが解くことのできない問題の一つに，**ナップサック問題**がある．「それぞれの容量と値段がわかっている荷物が n 個あり，容量 C のナップサックにこれらの荷物を詰める．容量 C を超えずにナップサックの中身の価値を最大にするためには，どの荷物を詰めればよいか」という問題で，一見単純に見える問題だが，容量 C を極端に小さくしたり大きくしたり設定する場合を除けば，正解を求めるには全ての組合せを試す必要がある．この組合せの数は 2^n 通りであるので，表 8.7 からもこの問題がいかに難しい問題であるかがわかるだろう．

この問題は，任意のサイズの問題に対しても解くことのできる多項式時間アルゴリズムが見つかっていない **NP 困難**と呼ばれる問題の一つである．

なぜプログラミングを学ぶのか

2020 年度から小学校にプログラミング教育が導入され，2022 年度からは高校の教科「情報」でも必修化される．これに対応して，企業や塾でも，教材の作成やプログラミングのコースを開講する等している．このプログラミング教育は，決してプロフェッショナルとしてのプログラマあるいはシステムエンジニアを育成するための教育でない．ではなぜ，何のためにプログラミングを学ぶのだろうか．

皆さんが就職されたとして，プログラムを書くような仕事に就くことはあまりないかもしれない．しかし，就職したらその組織の業務のコンピュータシステムを使うことになり，そのソフトウェアを置き換えるときには，会社の情報システム部門あるいはコンピュータ会社のシステムエンジニア等に，改良してほしいところを明確に伝える必要がある．その際に，プログラミングとはどのようなものかをある程度理解していれば，コンピュータシステムに対する要求の仕様をより明確に言える．要求仕様があやふやであったために，本当に必要な機能・性能が実現されていないような事例は，残念ながらときどき聞かれる．もしこうなってしまうと，ソフトウェアの発注側にも受注側にも不幸なことである．プログラミングの経験があれば，仕様の曖昧さが重なったときにこういった問題が生じることが理解できる．

与えられた問題に対して，どのような手順で解けばよいかの「アルゴリズム」を考え，それを具体的なプログラムとして書き表すことではじめて上述のような力が身につく．これは，最初は容易ではないであろうし，作成したプログラムから誤りの箇所（バグ）を見つけるのにも苦労するかもしれない．しかしこのようなプログラミングの体験を通して，コンピュータあるいはソフトウェアの本質が見えてくるようになる．すなわち，コンピュータはプログラムに書かれたことを忠実に実行するだけの機械であって，それ以上でもそれ以下でもないことを実感できるようになる．そして，もっと大きなプログラムあるいは何らかのシステム（業務システム等）について検討するときに，「全く未知の世界ではない」といえることが役に立つはずである．

演習問題

問❶ 相手が定めた1から100までの中の一つの数を当てる「数当てゲーム」を行う．効率よく数を当てるためのアルゴリズムを考えよ．なお，相手は推理した値が正解であれば「当たり」，定めた値よりも小さければ「ロー」，大きければ「ハイ」というものとする．

問❷ 図8.25のプログラムのnumの値を10から100000までの範囲で変化させ，numの値と所要時間を記録せよ．また，その結果をグラフで示せ．

問❸ 図8.27のプログラムを，図8.25のプログラムのように，沢山のランダムなデータを整列するプログラムに修正せよ．また，問❷と同様にnumの値を変化させ，処理時間をグラフで表示させよ．

問❹ 本書で説明した以外の整列アルゴリズムについて調べ，その特徴を説明せよ．

データベースとデータモデリング

現代の情報社会では，サイトやアプリの裏側で意識しないうちにデータベースを利用していることが多い．ここでは，さまざまな情報をどのようにデータとして表現し，データベースで扱えるようにするのか，そして，どのようにデータを保存し，検索等操作を行うのかについて学習する．特に，データベースとして関係データベース（Relational Database）を取りあげ，モデル化や正規化，関係代数を用いた操作等について詳しく説明する．

9-1 データベースの基本概念とさまざまなデータベース

ネットワーク社会において，商業的，行政的，科学的および文化的な活動は，データベースをますます必要とするようになってきている．**データベース**[1]は，本来「データ（Data）の基地（Base）」という意味をもち，複数のユーザーが同時にアクセス可能なデータの集まりを指している．すなわち，データベースは組織あるいはコミュニティでの共有が前提で作られている共有資源であるといえる．データベースに蓄積されるデータの集まりは，実世界の事物・事象をコンピュータ世界で直接的に表現した実世界の写し絵でもある．このため，実世界が変化すれば，写し絵としてのデータベースも更新する必要があり，実世界との矛盾は許されない．また，データベースには，多種多様なデータが格納されるため，どのデータもある一定の約束で操作，すなわち，検索や更新を行うための言語，あるいは専用ライブラリが提供されている．このように，データベースを操作するための言語あるいは専用ライブラリを提供するソフトウェアシステムは **DBMS**（**DataBase Management System，データベース管理システム**）と呼ばれている．本節では，データベースの基本概念について学ぶために，最初にさまざまなデータベースについて学び，それらのデータベースを管理するために有用なデータベース管理システムの大まかな仕組みについて学ぶ．

現在のネットワーク社会においてデータベースは，Google や Yahoo! 等の Web 検索エンジン，オンライン参加型百科事典として知られる Wikipedia 等に内蔵されているだけではなく，ビジネス分野や学術分野等の情報システムにも内蔵されている．

Web 検索エンジンを代表する Google では，世界中の Web ページとそのアドレスが収集されていた巨大なデータベースを構築するために，BigTable（ビッグテーブルと読む）と呼ばれるデータモデルが開発されている．BigTable は既存の関係データモデルを拡張し，任意の数の列を許している．また，各列の先にはタイムスタンプによって区別された構造データが保存されている．これにより，構造データのタイムスタンプを遡り，古い構造データを検索することも可能になっている．

Wikipedia は，ソーシャルメディアの一つとして知られているが，2020 年 3 月で 309 の言語で 5,000 万件を超える記事がデータベースに登録され，毎日多くの利用者により，記事の閲覧や更新処理が行われている．

ビジネス分野を代表するデータベースには，銀行のデータベースが挙げられる．銀行のデータベースは，ATM（Automated Teller Machine）と呼ばれる現金自動預け払い機と接続されており，ATM は私たちの日常生活に欠かせないものになっている．銀行のデータベース[2]は少なくとも以下の 4 種類のテーブルから構成されていることが多い．

① 口座残高テーブル
口座番号と口座残高等からなるデータを格納している．

② 停止カードテーブル
すでに無効になっているカードの一覧表を格納している．

③ 口座限度テーブル
口座番号と最近引き出された額の合計からなるデータが格納されている．

④ 通信記録テーブル
ATM とやりとりしたメッセージの内容が格納されている．そのメッセージは，口座番号，ATM の ID，貯金または引き出された金額等が含まれている．

さらに，現代ではビジネスや学術分野だけでなく，スマートフォンで見ている学校やさまざまなサイト，ブログ，Twitter，Instagram 等の裏でもほとんどでデータベースが動いている．今までは特別な用途で専門的な人だけが使うデータベースだったが，現在は知らない間に身近なところにあり，知らず知らずのうちに使っているものがデータベースになりつつある．

9 2 データモデルとモデル化

実世界の事物・事象をコンピュータで表現するためには**データモデル**が用いられる．観測や測定，統計等から得られる客観的事実のことを**データ**と呼び，文字，数値，図形，画像，音声等人間が知覚できる形の表現で表すことができる．それら対象データとそれに対する操作を規定した共通の枠組みのことをデータモデルと呼ぶ．データモデルは大きくわけて以下二つの役割をもつ．まず，実世界に存在するデータをデータベースとしてコンピュータで扱えるようにするためにDBMS が提供するインタフェースとしての役割であり，データの物理的な格納形態とは関係なく，論理的なレベルでデータの記述や操作を行うことができる．これを**論理データモデル**と呼ぶ．次に，実世界のモデル化ツールとしての役割をもち，対象とする実世界を調査分析し，データベース化すべき情報を取捨選択し適切に構造化（データモデリング）するためのツールである．これを**概念データモデル**と呼ぶ．

1 論理データモデル

現代までに多数の論理データモデルが開発され，いまもなお開発・研究が進んでいるが，歴史的にみて代表的な三つのモデル，階層データモデル，ネットワーク（網）データモデル，関係データモデル（リレーショナルモデル）について簡単に説明する [3]．

データを階層に格納・整理する仕組みをもったデータモデルが**階層データモデル**である（**図 9.1**）．階層データモデルの代表的なデータベースシステムは，1969 年に IBM 社からリリースされた IMS（Information Management System）が有名である．親子関係を用いてデータ構造を表現しているため，単純でわかりやすい反面，複雑なデータを表現するうえで困難で，冗長となることがある．

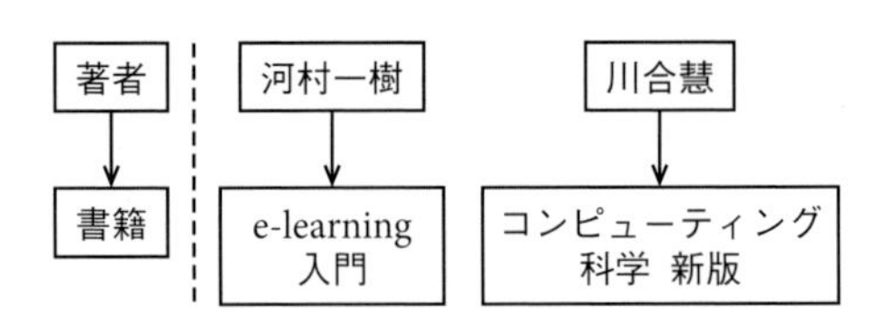

図 9.1 ▶ 階層データモデルの例

次に，データが，ネットワーク（網の目）のように関係しあっているのが**ネットワークデータモデル**（**網データモデル**）である（**図 9.2**）．階層データモデルと同じく親子関係を基本とした構造であるが，複数の親をもてるようになる，ループ構造やサイクルを用いた表現も可能となっている．1969 年 CODASYL（The COnference on DAta SYstems Languages）がネットワークデータモデルの最初の規格を策定したが，データの独立性に乏しく，処理経路を越えたアクセスが効率的に行えない等のデメリットがあった．図にもあるように，複数の著者を

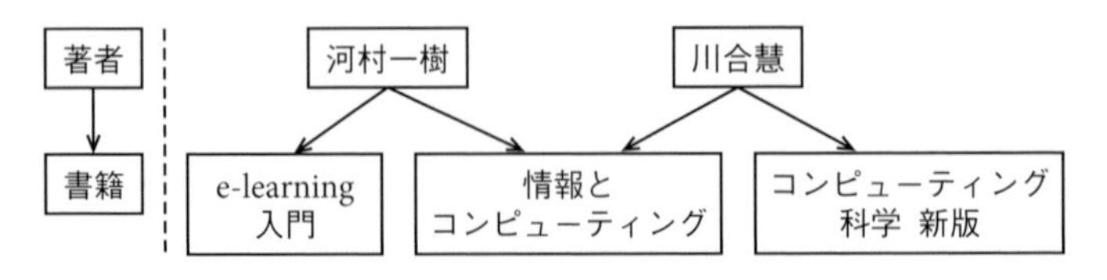

図 9.2 ▶ ネットワークデータモデルの例

もつ書籍もネットワークデータモデルでは簡単に表現できる．

最後に，現在，最も利用されているのが，1970年にE. F. Codd氏が発明した**関係データモデル**である（**表9.1**）．これは今までのデータモデルとは異なり，データを集合論に基づき，全てのデータを**テーブル**（**table，relation**）で表し，代数的演算を用いて操作を行うようにしたものである．そのため，階層やネットワークデータモデルよりも柔軟なデータ構造を実現できる．

表9.1 ▶ 関係データモデルの例

書誌ID	タイトル	著者名	出版社ID	出版年
1	情報とコンピューティング	河村一樹	001	2004
2	情報と社会	駒谷昇一	001	2004
3	リレーショナルデータベース入門 第3版	増永良文	002	2017
4	プログラミングの基礎	浅井健一	002	2007
5	生命情報学	五條堀孝	003	2003

2 概念データモデル

実世界に存在するデータをデータベース中に構築されるべき世界で表現したものを**概念データモデル**と呼ぶ．DBMSの種類に依存することなく設計を進めることが可能となる．代表的なデータモデルとしては，1976年にP. P. Chen氏によって提唱された**実体関連モデル**（**ERモデル，Entity Relationship Model**）が挙げられる．ここでいう実体（entity）とは表現すべき対象物のことであり，関連（relationship）とは，実体同士の相互関係のことである．実体関連モデルでは，**実体関連図**（**ER図，図9.3**）を用いて実世界の事物・事象をデータベース化するために，これらを複数の実体として分類する．これにより，実世界の実体への分割や，実体と実体の関連を明確に表すことができる．

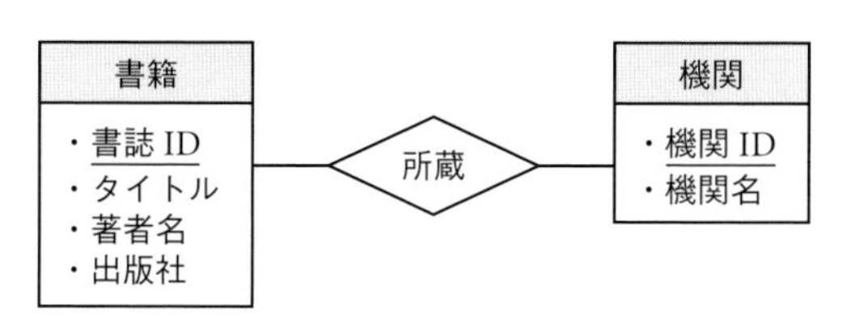

図9.3 ▶ ER図の例

9.3 関係データベース管理システム

関係データモデルを用い構築・利用されているデータベースは関係データベースと呼ばれる．また，関係データベースの操作言語をはじめとして一貫性や安全性等の管理を行うシステムは，**関係データベース管理システム**（**Relational DataBase Management System：RDBMS**）と呼ばれる．関係データモデルは，実世界の事物・事象をコンピュータ上で扱えるデータにしたものを，2次元の表，すなわち，テーブルを用いて表現したものである[1]．データモデルには，9.2節で紹介したデータモデルのほかに，オブジェクト指向モデルやXML（**eXtensible Markup Language**）データモデル[4]等，さまざまなデータモデルが存在する．それらの中でも，関係データモデルを採用した関係データベースは，ほかのモデルを採用したデータベースに比べ数学的な基礎が最も明確であると同時に，私たちが日常的に使い慣れている2次元の表で構成される．

本節では，最初に関係データベースの具体例について触れ，その例を用いて問合せ処理に重要なキーの概念や問合せ処理について学ぶ．

1 関係データベース

全国の大学や高専の図書館に所蔵されている図書データベースの内容を参考にし，関係データベースで扱われる2次元の表について説明する．図書館の業務は，図書を収集保管し，利用者に図書の貸し出しサービスを行うことにあるが，ここでは図書の収集，保管の部分に着目し，全国の図書館に所蔵される図書データの統合管理について考える．

表9.2は書誌情報に加え，どこに所蔵されているかを記録したテーブルである．ここで，「タイトル，情報とコンピューティング，情報と社会，リレーショナルデータベース入門 第3版，プログラミングの基礎，生命情報学」を属性と呼び，このうち「タイトル」のことは属性名と呼ぶ．また,「1，情報とコンピューティング，河村一樹，001，オーム社，2004，A大学，B高専」等の関連するひとかたまりのデータをタプルと呼ぶ．

表9.2のテーブルには幾つか不具合が存在する．例えば，書誌IDが5の「生命情報学」では機関1に二つの所蔵機関が入っていたり，書誌IDの2と4のデータが省略されていたりする．また「生命情報学」を廃棄するときに，書誌IDが5のタプルを削除すると，「C短大」の存在自体がテーブルから消えてしま

表 9.2 ▶ 図書データと所蔵機関を表すデータ

書誌ID	タイトル	著者名	出版社ID	出版社名	出版年	機関名1	機関名2
1	情報とコンピューティング	河村一樹	001	オーム社	2004	A 大学	B 高専
2	情報と社会	駒谷昇一				B 高専	
3	リレーショナルデータベース入門 第 3 版	増永良文	002	サイエンス社	2017	A 大学	
4	プログラミングの基礎	浅井健一			2007		
5	生命情報学	五條堀孝	003	シュプリンガー	2003	A 大学, C 短大	

う．これらの不具合が生じる原因は，書誌情報，書誌所在情報，出版社情報という三つの事象が一つのテーブルに記録されているからである．実世界のデータと矛盾なくデータを保つようにするためには，後述する正規化を行い，情報無損失にテーブルを分解し，一つのテーブルが一つの事象を表すようにする必要がある．

2 正規化

データの重複を排除し，属性間の従属関係を少なくすることによって，テーブルが 1 事実 1 箇所を表すようにしていく手順のことを**正規化**という．テーブルの構成を最も無駄のないものにする作業であり，アクセス効率のよい，使いやすいシステムを作成するために必要な設計手法である．また，テーブルの更新により整合性がない状態を防ぐ．正規化を行う前後のテーブルの形式のことを**正規形**と呼び，正規形には，正規形の満たすべき基準により次の三つの正規形がよく利用される．

表 9.2 のように省略による空欄や，繰り返し，複数の値がある正規化がされていないテーブルは**非正規形**と呼ばれる．そして，省略による空欄や繰り返し，複数の値があるデータを修正したものを**第一正規形**と呼ぶ．**表 9.3** は表 9.2 の第一正規形である．省略されていた値が埋められ，書誌 ID が 1 と 5 のタプルがデータに合わせて 2 行になっている．以後，表 9.3 を用いて正規化を説明する．

表 9.3 において，書誌 ID と機関名を要素とする属性集合を K，書誌 ID を要素とする属性集合を A とすると，タイトル，著者名，出版社 ID，出版社名，出版年を要素とする属性集合（B とする）が一意に決まる．そこで，表 9.3 は第二正規形である**表 9.4** と**表 9.5** に分解される．表 9.5 の機関名は，書誌 ID からは一意に決まらなかった属性である．ここで表 9.3 では 7 レコードあったが表 9.4

表 9.3 ▶ 表 9.2 の第一正規形の例

書誌ID	タイトル	著者名	出版社ID	出版社名	出版年	機関名
1	情報とコンピューティング	河村一樹	001	オーム社	2004	A 大学
1	情報とコンピューティング	河村一樹	001	オーム社	2004	B 高専
2	情報と社会	駒谷昇一	001	オーム社	2004	B 高専
3	リレーショナルデータベース入門 第 3 版	増永良文	002	サイエンス社	2017	A 大学
4	プログラミングの基礎	浅井健一	002	サイエンス社	2007	A 大学
5	生命情報学	五條堀孝	003	シュプリンガー	2003	A 大学
5	生命情報学	五條堀孝	003	シュプリンガー	2003	C 短大

表 9.4 ▶ 表 9.2 の第二正規形例

書誌ID	タイトル	著者名	出版社ID	出版社名	出版年
1	情報とコンピューティング	河村一樹	001	オーム社	2004
2	情報と社会	駒谷昇一	001	オーム社	2004
3	リレーショナルデータベース入門 第 3 版	増永良文	002	サイエンス社	2017
4	プログラミングの基礎	浅井健一	002	サイエンス社	2007
5	生命情報学	五條堀孝	003	シュプリンガー	2003

表 9.5 ▶ 表 9.2 の第二正規形（書誌所在テーブル）

書誌ID	機関名
1	A 大学
1	B 高専
2	B 高専
3	A 大学
4	A 大学
5	A 大学
5	C 短大

では5レコードだけであり，重複が存在しないことに着目してほしい．

このように，ある関係の二つの属性集合AとBの間で，一方の属性集合AがレコードをK一意に決定できる属性集合Kの一部分であるとき，属性集合Aの値がもう一方の属性集合Bの値を関数的に決定するという**FD**（**Functional Dependency，関数従属**）を用いて，キーになり得る属性とそれに従属する属性群を抜き出し別のテーブルにする．

次に，第三正規形にするには，既に従属性のある属性の間でさらに従属性を見つける．この従属性を**推移的従属性**と呼ぶ．表9.4では書誌IDから出版社IDと出版社名に従属性があった．しかし，さらに出版社IDから出版社名へと従属性が存在する．よって，表9.4は，**表9.6**と**表9.7**に分解することができる．最終的に第三正規形は表9.5と表9.6，表9.7の三つのテーブルになる．

表9.6 ▶ 表9.2の第三正規形（書誌情報テーブル）

書誌ID	タイトル	著者名	出版社ID	出版年
1	情報とコンピューティング	河村一樹	001	2004
2	情報と社会	駒谷昇一	001	2004
3	リレーショナルデータベース入門 第3版	増永良文	002	2017
4	プログラミングの基礎	浅井健一	002	2007
5	生命情報学	五條堀孝	003	2003

表9.7 ▶ 表9.2の第三正規形（出版社テーブル）

出版社ID	出版社名
001	オーム社
002	サイエンス社
003	シュプリンガー

これら正規化により，全国の図書館で収集された図書とその所在を統合管理するためには，図書のタイトル等を格納した「書誌情報テーブル」，図書がどの機関に所蔵しているのかを示す「書誌所在テーブル」，出版社を管理する「出版社テーブル」の三つが必要であることがわかった．

「書誌情報テーブル」には，全国の図書館のどこにも所属されていないタイトルの図書が入手されるごとに，書誌ID，タイトル，著者名，出版社ID，出版年のデータが格納される．書誌IDは，それぞれの図書を識別するための識別子（IDentifier：ID）を指し，それぞれの図書に割りつけた書籍番号で表現される．これにより，同じ図書が登録されることを禁止している．

「書誌所在テーブル」には，書誌IDと所在機関のデータが蓄積され，図書館が図書を入手するたびに，それに該当するデータが追加される．もし，入手した図書のタイトルが書誌情報テーブルになければ，その図書館の所在データを書誌所在テーブルに格納する前に，図書の書誌データを書誌情報テーブルに格納する必要がある．また，ある図書館で特定のタイトルの図書が何らかの理由により全て廃棄処分される場合は，該当するデータが書誌所在テーブルから削除されなければならない．

「出版社テーブル」は出版社IDと出版社名が登録されている．出版社が新たにできるとそのデータが出版社テーブルに追加される．新たに書誌が入手されたとき，その出版社名が出版社テーブルになければエラーで教えてくれる．

3 テーブル間の意味的な繋がり

関係データベースでは，データは複数のテーブルに分けて格納されている．複数のテーブルは，ハイパーテキストやハイパーメディアのリンク構造でも見られるように，意味的な繋がりをもつ．これを**リレーションシップ**という．リレーションシップは，テーブルがもつ2種類のキー，すなわち，**主キー**と**外部キー**によって与えられる．以下では，主キーと外部キーの二つの概念について説明する．

主キーとは，テーブル内に格納されているタプル（レコード）を一意に区別できる属性（フィールド）のことであり，最も重要な属性を指す．ただ一つの属性からなることも多いが，複数の属性を組み合わせた複合キーとなる場合もある．主キーの特徴は，属性値に重複がなく，必ず値が入っている状態であることをいう．ここで，データに値が入っていない状態を**NULL**（**ヌル**）といい，必ず値が入っている状態のことをNot NULLと呼ぶ．書誌情報テーブルの主キーは「書誌ID」であり，「書誌ID」の属性値と書誌所在テーブルの「書誌ID」の属性値が同じタプル同士をつなぐと，書誌情報テーブルに記載されている図書の所在機関を書誌所在テーブルから知ることができる．

書誌所在テーブルの属性「書誌ID」は，外部キーと呼ばれる．外部キーでは，属性値の重複が許されるが，その値は必ず他のテーブルの主キーに含まれる．すなわち，書誌所在テーブルの「書誌ID」は「書誌情報テーブル」の主キー「書誌 ID」に含まれる．ほかには,「書誌情報テーブル」の「出版社 ID」も外部キーである．

このように，データベースに記憶されている数多くのテーブルは，主キーと外部キーからなるネットワークで結ばれている．システムはこのネットワークをたどることにより利用者が求めるデータをテーブルから見つけ出している．

4 関係代数

関係データベースでは，テーブルの中のデータを集合とみなし，以下八つの演算を用いてデータを操作することができる．集合演算としては，①和，②差，③共通（積），④直積が，関係モデルの基本演算としては，⑤選択，⑥射影，⑦結合，⑧商が，それぞれ用意されている．和，差，共通に関しては，スキーマと呼ばれるテーブルの構造が全く同じである必要があるが，他の五つの演算については，スキーマが異なっても演算することができる．また，関係演算は表計算の表と似ているが，同じ内容の行がまとめられたり，行の間に順序がなかったりという違いがある．関係データモデルでの数学的な定義では，このような違いがきちんと判断できる厳密なものが用いられる．

まず，**和演算**は二つの関係があるときに，二つを足す演算である．足された結果に重複があった場合には，重複は自動で削除される．次に，**差演算**は，片方のテーブルにはあるが，もう片方のテーブルにはないタプルを探す演算である．自然数と同様に，差演算の場合は，引く順番が違うと結果が異なることに注意が必要である．**共通演算**は，指定された二つのテーブルの中から，両方のテーブルに存在するタプルを探す．**直積演算**は，両方のテーブルに存在するタプルを用い，全ての組合せを表したテーブルとなる．関係演算の**選択演算**は，テーブルから条件に合致するタプルだけを表示する演算である．これに対し，**射影演算**は指定された属性だけを表示する．**結合演算**は，二つのテーブルを共通の属性を用いて結合する演算である．**図 9.4** では二つのテーブルが，属性タイトルによって結合されている．このとき，必ず一つのテーブルではその属性が主キーになっている．**商演算**は，二つのテーブル P と Q があるときに，表 P の全ての属性の値を満たす表 Q のタプル（Q÷P）を取り出し，さらにそのタプルから表 P と重なる属性を取り除いたものになる．図 9.4 では，機関名として A 大学と B 高専両方をもつタプルの機関名を取り除いたものが表示されている．この商演算は，通常の四則演算の商と同様に，割ったものと商の答えの直積に，余りを足すと元のテーブルに戻る．

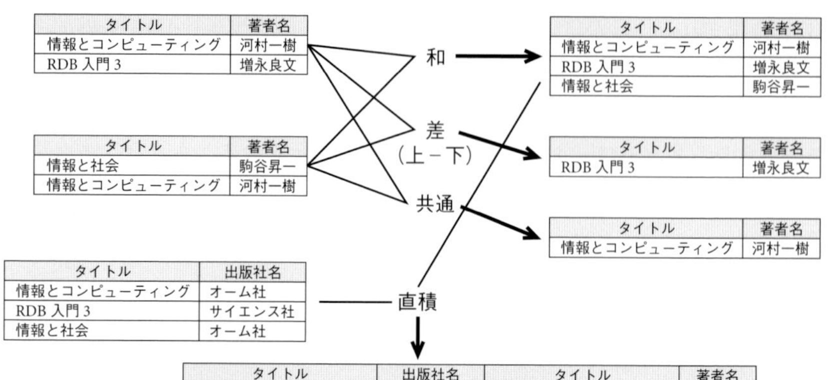

タイトル	著者名
情報とコンピューティング	河村一樹
RDB 入門 3	増永良文

タイトル	著者名
情報と社会	駒谷昇一
情報とコンピューティング	河村一樹

和

タイトル	著者名
情報とコンピューティング	河村一樹
RDB 入門 3	増永良文
情報と社会	駒谷昇一

差(上－下)

タイトル	著者名
RDB 入門 3	増永良文

共通

タイトル	著者名
情報とコンピューティング	河村一樹

タイトル	出版社名
情報とコンピューティング	オーム社
RDB 入門 3	サイエンス社
情報と社会	オーム社

直積

タイトル	出版社名	タイトル	著者名
情報とコンピューティング	オーム社	情報とコンピューティング	河村一樹
情報とコンピューティング	オーム社	RDB 入門 3	増永良文
情報とコンピューティング	オーム社	情報と社会	駒谷昇一
RDB 入門 3	サイエンス社	情報とコンピューティング	河村一樹
RDB 入門 3	サイエンス社	RDB 入門 3	増永良文
RDB 入門 3	サイエンス社	情報と社会	駒谷昇一
情報と社会	オーム社	情報とコンピューティング	河村一樹
情報と社会	オーム社	RDB 入門 3	増永良文
情報と社会	オーム社	情報と社会	駒谷昇一

選択[1 列目＝3 列目]

タイトル	出版社名	タイトル	著者名
情報とコンピューティング	オーム社	情報とコンピューティング	河村一樹
RDB 入門 3	サイエンス社	RDB 入門 3	増永良文
情報と社会	オーム社	情報と社会	駒谷昇一

射影[1 列目，2 列目，4 列目]

タイトル	出版社名	著者名
情報とコンピューティング	オーム社	河村一樹
RDB 入門 3	サイエンス社	増永良文
情報と社会	オーム社	駒谷昇一

タイトル	機関名
情報とコンピューティング	A 大学
RDB 入門 3	B 高専
情報と社会	A 大学
情報とコンピューティング	B 高専
情報と社会	B 高専

結合

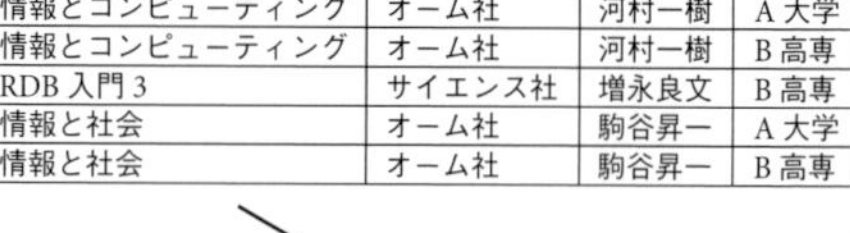

タイトル	出版社名	著者名	機関名
情報とコンピューティング	オーム社	河村一樹	A 大学
情報とコンピューティング	オーム社	河村一樹	B 高専
RDB 入門 3	サイエンス社	増永良文	B 高専
情報と社会	オーム社	駒谷昇一	A 大学
情報と社会	オーム社	駒谷昇一	B 高専

商

機関名
A 大学
B 高専

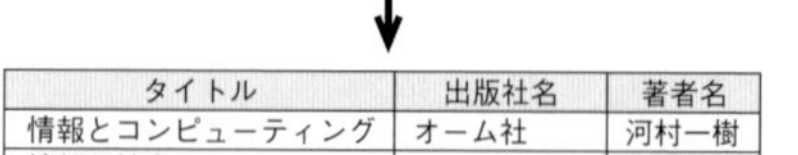

タイトル	出版社名	著者名
情報とコンピューティング	オーム社	河村一樹
情報と社会	オーム社	駒谷昇一

余り

タイトル	出版社名	著者名	機関名
RDB 入門 3	サイエンス社	増永良文	B 高専

※「RDB 入門 3」は
「リレーショナルデータベース入門 第 3 版」
を表す.

図 9.4 ▶ 八つの演算の例

問合せ言語

RDBMSにおけるデータベースの操作には**SQL**[*1]と呼ばれる問合せ言語がよく知られている．SQLは，1986年以後，ISOが策定した国際標準のデータベース言語となっている．SQLを覚えておけば多くの商用リレーショナルデータベースを扱うことが可能となる．データベース言語には，データ定義言語とデータ操作言語がある．

1 データ定義言語

データ定義言語を用いると，データを格納すべき表の定義や複数の表を関連づけるための規約や制約，データベースに必要な機密保護の宣言等を行うことができる．一般ユーザーよりも，データベースを構築する人が多く利用する．表9.6の書誌情報テーブルを作成する際は，以下のようにタイプする．

```
create table 書誌情報テーブル (
    書誌 ID INTEGER,
    タイトル VARCHAR(20),
    著者名 VARCHAR(20),
    出版社 ID CHAR(3),
    出版年 CHAR(4),
    PRIMARY KEY( 書誌 ID)
);
```

この命令では，書誌IDを整数，タイトルと著者名は最大字数20字の文字列であり,「出版社ID」は3桁の文字列，出版年は西暦を4文字の文字情報として，「書誌情報テーブル」という名前のテーブルが作成される．主キーは「書誌ID」である．このようにスキーマと呼ばれるメタデータ情報を定義することによってテーブルを定義する．

なお，書誌情報テーブルを削除する命令は以下であり，一度削除したものはデータごと消えてしまうので注意する必要がある．

＊1　SQLはStructured Query Languageの略称という説もあるが，略称ではなく，固有名詞である．

```
drop table 書誌情報テーブル ;
```

2 データ操作言語

表に対するデータの登録・修正・削除や，複数の表の結合・ビュー表の作成等の集合操作，または，表中のデータに対し検索等を行うための言語を，**データ操作言語**と呼ぶ．

問合せ言語SQLは，一つまたは複数のテーブルに対する問合せ文が英語風に表現された言語である．データベース管理システムを仮に人間とみなし，私たちがこのシステムに英語で検索の指示を与えることを想像しよう．SQLは自然言語に近い言語水準であるが，データベース管理システムは人間ではないので，明確なルールが必要となる．検索を行うときは以下のルールに従う．

```
select <属性名> from <テーブル名> where <検索条件>;
```

書誌IDが3より大きい書籍のタイトルが欲しい場合は以下のように検索し，結果は**表9.8**のようになる．

```
select タイトル from 書誌情報テーブル where 書誌ID > 3;
```

表9.8 ▶ 検索結果

タイトル
プログラミングの基礎
生命情報学

ほかに，複数のテーブルを結合し，複数のテーブルにまたがる問合せをしたり，問合せ結果を用いた検索等もできたりする等，かなり強力な検索をすることができる．

検索として select が一番利用されるが，delete（データ削除），insert（データ挿入），update（データ更新）等も準備されている．これらの命令はテーブルのデータの状態を変えてしまうので注意が必要である．

5 データベース管理システム

データベース管理システム（DBMS）には，以下のように，データベース操作（アクセス）のための言語あるいは専用ライブラリが提供されているだけではなく，さまざまな機能や仕組みが組み込まれている．

1 データ操作言語の提供

データベースにはそれぞれデータベース操作言語が提供されている．例えば，関係データベース管理システムにおけるデータベース操作にはSQLと呼ばれる問合せ言語がよく知られており，オブジェクト指向データベース管理システムの操作言語はOQL（Object-oriented Query Language）である．

2 索引構造による高速なデータベースアクセス

データベースの質問検索では，多くのデータから特定のデータを探し出すために，人やもの等に付与された名前や識別番号が指定される．データベースに蓄積されているデータが構造化されていなければ，該当するデータを探し出すためには全てのデータを一つひとつ走査（スキャン）しなければならず，大変時間のかかる検索処理となる．この走査において，無駄なデータを走査するのをできるだけ避けるために構造化されたものを，**索引（インデックス）**と呼んでいる．関係データベースではB^+木と呼ばれる索引構造が作成され，検索時間の短縮に利用されている．

3 統合性制約の維持

統合性制約は，現実世界とデータベースの間の一貫性を維持するために，データベースの設計者によって定義される．これは，データベースの運用中にデータベースの意味が実世界からずれないようにすることが目的である．例えば，学生データベースでは学籍番号が重複するデータが存在してはならない．また，その大学に存在しない学部等で登録されることも認めてはいけない．もしも，そのようなデータがデータベースに登録されようとすると，統合性制約を維持する仕組みが働き，その登録は禁止される．

4 トランザクション処理

トランザクションとは，データベースへのアクセス（データの読み書き）に対して，データベース管理システムで処理される「一連の仕事」，あるいは「ひとかたまりの仕事」を表す単位を指す．データベースは，複数のユーザーによって同時にアクセス（データの読み書き）される．このため，データベース管理システムには，データベース内の「一貫性の維持」を実施しながらデータベースへのアクセス処理を実行する仕組み，すなわち，トランザクション処理が必要になる．トランザクション処理の考え方を導入することにより，インターネットに接続されている膨大な数の情報機器へのデータベースサービスを意識し，分散システムやクライアントサーバシステム等で見られる数多くのコンピュータを用いて，絶対にダウンしないデータベースサービスを提供する大規模システムを設計し，実装し，運用することが可能になっている．

5 ログとリカバリ管理

障害の発生により，データベースが破損しても**障害復旧**（**リカバリ**）ができるように，安全性を確保することが重要である．このために，データベース管理システムではトランザクション処理によって実施されるデータの挿入・削除・更新の操作をシステムが管理するファイル（システムログ）に全て書き込んで，記録する．これをコミットという．トランザクション処理の最中に何らかの障害が発生すると，リカバリ管理の仕組みにより，ログに書き込まれた情報を用いて，データベースが以前の状態に戻される．この処理は**ロールバック**という．

6 セキュリティの管理

データベースは，組織あるいはコミュニティの共有資源であるため部外者への情報漏洩を防止しなければならない．データベース管理システムでは，データベースの暗号化やデータベース利用者のパスワード認証により，部外者への情報漏洩の防止を行っている．ネットワーク社会においては，サーバはデータベース管理者やデータベース利用者から遠く離れている場合があり，サーバの管理者の違法行為や不注意により発生する情報漏洩を防ぐことが重要になる．このような情報漏洩を防ぐために，データベースの暗号化は，データベースのセキュリティ，すなわち，安全性を確保するうえで大変重要になってきている．

7 ディスクアクセスの信頼性や性能の向上

データベースの内容を格納するために重要な物理媒体としては，磁気ディスクが知られているが，ディスクアクセス，すなわち，ディスクに格納されたデータの読み書きにおける信頼性や性能を向上させるために，**RAID**（**Redundant Arrays of Independent Disks**）と呼ばれる方式が広く利用されている．RAIDでは，物理的なディスクを複数台利用し，論理的に1台のディスクを構成する方式である．

ディスクアクセスの信頼性を向上することは，RAIDでは，物理的なディスクの1台が故障しても，別の1台を利用することで達成される．また，複数台のディスクにデータのコピーを分散しておくことによって，物理的なディスクの1台が故障しても，残りのディスクに保管されているコピーを利用して，データを復元することができる．

ディスクのアクセス性能の向上については，データベースのデータを複数台のディスクに分散配置させ，データの読み出しをするときに，ディスクを並列に稼働させることによって達成される．

演習問題

問1 本章で紹介した学術情報データベース以外に，どのような学術情報データベースがあるか調査し，調査結果を3件程度報告せよ．

問2 関係データベースの問合せ言語には，havingやorder byという表現ができるが，それらはどのような機能であるかについて調査し，問合せ例を示しながら説明せよ．

問3 クラウド技術がデータベースとどのように関係しているかについて調査し，2,000字程度で説明せよ．

第10章 モデル化とシミュレーション

ここでは，モデル化の必要性と，モデルを利用したシミュレーション等による問題解決について学ぶ．具体的には，まず，モデルとは何かについて学び，次に，さまざまなモデルについてそれぞれの特徴などについて学ぶ．さらに，シミュレーションの効果やモデルによるシミュレーション結果の違いなどを体験的に学ぶ．最後に，私たちの暮らしを支えている高度なシミュレーションと，それを実現している技術について学ぶ．

10-1 モデル

世の中のさまざまな問題に対して，コンピュータはその解決方法を提供したり効率的に解決できるように支援したりすることに利用されている．しかし，問題となっている事象の全てをコンピュータに伝えることは，非常に困難なことであり，コンピュータが事象の全てを踏まえて何らかの問題解決や支援を行うことは現実的ではない．

そこで，複雑な事象を問題の本質的部分が明確になるようにするなどの単純化を行って，対象となる事象の本質を表現することを**モデル**といい，このモデルを作成することを**モデル化（モデリング）**[*1] という．

モデルには，モデルルームのように，実際にそこで生活をするわけではないが，実物と同じ寸法の部屋を用意して家具の配置や壁などの色を検討するために使用するものがある．また，地球儀やミニカーのように実物を縮小して全体の形状が判るようにしたものなどもある．このような，対象の形状や質感などを表現したモデルを**実体モデル**という．一方，モデルを数式で表現したものを**数理モデル**という．

数理モデルの例として，A 駅から B 駅に移動することを考えてみよう．ある人が A 駅と B 駅の間を，乗り物を使わずに徒歩で移動するとした場合，その所要時間は

所要時間 = A 駅から B 駅までの距離 ÷ 歩行速度

で表すことができる．このモデルでは，性別や服装などある人がどんな人であるかという情報は全く含まれていないし，この人が A 駅から B 駅に向かっているのか，B 駅から A 駅に向かっているのかも定かではない．しかし，もし A 駅と B 駅の間が平らではなく，坂道で A 駅から B 駅までは連続した上り坂であり十分な距離があるとすれば，A 駅から B 駅に向かう場合と，B 駅から A 駅に向かう場合の歩行速度は異なると考えられる．この場合，どちらに向かうのかという情報とその向きに対応した歩行速度の情報が必要になり，同じ区間であっても方向によって歩行速度が異なるために所要時間も異なることとなる．

次に，A 駅から B 駅へ電車で移動する場合を考えてみよう．移動のための所

*1 コンピュータグラフィックスの分野では，光源や反射特性などを含めた 3 次元シーンを表現する手法として「モデル」や「モデリング」という用語が使用されている．

要時間を表現するには，上述のモデルの歩行速度を電車の速度に変えれば良いが，B 駅への到着時刻を表現するには A 駅を電車が出発する時刻に関する情報が必要で，それを含めたモデルにしなければならない．

$$\text{到着時刻} = \text{現時点から最も早く電車が A 駅を出発する時刻} + \frac{\text{A 駅から B 駅までの距離}}{\text{電車の速度}}$$

さらに，A 駅と B 駅間が繋がっていれば二つの駅間の距離情報があれば十分だが，もし A 駅から B 駅へは直接行くことができず，途中で別の路線への乗換が必要になるならば，A 駅から到達可能な駅のデータや B 駅に到達可能な駅の情報，それらの駅間を結ぶ交通機関の情報が必要となる．

このような駅間の関係を図を使ってモデル化したもの（**図的モデル**）が，いわゆる路線図である．路線図のような繋がりに着目したモデルを**ネットワークモデル**といい，**グラフ**で表現される[*2]．なお，このグラフは，グラフ理論でのグラフで頂点（ノードや節点と呼ばれることもある）の集合と辺（エッジや枝と呼ばれることもある）の集合で構成されるもので，棒グラフや円グラフなどのチャートの意味でのグラフではない．

路線図には，駅間を走る電車が何両編成なのかや，収容人数が何名なのかなどの記載はないが，一人で目的地に到達できるか否かを問うのであれば十分である．しかし，「12 時に B 駅に到着したい」とか，「時間がかかっても混雑を避けて B 駅に行きたい」などの条件が加わると，このモデルでは不十分で，時刻表情報や混雑に関する情報をもったモデルを用いて所要時間を計算する必要がある．このように同一の事象であっても，扱う問題によって本質となる側面が異なってくるのでさまざまなモデル化が考えられる．つまり，コンピュータで事象をどのように扱わせたいかによって，どのようなモデルにするのが適切なのかが決まる．

10 2 さまざまなモデル

シミュレーションは，さまざまな事象の分析や将来予測のための手段として使われている．その結果に応じて，発生する事象の原因究明や対策立案，さまざま

*2　一方通行のように繋がりに向きがある場合は，有向グラフで表現され，向きがない場合は無向グラフで表現される．

な製品や人工物の設計や製造などに寄与している．したがって，その応用範囲は非常に広く，さまざまなモデルが考えられる（図 10.1 参照）．シミュレーションを行う対象として，その中の一部または全体に自然現象に関わる事象が含まれるならば，物体の運動の様子や，物体に働く力やエネルギーなどを扱う必要がある．したがって，ニュートンの運動法則などの力学モデルによってモデル化することができる場合が多い．また，対象が社会現象の場合，人間の意思決定による影響を受けて，私たちの身の回りの社会や集団の中で発生する現象をモデル化することになる．例えば，企業における新製品のマーケティングや在庫管理，経済における景気や株価の変動予測の問題などでは，**数理計画法**や**ゲーム理論**などのモデルが用いられる．その他，交通問題，環境問題，さらには，人口推移や，噂や口コミなどの情報の伝播に関する問題に至るまで多岐にわたる問題を扱う場合があるが，どのような対象を扱うかによって，社会学，心理学，生物学などの知識を用いて，それらを数学的にモデルとして定義する．

また，シミュレーションに際して，**動的モデル**[*3]（時間経過を考慮する）とするか，**静的モデル**（ある時点での状態のみに注目する）とするか，あるいは事

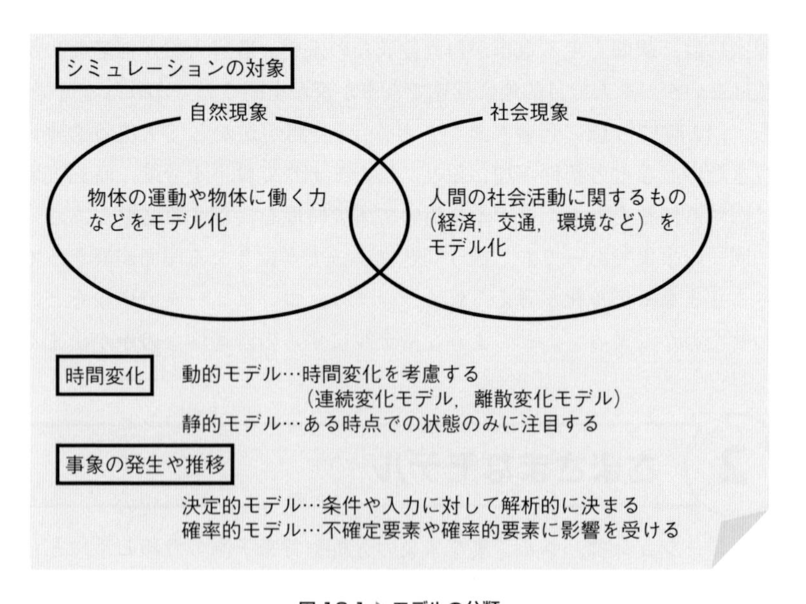

図 10.1 ▶ モデルの分類

＊3　時間の経過による事象の発生や推移を見るとき，時間変化を連続的に考えるモデルを連続変化モデル，離散的な間隔として考えるモデルを離散変化モデルという．

象の発生や推移に対して，それらの一部または全体が**確率的要素**や**不確定要素**によって決まるのか（**確率的モデル**），そのようなものは含まず一連の条件や入力に対して解析的に決まるのか（**決定的モデル**）によってモデルを適切に表現する必要がある．

静的かつ決定的なモデルでは，ある時点での状態を最適化する問題（最適化問題）として扱われ，数理計画法などによって解くことが多い．例えば，生産計画問題は，企業における製品生産において，原材料や作業工程など一定の制約条件のもと，どのくらいその製品を生産すれば利益を最大化できるかを求めるといったものである．静的かつ確率的なモデルでは，確率的な要素を利用して，厳密には計算することが難しい対象に適用される．例えば，数学的に厳密に計算することが難しい場合は，乱数を用いたシミュレーション（モンテカルロシミュレーション）によって近似値を求めることができる．ベイズ推定など統計モデルを用いると，迷惑メールかどうかを判定するフィルタの設計などに利用できる．

動的かつ決定的モデルにおいては，時間の経過とともに物体の移動を計算する運動方程式などの力学モデル，動的かつ確率的モデルでは，時間とともに不規則に変化・推移する対象を扱うことが多く，例として待ち行列モデルなどが挙げられる．これらについては，10.3 節で詳しく述べる．

シミュレーションを行った結果は，多くの場合数値等のデータとして得られるが，これら得られたデータを表やグラフを使用して見やすく工夫することが有効である．近年では，CG（コンピュータグラフィクス）技術を用いて可視化することによって，結果を直観的にわかりやすく提示することも行われている．

10 3 モデルを用いたコンピュータシミュレーション

コンピュータシミュレーションは，モデル化されたものをコンピュータに実装し，そのモデルを動作させ変化を観察するもので，仮説の検証や予測，意志決定などに広く用いられている．気象予報には，地球全体やある特定の地域をモデル化した大規模なコンピュータシミュレーションが利用されているし，フライトシミュレータのように本来なら危険を伴う訓練や多額の費用のかかる訓練などでもコンピュータシミュレーションが利用されている．

その一方で，シミュレーションを行った結果と実際の結果（実測値）と比較することで，モデルが適切なものであるかの確認やモデルの修正にも利用される．

本節では，運動方程式と待ち行列を例に，Pythonと表計算ソフトウェアを使ってコンピュータシミュレーションを行う．

1 運動方程式

まず，動的で決定的なモデルでのシミュレーションを行ってみよう．

運動方程式を解くことで，ある時刻の物体の状態から，将来の物体の状態を予測することができる．単純な例として，鉛直方向の等加速度運動を考える．物体の時刻 $t+dt$ の位置は時刻 t の位置から速度と経過時間の積だけ変化する．また，時刻 $t+dt$ の速度は時刻 t の速度から加速度と経過時間 dt の積だけ変化するとする．

物体の位置を h，速度を v，重力加速度を g とすると，時刻 $t+dt$ での位置 $h(t+dt)$ と速度 $v(t+dt)$ はそれぞれ

$$h(t+dt)=h(t)+v(t)\times dt$$

$$v(t+dt)=v(t)-g\times dt$$

と表すことができる．

第8章で説明したPythonを使って，初期位置は同じ0.0 mだが初速度が1.0 m/sとその1.2倍である2つの物体A，Bの状態のシミュレーションを行ってみよう（**図10.2**）．

図10.3では時間ごとの変化を把握しづらいので，**図10.2**に**図10.4**のプログラムを追加してこの結果を可視化したものが，**図10.5**である．

2 待ち行列

銀行のATMや病院で診察の順番を待ったりすることは，誰でも経験があるだろう．ATMの操作や診察そのものにかかる時間だけでなく，既にどれくらいの客や患者が待っているかで，所要時間が決定する．

このような順番待ちの列を数理モデルで表現したものを，**待ち行列**（**キュー**）と呼ぶ（**図10.6**）．処理対象となるデータ（客や患者）が到着すると，この待ち行列の最後尾に入ってサービスの提供（入金や診察）を待つ．現在行われているサービスが終了すると，待ち行列の中にいるデータの先頭が新たにサービスを受ける．

このように，データの到着順に待ち行列に入り，到着順に待ち行列から出て行くことをモデルで表現したものである．

待ち行列とサービスを提供する窓口が共に一つずつ存在する最も単純なモデルで，待ち人数と待ち時間の変化について表計算ソフトウェアを使ってシミュレーションを行ってみよう．

```
import matplotlib.pyplot as plt
import numpy as np

MAX = 25
g = 9.8 #重力加速度[m/s^2]
dt = 0.01 #経過時間[s]

Ah = np.empty(MAX)
Av = np.empty(MAX)
Bh = np.empty(MAX)
Bv = np.empty(MAX)
Ah[0] = Bh[0] = 0.0 #初期位置[m]
Av[0] = 1.0 #初速度[m/s]
Bv[0] = Av[0] * 1.2 #物体Aの1.2倍の初速度
for i in range(1, MAX):
    Ah[i] = Ah[i-1] + Av[i-1] * dt
    Av[i] = Av[i-1] - g * dt
    Bh[i] = Bh[i-1] + Bv[i-1] * dt
    Bv[i] = Bv[i-1] - g * dt
    print('{:.5f}'.format(Ah[i]), '{:.3f}'.format(Bh[i]))
```

図 10.2 ▶ 時刻 t における 2 つの物体 A，B の状態のシミュレーション

```
0.01000 0.012
0.01902 0.023
0.02706 0.033
0.03412 0.042
…以下省略
```

図 10.3 ▶ 時刻 t における 2 つの物体 A，B の状態のシミュレーション結果

```
ax = plt.figure().add_subplot()
ax.set_xlabel("time[s]")
ax.set_ylabel("height[m]")
plt.xticks(np.arange(0, MAX+1, 5), np.arange(0, MAX+1, 5)/100)
plt.plot(Ah, linestyle="solid", label="A")
plt.plot(Bh, linestyle="dashed", label="B")
plt.legend()
plt.show()
```

図 10.4 ▶ 可視化のための追加プログラム

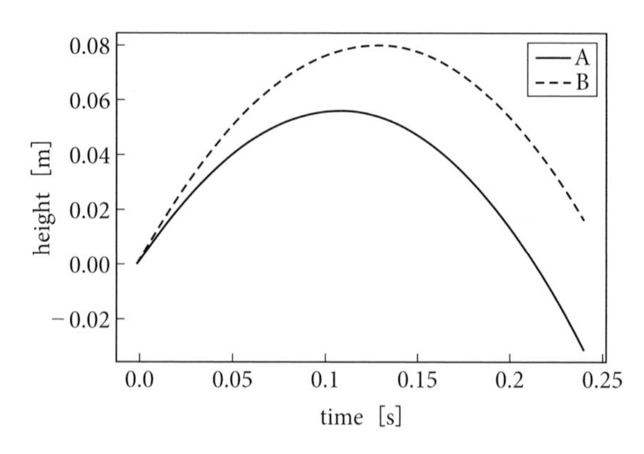

図 10.5 ▶ 図 10.3 の可視化例

図 10.6 ▶ 待ち行列のイメージ [4]

ある店に 10 人の客が来店し，それぞれサービスを受けるとする．最初の客が到着したときには窓口は開いているので，その客はすぐにサービスを受けることができる．それ以外の客は，到着時に窓口が開いていれば，最初の客と同様にすぐにサービスを受けるが，他の客がサービスを受けている場合は，自分の番になるまで待つ．途中でサービスを受けるのを諦めて帰ってしまう客がいないものとして，10 人がそれぞれサービス開始時の待ち行列の長さ（待ち人数）と，それぞれの客がサービスを受けるまでの待ち時間の変化はどうなるか調べてみよう．

まずは，シミュレーションで使用するシートとして**図 10.7** を用意し，それぞれの列に対して次の設定を行う．

	A	B	C	D	E	F	G
1	客番号	到着時間	所要時間	開始時間	終了時間	待ち人数	待ち時間
2							
3							

図 10.7 ▶ シートの準備

各列の設定

- 列 A（客番号）と列 C（所要時間），列 F（待ち人数）の 2 行目以降の書式（表示形式）を「数値」に設定
- それ以外の列の 2 行目以降の書式を「時刻」に設定

（1） 到着間隔と所要時間が確定的な場合

最初は考えやすいように，一定間隔で来客があり，客がサービスを受ける時間（所要時間）も全て同じとする*4．5 分間隔で来客があり，それぞれの客の所要時間は 10 分とし，図 10.7 に対して次の操作を行うと，**図 10.8** のようになる．

〔1〕 1 人目の客に関する各セルの操作

- A2 に値 `1` を入力する
- B2 に式 `=TIME(0,5,0)` を入力する
- C2 に値 `10` を入力する
- D2 に式 `=B2` を入力する
- E2 に式 `=D2+TIME(0,C2,0)` を入力する

〔2〕 2 人目以降の客に関する各セルの操作

- A3 から A11 に，`2` から `10` までの数値を入力する
- B3 に式 `=B2+TIME(0,5,0)` を入力し，B4 から B11 までコピーする
- C3 から C11 に値 10 を入力する
- D3 に式 `=IF(E2<B3,B3,E2)` を入力し，D4 から D11 までコピーする

	A	B	C	D	E	F	G
1	客番号	到着時間	所要時間	開始時間	終了時間	待ち人数	待ち時間
2	1	0:05:00	10	0:05:00	0:15:00	1	0:00:00
3	2	0:10:00	10	0:15:00	0:25:00	2	0:05:00
4	3	0:15:00	10	0:25:00	0:35:00	3	0:10:00
5	4	0:20:00	10	0:35:00	0:45:00	4	0:15:00
6	5	0:25:00	10	0:45:00	0:55:00	5	0:20:00
7	6	0:30:00	10	0:55:00	1:05:00	5	0:25:00
8	7	0:35:00	10	1:05:00	1:15:00	4	0:30:00
9	8	0:40:00	10	1:15:00	1:25:00	3	0:35:00
10	9	0:45:00	10	1:25:00	1:35:00	2	0:40:00
11	10	0:50:00	10	1:35:00	1:45:00	1	0:45:00

図 10.8 ▶ 到着時間と所要時間が一定の場合のシミュレーション結果

＊4　これらの値は，それぞれ来店時間の平均，処理時間の平均で求める．

・F2 に式 =COUNTIF(B2:B$11,"<="&D2) を入力する*5

・G2 に式 =D2-B2 を入力する

・E2 から G2 を，E3 から G11 の範囲でコピーする

図 10.8 より，待ち行列が最も長くなるのは 5，6 番目の客のサービス開始時で，5 名がサービスを受けるために並んでいることがわかる．また，待ち時間が最も長いのは 10 番目の客で，サービスを受けるために 45 分待たなければならない．

もちろん，客の到着間隔や所要時間が変われば，この結果も変わってくる．

B 列や C 列の値や式を変更して，待ち行列がどのように変化をするか確かめてみよう．

(2) 到着間隔・所要時間が確率的な場合

(1) では，客の到着間隔とサービスの所要時間が共に一定である（確定的）と仮定して，待ち時間のシミュレーションを行った．しかし，常に同じ間隔で客が到着したり，全ての客へのサービスの時間が同じであったりするということは現実には起こりにくく，それぞればらつきがあるのが一般的である．

そこで，**(1)** で作成したシートをもとに，客の到着時間がランダムであるとしてシミュレーションを行ってみよう．図 10.8 に対して次の操作を行う．

・B2 に式 =TIME(0,RANDBETWEEN(1,10), 0) を入力する

・B3 に式 =B2+TIME(0,RANDBETWEEN(1,10), 0) を入力し，B4 から B11 にコピーする．

この修正によって，到着時間や待ち人数，待ち時間は**図 10.9** のようになる*6．

なお，ランダムな到着時間を求めるために**乱数**を用いているが，コンピュータで扱う乱数は，でたらめな値（これまでの値から次の値を予測できない）ではなく，何らかのアルゴリズムによって確定的に算出されたものである．このようなものを**擬似乱数**という．そのため，この擬似乱数の性質がシミュレーションの対象や目的に合致しているかを判断しなければならない場合がある．

続いて，サービスにかかる所要時間もランダムであるとしてシミュレーションを行ってみよう．所要時間が 1 分から 10 分の間でランダムであるとし，図 10.9 に次の操作を行う．

・C2 に式 =RANDBETWEEN(1,10) を入力し，C3 から C11 までコピーする

---

*5　終了した客を数えないため，B2 は相対参照（$ が付かない）となり，B$11 は絶対参照となっていることに注意．

*6　到着時間は乱数なので，必ずこの結果になるわけではない．

	A	B	C	D	E	F	G
1	客番号	到着時間	所要時間	開始時間	終了時間	待ち人数	待ち時間
2	1	0:08:00	10	0:08:00	0:18:00	1	0:00:00
3	2	0:14:00	10	0:18:00	0:28:00	2	0:04:00
4	3	0:15:00	10	0:28:00	0:38:00	3	0:13:00
5	4	0:24:00	10	0:38:00	0:48:00	3	0:14:00
6	5	0:26:00	10	0:48:00	0:58:00	4	0:22:00
7	6	0:33:00	10	0:58:00	1:08:00	5	0:25:00
8	7	0:42:00	10	1:08:00	1:18:00	4	0:26:00
9	8	0:46:00	10	1:18:00	1:28:00	3	0:32:00
10	9	0:49:00	10	1:28:00	1:38:00	2	0:39:00
11	10	0:51:00	10	1:38:00	1:48:00	1	0:47:00

図 10.9 ▶ 到着時間がランダムで所要時間が一定の場合のシミュレーション結果

これによって，到着間隔と所要時間が共にランダムであるときのシミュレーションを行うことができるようになった（**図 10.10**）.

	A	B	C	D	E	F	G
1	客番号	到着時間	所要時間	開始時間	終了時間	待ち人数	待ち時間
2	1	0:10:00	2	0:10:00	0:12:00	1	0:00:00
3	2	0:13:00	10	0:13:00	0:23:00	1	0:00:00
4	3	0:16:00	9	0:23:00	0:32:00	2	0:07:00
5	4	0:20:00	6	0:32:00	0:38:00	4	0:12:00
6	5	0:27:00	3	0:38:00	0:41:00	4	0:11:00
7	6	0:28:00	1	0:41:00	0:42:00	5	0:13:00
8	7	0:29:00	1	0:42:00	0:43:00	4	0:13:00
9	8	0:37:00	2	0:43:00	0:45:00	3	0:06:00
10	9	0:40:00	2	0:45:00	0:47:00	2	0:05:00
11	10	0:41:00	10	0:47:00	0:57:00	1	0:06:00

図 10.10 ▶ 到着時間と所要時間がランダムな場合のシミュレーション結果

(3) 到着時間・所要時間が確率的で分布をもつ場合

(2) では到着間隔と所要時間がランダムな場合としていたが，実際には指定する範囲で一様に乱数を発生させる**一様分布**に従った確率的シミュレーションを行っていた．以下では，より現実的な**正規分布（ガウス分布）**に従う場合を考えてみよう．

正規分布は最も代表的な確率分布の一つであり，正規分布に従うと考えられる例は非常に多い．ここでは，到着過程とサービス過程が正規分布に従うと考えた場合における待ち行列のシミュレーションを，表計算ソフトウェアで実行してみよう．

正規分布においては，分布の中心である平均と分布のばらつき具合を表す標準偏差それぞれの値によってその分布の形が決まる．そこで，図10.10に，**図10.11**に示す，到着時間・所要時間それぞれの平均・標準偏差を入力するセルを追加する．

H	I	J	K
到着時間の平均	到着時間の標準偏差	所要時間の平均	所要時間の標準偏差
10	2	10	2

図 10.11 ▶ シミュレーションで用いるパラメータ

さらに，図10.10に対して次の操作を行う．

・B2に式`=TIME(0, NORMINV(RAND(),H$2, I$2), 0)`を入力する
・C2に式`=ROUND(NORMINV(RAND(), J$2, K$2), 0)`を入力し，C3からC11にコピーする．
・B3に式`=B2 + TIME(0, NORMINV(RAND(),H$2, I$2), 0)`を入力し，B4からB11にコピーする．

シミュレーション結果を**図10.12**に示す．到着時間は平均10分としているが，必ず10分ごとに客が到着するわけではなく，ばらつきが出ていることがわかる．その一方で，10分に近い間隔で到着している客が多いこともわかる．所要時間についても同様に，サービスに10分を中心としたばらつきが出ていることがわかる．

	A	B	C	D	E	F	G
1	客番号	到着時間	所要時間	開始時間	終了時間	待ち人数	待ち時間
2	1	0:10:00	11	0:10:00	0:21:00	1	0:00:00
3	2	0:18:00	10	0:21:00	0:31:00	1	0:03:00
4	3	0:28:00	13	0:31:00	0:44:00	1	0:03:00
5	4	0:36:00	9	0:44:00	0:53:00	1	0:08:00
6	5	0:45:00	11	0:53:00	1:04:00	1	0:08:00
7	6	0:55:00	11	1:04:00	1:15:00	2	0:09:00
8	7	1:03:00	11	1:15:00	1:26:00	2	0:12:00
9	8	1:12:00	8	1:26:00	1:34:00	2	0:14:00
10	9	1:23:00	11	1:34:00	1:45:00	2	0:11:00
11	10	1:31:00	10	1:45:00	1:55:00	1	0:14:00

図 10.12 ▶ 到着時間と所要時間が正規分布の場合のシミュレーション結果

今回の設定では，到着時間，所要時間とも平均と標準偏差を同じ値に設定しており，それぞれのばらつきが少ないことから，ほとんど待ちがない状態で推移しているので，これらの値を変えてシミュレーション結果がどのように変化するか確かめてみよう．

また，RAND() 関数は，シートが再計算されるたびに 0 以上 1 未満の範囲の中で異なった値が出力されるので，それに応じて到着時間や所要時間も変わる．したがって，設定した平均や標準偏差が変わらなくても，シートが再計算されるたびにシミュレーション結果が変化する．シートの再計算を複数回実行して結果がどのように変化するかについても確かめてみよう．また，ここまでのシミュレーション結果は，数値を保持した表データとして表しているが，この表をもとに時間変化に伴う待ち人数の推移をグラフで表すことによって，混雑状況を直観的に把握しやすくなる．図 10.12 の結果における待ち人数の推移を表すグラフを作成して混雑状況を確認してみよう．

高度なシミュレーション

シミュレーションは，私たちの暮らしの身近なところでも役に立っている．

天気予報をほぼ毎日のようにみて，予報に応じてその日の服装を決めたり，傘を持っていくかを決めたりと，状況に応じて助けられている人も多いことであろう．天気予報では，気象シミュレーションによって将来の天気や気温などを予測している．天気は地球上の大気の振る舞いによって変化している．大気には水蒸気が含まれており，それが気温や気圧の影響を受けて雲が形成され雨が降るといった気象現象が発生する．大気の振る舞いは自然現象であり基本的に流体力学などの物理法則に従っているので，これを数理モデルとしてモデル化することが可能である．しかしながら，気象は，つねに整然としているわけでなく無秩序であり，大気の振る舞い自体の複雑さにより厳密な予測は困難である．例えば，台風が想定外の進路をたどる，局所的に強い雨が降る（ゲリラ豪雨）等は，単純なモデルだけでは十分な予測を行うことが難しい．このため，気象衛星から送られてくる観測データや地球上の各地に設置された気象観測所等からのさまざまな観測データが必要である．さらに，予測したい気象現象の内容によっては，これらのデータに対する膨大な量の過去の統計データを利用したりすることによって予測精度を向上させている．

都市部を中心として慢性化している交通渋滞や，突発的に発生する交通事故などの道路交通において発生する現象は，私たちの生活にとって身近な社会現象の一つである．交通渋滞の緩和や交通事故の防止，またはそれらに付随して起こる環境汚染の予測や対策を講じる手段としてもシミュレーションは有効である．道路交通シミュレーションを行う場合，車両の流れ（交通流）全体を一つの流体と考えて，**流体モデル**として実現する方法や，主に人工知能分野で研究されている**マルチエージェントシステム**としてモデル化する方法の研究・開発が進んでいる．マルチエージェントシステムでは，車両1台1台を，自律的に意思決定を行うエージェントとして，その車両の挙動（周囲の環境の認知やそれに応じた加減速や右左折動作などの行動）をモデル化する．車両同士の相互作用の結果，形成される交通流のなかで渋滞等の交通現象が発現する（**図10.13**参照）．

図10.13 ▶ 道路交通シミュレーションの例（事故現象の発生）

最近では，高度道路交通システム（ITS）と呼ばれる交通に関係するさまざまな情報を扱うシステムと連携しながら，交通渋滞や交通事故の予測，騒音やCO_2排出による環境汚染予測などに利用されている．また，10.3節**2**で取りあげた待ち行列モデルも道路交通シミュレーションを利用した交通計画と密接な関係がある．例えば，高速道路や有料道路の料金所においてETC*7レーンと非ETCレーン（一般レーン）をどの程度の割合で配置・設計するかなどは，待ち行列モ

*7 Electronic Toll Collection System：電子料金収受システムといい，高速道路や有料道路の料金所をノンストップで通過して料金を自動で収受できるシステム

デルでシミュレーションを行うことでさらなる渋滞緩和や大気汚染の問題の解消に繋がる可能性があろう．

これらの高度なシミュレーションにおいては，対象や条件が大規模であるほど，計算や考慮すべき要素が増えるため，ハイパフォーマンスコンピューティング（HPC）といった，より高性能なコンピュータシステムやより多くの計算資源が必要となる場合がある．例えば，上記にあげた気象シミュレーションでは，大気の振る舞いの予測精度向上のために膨大な量の観測データを処理しなければならない．交通シミュレーションにおいて，マルチエージェントシステムを用いて車両1台の振る舞いや挙動をモデル化した場合，シミュレーションを行う領域の大きさや車両の台数によっては非常に多くの計算量が必要になってくる．また，シミュレーションの経過や結果をCG等で可視化する際には，より高速なグラフィクス描画を実現する計算機環境も必要である．

計算機を用いたシミュレーションは，モデル化のための数学的知識やシミュレーションを実行するためのコンピュータやプログラミングの技術や知識が必要とされることがあるため，主に工学系分野において活用される場面が多い．しかしながら，10.2節でも触れたように，シミュレーションの対象は，自然現象から社会現象に至るまで非常に多岐にわたっている．社会現象に至っては，人間の意思決定に関わる事象のほぼ全てがシミュレーションの対象になり得るといってもよい．新製品のマーケティングや市場予測など，社会学や経営・経済学分野などでもシミュレーションが広く活用されており，これらのいわゆる文系分野においてもシミュレーションを活用するための知識や技術を得ることは非常に有益であろう．

演習問題

問**1**　モデルで表現されていると思われる身近な例を挙げよ．

問**2**　本章であげた例以外で，シミュレーションが利用されていると思われる身近な例を挙げよ．

問**3**　10.3節**1**であげた運動方程式およびPythonプログラムを拡張して，初速度v，投射角度θで物体が移動する（放物運動）とき，時刻tごとの距離xと高さhの変化の様子を確認せよ（ただし，空気抵抗等は考えなくてよい）．

問4　身近な現象で待ち行列モデルで表現できると思われる例を三つ挙げよ．

問5　指数分布について調べ，10.3節2の「(3) 到着時間・所要時間が確率的で分布をもつ場合」のシミュレーションの所要時間を指数分布に修正し，シミュレーションを行え．

問6　サービスを提供する窓口が複数（例えば，二つ）になったときのシミュレーションを行えるように，表計算ソフトのシートを作成せよ．

データ科学と人工知能（AI）

ここでは，人工知能（Artificial Intelligence：AI）がどういったものであるのかを，身の回りの製品，人工知能の歴史，現在の人工知能を支える要素技術等から多面的に解説する．特に，現在の人工知能ブームの中心にある機械学習といったデータ科学（データサイエンス）分野の進展について説明し，今後ますます人工知能の導入がすすむ社会とその中での生き方について考察する．

1 人工知能とは

最近，ニュースや CM 等で**人工知能（Artificial Intelligence：AI）**という言葉をよく耳にする．人工知能とは，その名のとおり「人工的に作られた知能」のことだが，具体的にどういったものなのかがわかりづらいかもしれない．「人工」という言葉は人間の手によって作られたという意味で，人工知能における「人工」には「コンピュータのプログラミングにより作られたもの」という意味が込められている．人工知能はそのプログラミング技術を用いて作られたコンピュータの賢さ（知能）であると捉えることができる．一方で，身の回りにある電化製品の多くに特定の処理を行うためのプログラムが実装されているが，それらの多くは人工知能であるとはいえない．人工知能には，ある種の「人間の賢さ」を実現している必要がある．

では，人工知能における知能，賢さとはどういったものだろうか．実は，その定義は難しく研究者の間でも定まっていない．現在使われている人工知能という言葉には，それまで人間にしか実現できないと思われていた「賢さ」（知能）をコンピュータ上で実現したものという共通認識があるので，本書もその共通認識を前提として人工知能について解説していく．

近年，人工知能は大きな飛躍を見せ注目されているが，その背景にはインターネットを通じて膨大なデータを収集し活用できるようになったこと，コンピュータの性能が上がり，より膨大なデータを高速に処理できる計算機環境が整ってきたこと，得られたデータの処理や解析に関する手法が「データ科学」（データサイエンス）として大きく進展したことがある．

本章では，身近な人工知能技術について触れた後，人工知能の歴史としてその時々の計算機を取り囲む状況と人工知能やデータ科学に関する技術について説明する．そして最後に人工知能が普及しつつある現在，人工知能が社会で活用され始めたこれからの世の中，社会について考えていく．なお，これ以降，固有名詞として用いる場合を除き，人工知能のことは略称である AI と表記して説明する．

2 身の回りの人工知能（AI）

AIスピーカーやロボット掃除機，自動運転技術が組み込まれた車等AIを搭載した商品が身近な存在となってきた．実は，AIは身の回りの製品だけではなく，インターネットの分野でも広く使われている．最近，自動翻訳やチャットボット（秘書もしくはオペレーターのようにチャットのやりとりを通じて質問に答えてくれたり，要望に応えてくれるプログラム）等身近にAIの進歩を感じるサービスを利用した経験があるだろう．

ここでは，身の回りにあるAIを搭載した機器や製品を紹介しつつ，その中に組み込まれているAI技術に焦点を当てながら説明する．

1 AIスピーカー（スマートスピーカー）

スマートフォンやタブレットにも搭載されている「音声アシスタント」というもので，代表的な製品，サービスとしてはSiri，Alexa，Google Assistant，LINE Clova等がある．

これらのAIスピーカーにはそれぞれ独自のAIプログラムが組み込まれ，その全てのプログラムには「音声アシスト」という話しかけに返事をしてくれる仕組みが備わっている．これらの返答は，インターネット上の遠隔にある高性能コンピュータからの処理結果に基づいている．その中には「機械学習」（特に，「ニューラルネットワーク」），「音声認識」，「自然言語処理」と呼ばれる仕組みが組み込まれ，人間の話し言葉を聞き間違えないように，またできるだけ適切な返答となるように工夫されている．これまでキーボードや画面を操作して質問する必要があったのに，このAIスピーカーでは話し言葉で質問したり要望したりすることができ，人間の応答と完全に同じレベルとはいえないものの，ある程度の柔軟性をもって対応してくれる．

2 自動運転・運転支援技術

2016年に日産が「プロパイロット」という**自動運転技術**を搭載した車を発売して以降，自動運転・運転支援システムを搭載した車は爆発的に増えた．いまや新しく発売される車の多くに何らかの自動運転・運転支援システムが搭載されるまでになった．「プロパイロット」では，運転者責任のもとで一定の条件下での運転支援を実現するもので，ドライバーはハンドル操作，アクセル・ブレーキ等一切を行う必要はない．

一方，自動運転・運転支援技術については，その安全対策や後述する事故が起こったときの責任等特有の課題も見えてきた．ここでは自動運転技術のレベル分けと現状について説明する．

自動運転技術はその内容によりレベル0から5までの6段階に区分されている．この自動運転レベルの定義は，アメリカのSAE Internationalという非営利団体が策定したものが基となっており，内閣府SIP（戦略的イノベーションプログラム）もその定義にならっている．この6段階レベルの具体的な中身についてまとめたものを**表11.1**に示す．6段階レベルのうち，レベル1と2は運転支援であり，自動運転を実現するレベル3～5とは明確に区分されている．以下に，各レベルの内容について解説する．

表11.1 ▶ 自動運転技術レベル[1]

レベル	内　容
レベル0	ドライバーが全てを操作（運転支援・自動運転技術なし）
レベル1	ステアリング操作か加減速のいずれかをサポート（限定された運転支援）
レベル2	ステアリング操作と加減速の両方が連携して運転をサポート
レベル3	特定の場所で全ての操作が自動化（緊急時はドライバーが操作）
レベル4	特定の場所で全ての操作が自動化（緊急時もシステムが対応）
レベル5	場所の限定なく全ての操作が自動化

レベル0は，運転タスクの全てをドライバーが行うものであり，後方死角検知機能やABS（アンチロック・ブレーキシステム）等は運転操作には介入しないので，レベル0に該当する技術となる．

レベル1は，一定の車間距離を保つための加減速技術ACC（アダプティブ・クルーズ・コントロール）や車線を逸脱したときのステアリング操作補助等が該当する．ステアリング操作と加減速の支援システムが相互連携しない技術がレベル1に該当する．

レベル2は，ステアリング操作と加減速の支援システムが相互連携する技術であり，高速道路上での渋滞時追従支援等がこのレベルに該当する．2020年4月に道路交通法が改正される以前では，このレベル2が日本の公道最高水準の技術であり，前述の日産の「プロパイロット」もこのレベルとなる．

自動運転となるレベル3は，高速道路等特定の場所に限り交通状況を認知し運転に関わる全ての操作を行う（自動運転）．ただし，緊急時やシステムが作動困難になった場合にはドライバーが対応する．前述のとおり，2020年4月の道路交通法改正により，日本でもレベル3の自動運転が実現できるようになった．

レベル4は，レベル3と同様，特定の場所に限り自動運転を実現する技術ですが，緊急時もシステムが対応するようになる．さらに，レベル5となると場所の限定なくシステムが全て自動運転を行うようになり，ドライバーが不要となる完全な自動運転技術となる．このレベル5ではアクセルやハンドルも不要となるため，車内のデザインも大きく変わることが予想される．

現在，多くの自動車やIT関連企業が中心となりレベル4もしくはレベル5の自動運転を実現するため日夜研究を進めているが，その鍵を握っているのがAI技術である．自動運転・運転支援を実現するためには，障害物や歩行者の動きを知覚するセンサーおよびセンサー情報から状況を認識する「認識技術」が必須だが，高精度な認識を実現するためには最新のAI技術を活用する必要がある．また，事故のリスクや危険可能性を予測する予測技術や，状況に応じた走行ルートを決定するプランニング技術等でもAI技術が必須となるため，今後の自動運転実現のためにAIはますます重要な役目を担うと考えられる．

一方，自動運転技術において大きな問題となるのは，事故が起こったときの責任，およびそのための法律を含めた社会整備である．表11.1におけるレベル1と2が運転支援であり，レベル3以降が自動運転と説明したが，両者の最も大きな違いは事故を起こしたときの責任の所在である．運転支援システムは，あくまで運転の支援のためのもので，事故の責任はドライバー側となるが，自動運転における事故の責任は車側になるといわれている．そのため，道路交通法の改正によるレベル3の自動運転の許可に際しては，自動運転の利用を前提に，その利用条件や利用中のドライバーの責務などが調整された．

3 ゲームAI

将棋や囲碁，チェスといったボードゲームの中でも**完全情報ゲーム**[*1]に分類されるゲームにおいて，AIがその分野のトップもしくはトッププレイヤーを負かしたというニュースを聞いたことがあるだろう．このようなAIは特に，**ゲームAI**と呼ばれ，1997年にDeep Blueが当時のチェス世界王者を破って以来，大

＊1　手札の内容がそのプレイヤーにしかわからないトランプゲームとは異なる，全ての情報が開示されているゲーム．

きな注目を集めている．ゲームAIの歴史は古く，コンピュータチェスの研究が開始されたのはAIの研究が始まって間もない1950年代で，すでに60年以上の歴史がある．**表11.2**に代表的なボードゲームにおけるAIの歴史をまとめたものを示す．

表11.2 ▶ 代表的なボードゲームにおけるAIの進歩[5]

ボードゲーム名	探索空間の広さ（総変化数*2）	AI vs 人間
オセロ	$\sim 10^{60}$	1997年，NEC北米研究所で開発されたLogistelloが当時の世界王者，村上健に6連勝の完全勝利
チェス	$\sim 10^{120}$	1997年，IBMのDeep Blueがチェス世界王者のガルリ・カスパロフに6戦中2勝1敗3引き分けの僅差で勝利
将棋	$\sim 10^{220}$	2016年，第1期電王戦においてPonanzaが山崎隆之叡王（八段）に2戦2勝
囲碁	$\sim 10^{360}$	2017年，Google DeepMindによって開発されたAlphaGoが当時の世界トップ棋士，柯潔（かけつ）との3番勝負で3局全勝

表11.2の探索空間の広さとは，可能な局面の数であり，最も狭いオセロでも10^{60}もあることがわかる．もし，毎日100試合を100年間続けたとしてもその試合数は約365万であり10^7にも届かないため，ボードゲームの探索空間がいかに膨大であるかがわかるだろう．

このようにボードゲームは探索空間が非常に広いため，力任せに可能な局面を全て探索する方法では最良の手を見つけることが難しく，AI（コンピュータ）が人間に勝つことはもっと遠い未来の話だと考えられていた．しかし，将棋の分野でPonanzaがトップ棋士を圧倒し，最も人間に勝つのが困難と思われていた囲碁の分野においても**AlphaGo**が世界トップ棋士に完勝したため，今後人間がAIに勝つことは難しいだろうと考えられている．

中でもAlphaGoは，その後も進化を続けており，学習用に人間の対局データ（既存の棋譜）を必要としない**AlphaGo Zero**を発表し世間を驚かせた．これまでのゲームAIは，既存の棋譜を用いて学習することで効率良く賢さを身につけていた．しかし，AlphaGo Zeroは自身で試行錯誤をしながら訓練する仕組みだけで，

*2 出現し得る盤面の変化手順の総数．大きいほど先を読むのが難しくなる．

これまでの AlphaGo のどのバージョンと比較しても優れた強さを実現した[*3]．

この自己学習の仕組みは強化学習と呼ばれる学習を応用したもので，教師データと呼ばれるお手本となるデータを必要とせず，シミュレーション上での試行錯誤を通じて賢さを会得する．これまでのゲーム AI では，質の良い学習を実現するため教師（お手本）となるデータを多数必要としていた．しかし，AlphaGo Zero はこの強化学習の仕組みを上手く応用することで教師となるデータがなくても高性能な AI が実現できることを示した．

さらに，AlphaGo は進化を遂げ，囲碁だけでなくチェスや将棋においてもまったくおなじアルゴリズム（方法）で各ボードゲームの世界チャンピオンプログラムを上回るプログラム，**AlphaZero** を発表した．AlphaZero は二つの点で AI 研究者に衝撃を与えた．一つ目は，囲碁だけなく他のボードゲームにおいても同じアルゴリズムで驚異的な強さを実現した点である．それぞれのボードゲームには固有の特徴があるため，効果的な AI を実現するためにはそれぞれのゲームごと特有の設計を行う必要がある．しかし，AlphaZero では AlphaGo Zero を囲碁以外にも幅広いゲームに適用できるように汎化し，実際に異なる主要なボードゲームにおいて圧倒的な性能を実現したことである．二つ目は，それぞれの問題に特化させるために要した学習時間の短さである．それまで，これらのボードゲームの世界トップレベルの AI を実現させるためには数十日，ときには数か月という膨大な学習時間を必要としていた．しかし AlphaZero は，将棋で 2 時間，チェスで 4 時間，囲碁で 8 時間たらずの学習時間でそれぞれの分野のチャンピオンプログラムを上回る性能を実現した．

上記で紹介したゲーム AI は，単に人間を打ち負かしただけでなく，それぞれのボードゲームの分野で新たな変革のきっかけを与えている．ゲーム AI は，これまでの常識では考えられなかった特殊な手を多用しその強さを発揮した．プロの将棋，囲碁の棋士はゲーム AI のこれまでにはない手を学び，それらをもとに新たな定石を作り出す等戦法の幅を広げるためにゲーム AI を活用している．また，ゲーム AI を通じて培われた技術は，ボードゲーム以外の分野でも活用できると考えられており，今後はボードゲーム以外の身の回りの製品やサービスへ展開されることが期待されている．

＊3　もともとの AlphaGo にも強化学習の要素は組み込まれていたが，初期の学習段階で教師となるデータによる学習を行っていた．AlphaGo Zero は強化学習の部分をさらに改良し，全ての学習過程で教師データを使用しないよう改良された．

11-3 人工知能（AI）の歴史

人工知能という言葉には50年以上の歴史がある．1956年の夏にアメリカ・ダートマス大学において「ダートマス会議」という学習や知能を機械上に模擬するための研究について話し合う研究会議が開催された．その会議中，まだ定まっていなかったこの研究分野の名称を決める際，主催者であったジョン・マッカシーが選んだのが「人工知能（AI）」という新しい用語である．この会議以降，AIという言葉は急速に普及し，コンピュータ上で人間の賢さを実現しようとする研究が世界的に広がっていった．

AIの歴史の中では，大きく三つのブームがあったといわれている．三つのAIブームおよびそれぞれブームにおける主な技術，出来事を示したAIの歴史を**図11.1**に示す．実際には情報技術は常に発展しており，それぞれのブームとブームの間（図11.1中における冬の時代）にも次のブームに繋がる重要な発見がされているが，ここでは三つのブームに分けて解説する．

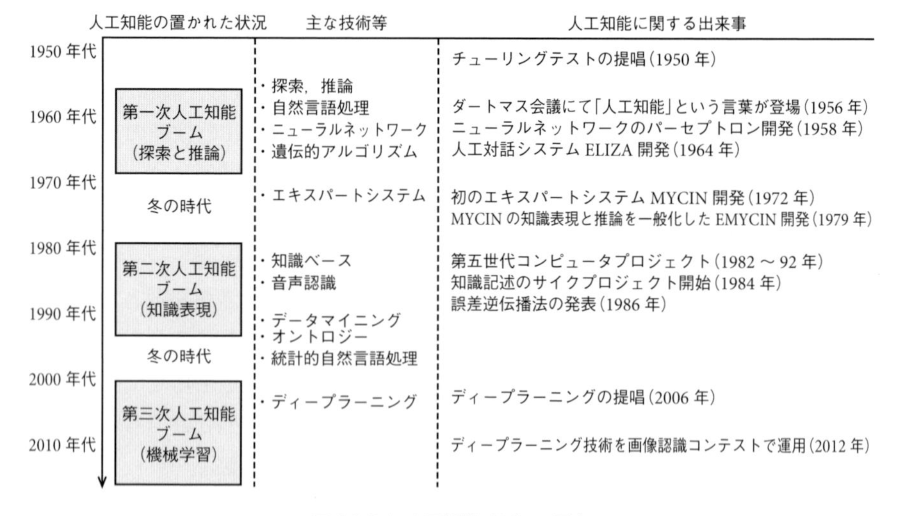

図11.1 ▶ 人工知能（AI）の歴史
出典：総務省「ICTの進化が雇用と働き方に及ぼす影響に関する調査研究」（平成28年）

1 第 1 次 AI ブーム

第 1 次 AI ブームは，コンピュータの誕生から間もない 1950 年代で，1956 年の**ダートマス会議**においてコンピュータを使って人間のような知性を再現する研究の名称として「人工知能（AI）」が採用され，広くその言葉が普及する．

この第 1 次 AI ブームの中心にあったのは**探索**と**推論**という二つの手法である．探索とは，ある状態から目的の状態へと変化をもたらす一連の行動を探し出すことであり，チェスやオセロ等のゲームにおいてもっとも最適な手を見つける際，迷路等でゴールにたどり着くための経路を見つける際等に用いられる．一方，推論とは既知の知識や事実をもとに未知の事柄を推し量り，明らかにすることである．よくクイズ番組等で，ヒントを少しずつ出していき正解を推理するスピードを競うものがあるが，その推理こそまさに推論となる（推論の詳細については 11.5 節 2 を参照）．

この二つの手法，探索と推論に関するアルゴリズムの発展により，シャノンのチェスプログラムやハーバート・サイモンとアレン・ニューウェルらによる「ロジック・セオリスト（Logic Theorist）」といった当時としては画期的なプログラムが数多く発表された．

シャノンのチェスプログラムは，駒の価値，位置等を総合的に考慮した「局面」の良し悪しを評価する関数を定義し，その後のゲーム展開も考慮したうえで関数の評価値が最も高くなるような手（最良と思われる手）を探索するというものである．それまでの網羅的に考えられる手を探すアプローチとは異なる画期的なものであった．このチェスプログラムは，その後のコンピュータ思考プログラミングの原典となったといわれている．

また，ロジック・セオリストは，数学の名著『数学原理（Principia Mathematica）』に掲載されている幾つかの定理を自動で証明するというものであり，それまでの単純な四則演算処理とはまったく異なる人間の問題解決を模擬するものである．このプログラムは，当時世界初の人工知能プログラムと称され，その後の AI 研究に多大な影響を与えた．

上記以外のこの時期における興味深い成果としては，1966 年にジョセフ・ワイゼンバウムにより発表された文字で会話できる ELIZA（イライザ）というプログラムがある．前節で紹介した「音声アシスタント」にも繋がる自然言語処理に関する研究だが，その中身は非常に単純で，簡単な構文解析を行い，抜き出したキーワードを決まり文句に埋め込んで出力するというものだった．当時のコンピュータでは，実世界における知識を実装する技術も容量もなかったため，内容は理解していなくても人間の応答のように見える一般的な応答を返すことを目的としていた．例えば，「お腹が痛い」といえば「なぜ，お腹が痛いのですか？」と返す等，中身を理解していなくても会話しているかのように見える会話パターンを複数用意し，人間らしい返答を実現していた．ただし，実際には入力した文章の中身は理解しておらず，想定した限られた質問にしか答えられないものだった．その後，会話の中身を理解せずに意味があるような返答するプログラムを人工無能と呼ぶようになるが，ELIZAはその起源となったといわれている．

また，2010年以降の第3次AIブームを牽引する**深層学習**（**Deep Learning**：**DL**）の原点ともいえる研究が始まったのもこの時期である．「**形式ニューロン**」と呼ばれる人間の脳の神経細胞（ニューロン）をコンピュータ上で模倣した表現方法が1943年にウォーレン・マカロックとウォルター・ピッツにより発表された．形式ニューロンは，その後，1957年にフランク・ローゼンブラットにより提案された学習から機能を獲得するパーセプトロンへと拡張され，1960年代の**ニューラルネットワーク**（**Neural Network**）ブーム，さらには第3次AIブームを牽引する深層学習へと繋がっている．深層学習を含めたニューラルネットワーク技術は，**帰納的推論**の代表的な手法であり，その原点ともいえる手法が提案されたこの時期は，帰納的推論の黎明期といえる（学習に関する詳細は11.5節 4 を参照）．

第1次ブームの当時，コンピュータ黎明期であったこともあり20年以内に人工知能プログラムは実現されるだろうと楽観的に考えられていた．実際，このブームの中，幾つもの画期的なアルゴリズムが提案され，一見知的な活動を行えるようになった．しかし，実用に繋がる高度な賢さを実現するための困難性，例えば必要となる計算処理が問題の大きさに対して急激に増加する問題（指数関数的な問題）の発見，常識的知識を実現する難しさ，後述するフレーム問題等が幾つも明らかになった．一方で，当時のコンピュータの性能が非常に低く扱える問題規模がごく小規模なものに限られていたということもあり，第1次AIブームは1970年代後半には下火となり，第1次冬の時代と呼ばれる時代を迎える．

2 第2次AIブーム

AI冬の時代とよばれる1970年代において，その後の第2次AIブームの火付け役となる非常に重要な要素技術「**エキスパートシステム**」が提案される．エキスパートシステムは，ある特定の分野に限定した知識をプロダクションルール

（別名，If-Then ルール）と呼ばれる新たな知識表現方法で表すことで，中身を理解した賢さを実現しようとした．エキスパートシステムは，その名のとおりある限定された分野，特に医療等の専門性の高い分野での判断支援を目的とした．

エキスパートシステムが実装された初期の代表的な事例として，血液中のバクテリア診断および治療のための薬剤提案を目的に 1972 年スタンフォード大学で開発された「**MYCIN**」がある．MYCIN では，単純な「はい／いいえ」，もしくは文章で答える幾つかの質問を通じて，疑われる細菌名の候補リスト，それぞれの信頼度，推論の理由および推奨される薬剤を出力してくれる．実際，スタンフォード医学部での実証調査によると MYCIN の診断正答率は 65％であり，細菌感染の専門でない医師よりも良いが，専門医の正答率 80％よりは悪いというものだった．この結果は，これ以前の推論システムを用いた場合の結果を大きく上回っており，性能面からは成功といえるものだったが，間違った診断を下した際の責任の所在等の問題があり，MYCIN が実際の医療現場で使われることはなかった．

しかし，エキスパートシステムはその高い性能により，初めて成功を収めた AI ソフトウェアと呼ばれ，1980 年代に入り実問題を解くための実用的なツールとして広く活用される．このエキスパートシステムが牽引役となり，1980 年代から 90 年代にかけて第 2 次 AI ブームが起こる．

ここで，エキスパートシステムの核となる知識表現，プロダクションルールについて簡単に説明する．プロダクションルールでは，知識を「もし（If）○○ならば（Then）■■」という形式の自然言語の規則で表現する．この規則では，○○の部分には条件が，■■の部分には何らかの行動が入るため，「条件－行動」が対になったものと見ることができる．プロダクションルールは，知識を自然言語的に表現できるうえ，組合せがしやすく，複数の条件が必要となる場合においても容易に対応することができる等の利点があり，現在でも幅広い分野で活用されている．

第 2 次 AI ブームは，エキスパートシステムにおけるプロダクションルールのように人間の知識をコンピュータで扱えるようにした知識表現という要素技術が中心となり，盛り上がりを見せた．知識表現とは，推論を導くための知識をコンピュータで扱うための形式的な表現についての学問分野であり，プログラミング的な視点から見ると「知識を扱うためのデータ構造（データの型）」と捉えることができる．知識表現の研究が進み，演繹による推論の前提（公理）として大量の知識をコンピュータに与えることが可能となったことで，対象や領域が限定され知識がルールとして形式化しやすい問題に対してエキスパートシステムは一定の成果を挙げることができた．この知識を工学的に取り扱い，コンピュータにより高度な問題解決を図る知識工学という学問分野が脚光を浴びたのもこの時代である*4.

条件にルールを適用して推論する演繹的手法に基づくエキスパートシステムが脚光を浴びる一方，データから学習する帰納的推論に基づくニューラルネットワーク，もしくは**人工ニューラルネットワーク**（**Artificial Neural Network：ANN**）の分野でも大きな進展があった．それは，**誤差逆伝播法**（**Backpropagation**）と呼ばれるニューロンの重みを期待する出力値となるよう修正するための方法論の再発見である．誤差逆伝播法に関する研究はすでに幾つか発表されていたが，1986 年のデビッド・ラメルハートらの再発見により広く普及した．誤差逆伝播法の実現により，「入力と出力の関係をニューラルネットワークが学習する」ことが可能となり，この時期下火となっていたニューラルネットワークが再び注目を集めるきっかけとなる（詳細は，11.5 節 **5** を参照）.

また，第 2 次 AI ブームを陰で支えた情報分野の発明として 1970 年代に開発されたマイクロプロセッサ（Microprocessor）の存在がある．マイクロプロセッサは，CPU 機能を一つの半導体チップに集積したもので，その代表的な用途がコンピュータにおける CPU である．1971 年にインテルが世界初のマイクロプロセッサ「Intel 4004」を開発して以降，マイクロプロセッサは計算機の飛躍的な性能向上に大きく貢献している.

この第 2 次 AI ブームの時代，日本でも**第 5 世代コンピュータ**という非常に大きな官民を挙げた国家プロジェクトが動いていた．通商産業省（現在の経済産業省）が中心となり当時 570 億円という巨額の予算が投じられ，演算処理等を行う従来のコンピュータとは異なる非ノイマン型（並列推論型）の人工知能型コンピュータを実現しようとする目標のもと日本中の AI 研究者，関連企業を巻き込み進められた．このプロジェクトでは，当時，世界最速の推論コンピュータを実現する等の成果は挙げられたものの，実社会への応用に繋がる成果はほとんど出すことができずに終わった．このようにエキスパートシステムやニューラルネットワークを代表として盛り上がりを見せた第 2 次 AI ブームだが，1990 年代には再び下火となり 2 回目の AI 冬の時代へと突入することとなる．これは，エキス

*4　知識工学は，1977 年にエドワード・ファイゲンバウム（Edward A. Feigenbaum）が提唱した研究分野.

パートシステムを含めた知識表現技術の限界が見えてきたこと，それにより適用範囲が非常に限定されてしまったことに起因する．具体的には，どうやって知識を集めるのか，その知識をどうやって定式化するのか，人間のような柔軟性をもった判断をどう実現するのか等の問題点がある．特に最後の問題点は「**フレーム問題**」として広く知られており，1969 年にジョン・マッカーシーとパトリック・ヘイズが指摘して以来，長らく議論されてきた大きな難問であった．

「フレーム問題」とは次のようなものである．現実にある問題をコンピュータで解く際には関係のあることだけに限定するため，ある種の枠（フレーム）を当てはめ枠の内（関係のあること）と枠の外（関係のないこと）に分ける必要が出てくる．しかし，不確実性を有するような現実の問題においてどこまでが枠の内であるのかを適切に設定することは難しく，そのような問題に対して AI は対応できないと指摘されてきた．フレーム問題自体は，無限の可能性がある中での枠の設定の難しさを指摘しているが，その本質は「人間のような柔軟性を有した判断の実現」がいかに困難であるかという指摘である．仮に考慮すべき事柄が有限であっても，ある程度の柔軟さをもった判断を実現するためには膨大な判断基準が必要となる．それら全ての基準を適切に抽出しコンピュータに設定すること自体が非常に困難なため，フレーム問題に内在する「柔軟な判断の実現」は長らく AI にとって大きな課題であった．

3 第 3 次 AI ブーム

1990 年代からの 2 回目の AI 冬の時代は 2000 年代まで続く．この 2 回目の冬の時代，コンピュータをとりまく私たちの環境は大きく変化した．

1995 年に Windows95 が発売され，パソコンユーザが一気に増えるとともに，1998 年に iMac が発売された頃からインターネットが普及し，パソコンを用いてインターネットを利用することが一般的となった．さらに，Google 等のインターネットを商用利用する IT 企業が 90 年代頃から立ち上がり始め，インターネットを通じた大量のデータ収集が可能となってくる．この動きは，インターネット環境のブロードバンド化，携帯電話からのインターネット利用，さらにはさまざまなものがインターネットに繋がる **IoT**（**Internet of Things**）*5 の登場等により加速される．そのような背景から，ビッグデータと呼ばれる膨大なデータが

*5 「もののインターネット」と訳され，アイオーティーと読む．IoT とは，ものがインターネット経由で通信する仕組みのことを意味する．

インターネットを通して取得できる環境が整い，機械学習やデータマイニング等の手法を用いて膨大なデータを扱うデータ科学（データサイエンス）の分野が大きく注目を集めることに繋がる．

1760年代にトーマス・ベイズにより発表されたベイズの定理に基づく**ベイズ統計学**[*6]が1980年代後半からAIの分野でも活用されるようになったこともあり，「**機械学習（Machine Learning）**」という分野が大きく発展する．機械学習とは，その名のとおり「機械（コンピュータ）」が「学習」する技術・手法の総称であり，「明示的にプログラムしなくても自ら学習する」という特徴を有する．前述のニューラルネットワークはまさに機械学習の代表格であり，第3次AIブームの中心にいる深層学習はニューラルネットワークを発展させたものである．

深層学習は，ニューラルネットワークにおける階層を深めた学習手法であり，2006年にジェフリー・ヒントン（Geoffrey Everest Hinton）らによって提案された論文が起源といわれる．この深層学習は，2012年のILSVRC（ImageNet Large Scale Visual Recognition Competition）という画像認識に関する大会において，ヒントンらが率いるトロント大学のチームが2位以下に10％以上の正解率の差をつける圧倒的な性能で優勝したことで脚光を集める[*7]．また同年，Googleが深層学習を基盤技術として採用し，YouTube上の1000万という膨大な画像を用いて猫を自動で認識するAIを発表したことも大きなニュースとなった．これらのことから，深層学習がこれまでの機械学習にはない高度な学習能力（認識能力）をもっていることが示され，こぞって研究開発されるようになる．

深層学習の最大の特徴は，その高い学習性能とデータから直接，特徴量を計算できる点にある．データの特徴量とはデータの特徴を定量的に表現した値であり，従来の機械学習では，データに含まれる膨大な特徴の中から学習に必要な特徴量を人間が試行錯誤的に定義しなければ性能の高い学習器は作成できなかった．しかし，深層学習ではデータに含まれる全ての特徴量を入れると自動的に有用な特徴量を作成し，高性能な学習器を作成してくれる．また，膨大なデータを用いて学習を行うため，そのデータに含まれる範囲内であれば（ある程度）対応可能な学習器を実現することができ，これまでの機械学習にはない柔軟性を有し

---

*6　ベイズ統計とは，事前に確率を設定（仮定）しておき，情報が入るたび「その時点での確率」を更新する主観確率を扱う．データの追加に対する修正のための計算コストが低いという特徴をもつ．

*7　この大会では通常，コンマ何％の正解率の差で競うので，10％以上の差というのは信じられない結果であった．

ている点も深層学習の重要な魅力といえる．

一方，深層学習にも弱点がある．最大の弱点は，質の良い学習器を作成するためには膨大な質の良いデータが必要という点である．従来のニューラルネットワークを含めた機械学習手法でもある程度のデータは必要だったが，深層学習が必要とするデータ数は（問題にも依存するが）その数倍，場合によっては数十倍となる．これは，多層ネットワークからなる学習器自体のサイズが大きいこと，特徴選択部分も含めた学習を前提としているため入力として扱う次元数が大きいこと等がその理由である．そのため，深層学習を用いて高性能な識別器を実現するためには，信頼できる膨大なデータを収集するところが非常に重要になる．また，一般的に学習のために必要となる計算量も他の機械学習と比べて膨大となる．多くの場合，通常のCPUに加えてGPU（Graphics Processing Unit）を使用することで計算時間を短縮化するが，それでも学習のために数時間，場合によって数日，数週間の計算を要することも珍しくない．

このように深層学習は，大量のデータと膨大な計算資源を必要とする．しかし，インターネット，およびIoTが普及したことによるビッグデータ取得の容易化，GPUを含めた計算機性能の向上という現在の状況だからこそ生まれた技術といえるかもしれない．

深層学習を代表とする機械学習によってもたらされた第3次AIブームの特徴は，AI技術が幅広い製品やサービスに活用され，これまでのブームにはない規模で実社会へ影響を及ぼしている点だ．また，第3次AIブームによるAI技術の進展に伴い，これまで人間にしかできないと思われていた認知機能を伴う仕事がロボットやコンピュータにより自動化される可能性が指摘される等，産業構造が大きく変化してしまうのではないかという不安も生み出している．

コンピュータ誕生と人工知能

世の中に初めてコンピュータと呼ばれる電子式計算機「ABC」（Atanasoff-Berry Computer）が登場したのは，1942年である．ただし，ABCは連立1次方程式を解くためだけに設計され，汎用性は全くなかった．汎用計算機という意味において世界初は「ENIAC」（Electronic Numerical Integrator and Computer，エニアック）であるが，こちらも別の計算を行うためにはいちから配線し直す必要がある等，汎用性の面で大きな問題を抱えていた．現在世に出回っているコンピュータは，プログラム内蔵方式（ストアードプログラム方式（Stored-program Computer））と呼ばれる，ハードウェアとソフトウェアが分離した非常に汎用性の高いものである．このプログラム内蔵方式の考え方がジョン・フォン・ノイマンにより報告された[3]（このため，プログラム内蔵方式を採用したコンピュータは，ノイマン型コンピュータとも呼ばれる）のが1946年，実際に世界初のノイマン型コンピュータ「EDSAC」が開発されたのが1949年であることから，一般的に汎用コンピュータの誕生は1940年代後半と考えられている．

一方，人工知能（AI）という言葉は，1956年のダートマス会議において誕生したといわれているが，それ以前から，機械に賢さをもたせようという発想や試みは行われていた．AIの発想の起源といわれるのが，1950年にアラン・チューリングが「計算する機械と知性」（Computing Machinery and Intelligence）という論文中で示した，知能をもつ機械というアイデアである．また，1951年のクリストファー・ストレイヤーの作成した「チェッカー」というボードゲームを行うプログラム，ディートリッヒ・プリンツの作成したチェスの一部の機能を行うプログラム等は，世界最初のAIプログラムといわれている．

つまり，コンピュータ誕生とほぼ同時期に「人間の賢さをコンピュータ上で実現する」という試みは始められており，AIの実現はコンピュータ誕生時からの人類の夢といえるかもしれない．

ちなみに，漫画家の手塚治虫の代表作に「鉄腕アトム」という漫画があるが，この作品が初めて雑誌に登場したのが1952年であり，汎用コンピュータが誕生し第1次AIブームが生まれようとするこの時期と重なる．鉄腕アトム誕生の時代背景には，コンピュータの登場と，人間のような賢さをもつコンピュータが出てくるかもしれないという世の中の期待があった．現在，鉄腕アトムの実現をAI研究の究極の夢とする日本人研究者も少なからずおり，AIと鉄腕アトムの不思議な縁を感じる．

人工知能（AI）により変わる世の中

これまで説明してきたように第3次AIブームでのAI技術の進展により，これまで人間にしかできないと思われていた知的作業がコンピュータ（機械）により実現されるようになってきた．ここでは，今後，さらに発展し，社会の中に浸透していくAIと私たち人間との関わりについて考える．

2013年，オズボーンらが今後20年以内に約半数の仕事がAIにより失われるかもしれないという内容の論文を発表し大きなニュースとなった[6]．その一方，AI化や自動化の浸透により（2011年時点で）小学校に入学した子供たちの65%は，現在存在しない仕事に就くといった予想（2011年，キャシー・デビッドソン）も発表されている[7]．これらの予想は，方向性は定かでないがAIが現在の産業構造に大きな影響を与え，私たちの働き方が変化せざるを得ないことを示唆している．

また，その他の興味深い話題として，カーツワイルが2006年に著者の中で発表した2045年に人類の**シンギュラリティ**（**技術的特異点**）が起こるという指摘がある[8]．技術的特異点とは，技術の進展がこれまでの想定外の早さとなることを意味しており，「2045年，人間は（AIを含めた）技術の進展により，進化の速度が想定外のスピード（特異点）となる」と指摘している．つまり，AIが人類の進化を一気に加速させる役割を担うだろうというものである．この予想がどの程度当たるかは誰にもわからないが，今後は「人間＋AI」で社会を支えていくといった考えをもっておく必要がありそうだ．実際，「**サイバーフィジカルシステム**」（**Cyber-Physical System：CPS**）と呼ばれる現実社会のセンサーネットワーク等の情報とインターネット上にある仮想空間（Cyber System）の強力な計算処理能力を結び付け，社会的な課題を解決しようとするサービスおよびシステムの開発がすでに始まっている．

現在，深層学習を代表とする最新のAIは幅広い分野で活用され，チェスや将棋といったボードゲームをはじめとする分野では人間の能力を超えた目覚ましい成果を挙げている．しかし，これらの製品やサービスに組み込まれているAIは，人間が工夫に工夫を重ねて実現していることを忘れてはいけない．日々進化するAIを実現しているのは，結局人間なのである．

圧倒的な計算量と記憶力，24時間休むことなく働くことのできるAIは，ルールが厳密に決まっている対象，数式化しやすい対象に対して強みをもっている．一方，新しくアイデアを考えたり，過去の事例がない・ルールが明確に決まっていないことに対応したりすることは，人間の方が優れているといえる．今後，AIをうまく活用し，より良い社会を作り出すためには，こういったAIの強みや弱みを理解したうえで，AIを含めた情報技術の利用方法をしっかり学んでおく必要がある．また，私たちの生きる社会にどのような課題があり，その解決にAIをどのように利用すれば良いのかという視点をもつことがこれまで以上に重要になってくるだろう．まずは，身の回りの製品やサービスにAIがどのように組み込まれ，どんな仕組みで動いているのか調べるところから始めてみよう．

11 5 人工知能（AI）に関するトピック

この節では，AIに関する基本的な事項，技術についてトピック的に扱う．

1 チューリングテスト

AIは，1950年代から始まった研究分野であるが，最初に問題となるのが「人間の知能とは何か，人間らしい賢さをどう定義するか」という点である．この根源的な問いに対して興味深いアイデアが提案された．それは，1950年にアラン・チューリングにより書かれた論文に由来する「チューリングテスト」である．チューリングテストでは，1機の機械（コンピュータ）Aと1人の人間Bを別の人間Cが正しく区別できるかが問題となる．具体的には，機械（コンピュータ）Aと人間Bのそれぞれが，人間Cとキーボードとディスプレイを用いて会話を行い，人間Cの一定数（3割）が，間違った推定（機械にも関わらず人間と推定）をしたら，合格，つまりその機械は人間並みの知能をもっているとみなせると判断する（**図11.2**）．

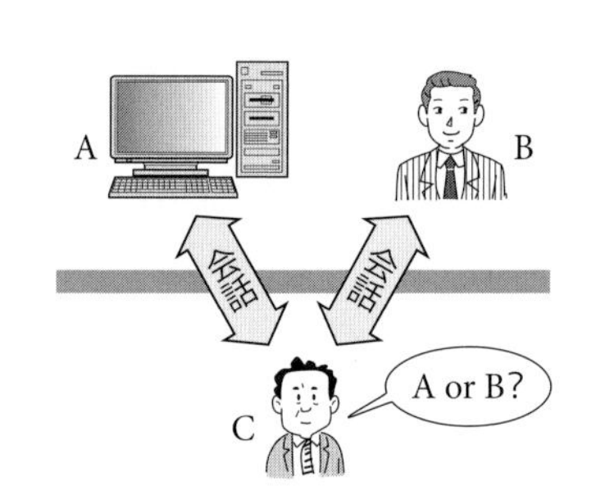

図11.2 ▶ チューリングテスト

チューリングテストに対しては，判断の基準が「人間を真似ることができるか」というものであり，「真似ることができる＝知的」とみなして良いのか，また，知性をもつ工学的機械への課題としては実用的でない，といった点への批判があり，2000年代に入ってからは，商業的・学術的な意味では主流とならなかった．

しかし，2014年6月に世界初の合格者が出たことで，一躍注目を集めることになる[4]．合格したのは，ウラジーミル・ベセロフ（Vladimir Veselov）らのチームにより開発された，ウクライナ在住の13歳の少年という設定のユージーン・グーツマン（Eugene Goostman）君と名づけられたプログラムで，審査員の33%をだますことができた（コンピュータであると見抜けなかった）ことにより「合格」と認定された．ただし，この合格に対しては，13 歳の英語を母国語としない少年を設定したため，英語や返答に不自然な点があっても甘く判断されるのではないかという批判が数多く寄せられ，この合格に対しては懐疑的もしくは否定的な見方が支配的となっている．

このように，チューリングテスト自体は，「人間の知能とは何か」という問いに対する本質的な答えとはなっていないが，チューリングテストをめぐる論争は，この問いがいかに難しい哲学的な問題であるのかを逆説的に示しているといえる．また，多くの研究者が長年に渡りこのテストに刺激を受け，何とか合格する AI を作り出そうという原動力になったことは間違いない．

2 推論

推論には，演繹（えんえき）と帰納と呼ばれる二つの大きなアプローチが存在し，ほぼ全ての論理展開は，この二つの組合せによって成り立っている．これら二つのアプローチは，推論のための論理展開が逆という関係にあり，強み・弱みといった特徴も違うため，状況に応じて上手く使い分ける必要がある．

演繹は，一般的に正しいとされる事実（普遍的事象）や公理から妥当な結論を導出する．そのため対象とする事実や事象に関して，何らかのルールとして定義できる事実もしくは公理が必要となる．例えば，「雨が降ると地面がぬれる」，「地面がぬれていると滑りやすくなる」という二つの事実を前提として「雨が降ると地面が滑りやすくなる」という結論を導き出すことができる（このような三段論法を適用する推論も，演繹の一つである）．演繹は，前提とする公理が無矛盾であることが前提であり，前提が正しければ必ず正しい結論を導くことができるという特徴がある．なお，演繹の最も代表的なものは数学である．数学は，全て演繹で構成されており，演繹の結果として証明される数学の定理は「全ての場合（無限個の事例）」に対して当てはめることができるうえ，既知の定理を積み上げてさらなる定理を生み出すことができる．

一方，帰納では，これまでの事象（データ）に基づいて推論を行う．そのため，結論を推察するための基となる複数の事象（データ）が必要となり，それらの傾向や共通性に基づいて“おそらく”正しいと思われる結論を導き出す．例えば，「A さんはくず湯を飲んで風邪を治した」，「B さんの風邪にはくず湯が効いた」，「C さんはくず湯で風邪が治った」という三つの事実から，「風邪には（たぶん）くず湯が効く」という結論を導くことができる．注意点としては，導かれる結論が一つとは限らないことである．あくまで，推定であるため，結論を導くのに自らデータを分析する必要がある．帰納は，演繹のように公理や普遍的な事象のようなものが不明な場合でも推論することができるというメリットがある一方，前提条件とする事象（データ）が真であっても結論が正しいとは限らないという点に注意する必要がある．なお，帰納の代表的な例として物理学がある．物理学における物理法則は，膨大な観察と実験事実の積み重ねにより形成されており，反証された場合にその有効性が限定される．例えば，アインシュタインが相対性理論の中で光速に近い領域の運動はニュートン力学では正しく表せないことを示し，ニュートン力学の適用できる範囲を限定したことは，その典型例といえる．

3 AI普及に伴う仕事の自動化の予想

2013年，AI研究者であるオズボーンらがAI普及に伴う仕事の自動化に関する論文を発表し，大きなニュースとなった[6]．その内容は，「今後10～20年で米国の総雇用者の約47%の仕事がAIによって自動化されるリスクが高い」，つまり約半数の仕事がAIにより失われる危険性があるという衝撃的な内容である．その後，2016年，オズボーンらは野村総合研究所と共同で日本国内の職業を対象にした同様の調査を行い，日本国内でも同様のリスクが49%あると報告している．その報告によると，一般事務，CADオペレーター，警備員，測量士，路線バス運転手等多種多様な職種が代替可能性の高い職種として挙がっている．ただし，オズボーンらの論文に対しては，技術的側面からの可能性に基づく推測であることから，雇用慣行，雇用制度といった面が考慮されていない等の批判があり，彼らの予想がどの程度当たるかは不透明である．

4 機械学習

第3次AIブームのキーワードは「学習」といわれている．AIにおける学習は機械学習と呼ばれ，人間の学習に相当する仕組みをコンピュータ（機械）で実現することで，分類，認識，予測等を行う技術の総称として用いられる（11.3節 3 参照．次項で扱う深層学習も機械学習の一つである）．コンピュータの分野では，データ処理や分析を行う研究を広くデータ科学（データサイエンス）と呼ぶが，機械学習もデータ科学分野の重要な領域の一つである．

機械学習には，入力と出力の関係を学習するもの，入力されたデータの中身（構造）を学習するもの等，幾つかの種類がある．ここでは，代表的な機械学習として「教師あり学習」，「教師なし学習」，「強化学習」の三つを取りあげ，それぞれの特徴を概説する．

「教師あり学習」および「教師なし学習」における「教師」とは，入力とそれが与えられたときの出力との関係の学習を行う際に，与えられた入力に対して正解となる出力データ（教師役となるデータ，訓練データとも呼ばれる）のことを意味する．教師あり学習では正解となるデータを用いて学習を行うのに対して，教師なし学習ではそのようなデータを用いずに学習を行う．

教師あり学習は，「出力すべきもの」があらかじめ決まっている問題に対して用いられ，正解となるデータから「入力と出力の関係」を学習し，未知データに対してその出力値の推定を試みる．具体的には，文字認識や画像認識，スパムメールの検出やクレジットカードの不正検知といった識別において広く用いられているのが，教師あり学習である．教師あり学習において重要なのが，学習器の「汎化性能（汎化能力）」と呼ばれる，学習用データ以外の未知データ（未学習データ）に対する学習性能である．そのため，教師あり学習では，使用するデータを学習用データとテストデータに分け，学習用データを用いて作成した学習器に対してテストデータにより，その汎化性能を測るという方法が一般的に用いられる．

一方，教師なし学習は，出力すべきものがあらかじめ決まっておらず，データ同士の類似性や特徴，さらにはデータに内在する構造をあぶり出すために用いられる．一般的には，膨大なデータを自動的に解析するために適用され，主にデータの構造，法則，傾向，分類等の抽出，および将来予測（未来予測）のために用いられる．膨大なデータから傾向や特徴を見つけ出す技術をデータマイニングと呼ぶが，データマイニングにおいて教師なし学習の技術は非常に多く用いられている．身近な例としては，アマゾンや楽天といったオンラインショッピングサイト*8 における，レコメンデーションと呼ばれるおすすめ商品を提示する仕組み等に，教師なし学習の技術が用いられている．

強化学習は，AlphaGo（11.2 節 **3** 参照）等で用いられている学習方法であり，試行錯誤を通じて価値が最大となる「連続した行動」を学習する．学習のための指針が与えられるという点では「教師あり学習」と似ているが，正解となる行動自体は与えられず，連続した行動の先にある結果に対して「報酬」という価値が与えられるだけで，コンピュータ自身が自力でどういった状況においてどういう行動をとればよいのかを学習する．そのため，ゴール到達までの道のり，タスク

---

*8　一般的には EC サイト（Electronic Commerce（エレクトロニック・コマース）サイト）と呼ばれている．

達成のための手順等が自明でない問題に適用されることが多く，近年，囲碁や将棋といったボードゲームにおいて人間の能力を凌駕（りょうが）する学習を実現したことで注目を集めている．

5 ニューラルネットワーク / 深層学習（ディープラーニング）

2000年代に始まった第3次AIブームを牽引している技術が深層学習であることに異論を唱える人は，おそらくいないと思われる．深層学習は，その圧倒的な性能により人間以外には難しいと思われていた，認識，判別，翻訳の自動化を実現する等，その応用が幅広い分野で急速に進んでいる．また，性能面以外の大きな特徴として，それまで必要とされてきた人の手による入力データの特徴量の設計を必要としない点が挙げられる．入力データの特徴量は，機械学習の性能に大きく影響するため，人手により問題に合った特徴量を試行錯誤的に設計する必要があり，大きな負担となっていた．しかし，深層学習では特徴量の設計も含めて学習するため，そのような手間を必要としない．

深層学習は，ニューラルネットワークの発展的なアプローチとして捉えることができる．ここでは，ニューラルネットワークの源流である「形式ニューロン」から，その発展形である深層学習まで技術的な側面に焦点を当て，概説する．

ニューラルネットワークは，神経細胞（ニューロン）を模した形式ニューロンのネットワークを構成することで，その入出力の関係を学習するモデル全般を指す．**図11.3**は，形式ニューロンの概念図である．

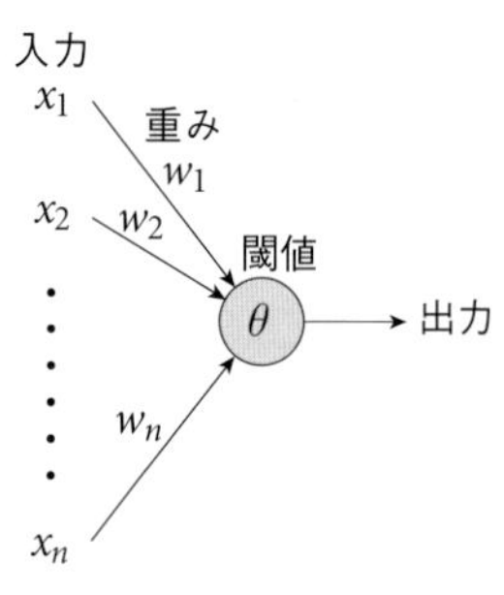

図11.3 ▶ 形式ニューロン

図11.3では，n個の入力（x_1, x_2, ⋯, x_n）ノード[*9]がそれぞれのネットワークの重み（結合加重）（w_1, w_2, ⋯, w_n）と掛け合わされ出力ノードに繋がっている様子を示している．形式ニューロンでは多入力1出力の形をとっており，入力された加重和 $w_1 x_1 + w_2 x_2 + \cdots + w_n x_n$ の値が閾値である θ を超えていれば1，そうでなければ0を出力する．つまり，入力に重みを掛けて足し合わせた値を閾値と

*9　ネットワークは，複数の要素間の繋がりとしてみることができる．一般に，ネットワークにおける要素のことをノード（節）と呼び，その繋がり（線）のことをエッジと呼ぶ．図11.3では，各ノードは変数で表現されており，各ノード同士の繋がりが重みをもつ線（エッジ）として示されている．

比較するだけという，非常に単純なモデルである．

形式ニューロンを参考にフランク・ローゼンブラットが作成したのがパーセプトロンであり，ニューロンの結合重みや閾値をデータから学習する方法が提案された．ローゼンブラットにより提案されたパーセプトロンはその後，2層から多層の多層パーセプトロンへと拡張される．ここでは，入力と出力の2層からなるパーセプトロンを単純パーセプトロン（Simple Perceptron），入力と出力層の間に中間層をもつものを多層パーセプトロン（MultiLayer Perceptron：MLP）と呼び，区別して扱う．これら2種類のパーセプトロンを**図 11.4** に示す．

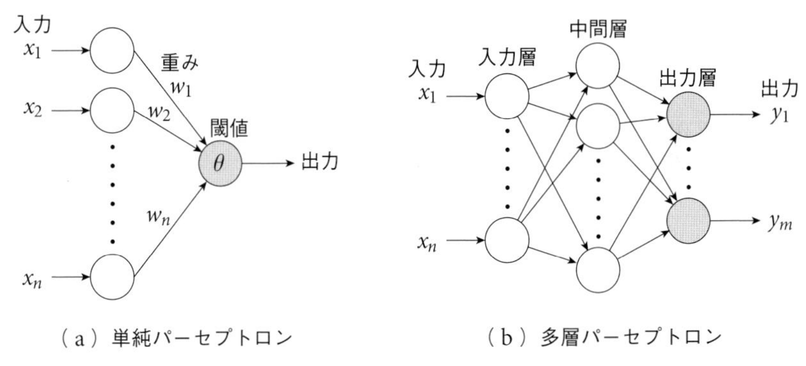

図 11.4 ▶ 単純パーセプトロンと多層パーセプトロン

単純パーセプトロンは，入力と出力の関係をネットワーク間の重みおよび出力ノードの閾値として学習できるようにモデル化したものであるが，構造が非常に単純であるため，単純な入出力関係しか学習することができない．一方，中間層を用いる多層パーセプトロンでは，中間層を設けることで入力データに対する変換が可能となり，より複雑な入出力関係の学習を行うことができる．

多層パーセプトロンの登場により，学習器としての表現力は高まったが，複雑に関連し合う各層の重みをどのように学習すれば良いのかが大きな問題となった．この学習方法に関して提案された画期的な手法が，誤差逆伝播法である（11.3 節 **2** 参照）．誤差逆伝播法は，正解と予測値の誤差を出力層から入力層に向かって伝播させることで，各層における重みの調整を行う*10．この学習法の普及により，高い識別性能をもつ多層パーセプトロンの実現が可能になり，

*10 この誤差が伝播する順番が入力から出力の逆である（backwards propagation of errors（後方への誤差伝播））ことが，その名前の由来である．

ニューラルネットワーク研究は再び注目を集めたが，4層程度の学習が限界である等，多層のパーセプトロンの学習にはさまざまな課題も残されていた．

4層を超える多層ネットワークに対する学習問題を解決したのが，2006年にジェフリー・ヒントンらによって提案された深層学習である（11.3節3参照）．深層学習の「深層」は，深い層，すなわち非常に多くの層を表しており，その名のとおり深層学習では，非常に深い層構造をもったネットワークにより構成され，それまで高い性能を出すために人手に頼っていた入力データの特徴（特徴量）の抽出も含めて自動化できるようになった．

深層学習は，その高い学習性能から幅広い分野に応用され，さらなる学習の効率化，高性能化のためにさまざまなテクニックが提案され進化し続けている．一方，効果的な深層学習を実現するためには，大量の学習用データ，巨大な多層ネットワークを学習するための膨大な計算資源が必要となる．深層学習の爆発的な普及の背景には，インターネットとセンシング技術の連携により膨大なデータが容易に入手できるようになったこと，GPUといった並列計算に驚異的に優れた計算装置が普及したこと等，環境的な要因があることを理解しておく必要がある．

演習問題

問1　AlphaGoでは，強化学習という手法を用いるとことで，コンピュータ自身で知識を身につけ，人間を上回る賢さを身につけた．今後，この強化学習の技術が発展したとき，どのようなことが実現できるようになるかを考察せよ．

問2　AIが普及することで，人間の仕事を奪ってしまうことが指摘されている．一方で，これまでにはなかった職業や職種を生み出すともいわれている．AIの普及に関する主張や意見について，できるだけ多面的な視点で調べよ．

問3　AIによる判断を完璧なものにすることは容易ではない．不適切な判断も行われることを前提に，AIをどのように利用すべきか，またその際に注意すべき問題点は何かについて述べよ．

問4　AIが発展し，社会に浸透してくると考えられている．そのような社会で，AIを使いこなし私たちの生活や社会をより良いものとするためには何を学び，どういった考え方をする必要があるのか述べよ．

参考文献

第1章

［1］ 山川修，徳野淳子，田中武之，菊沢正裕，“情報リテラシー（第3版）―メディアを手中におさめる基礎能力―”，森北出版（2013）

［2］ アーサー・アンダーセン，“図解ナレッジマネージメント”，東洋経済新聞社（1999）

［3］ 橋本満弘，石井敏，“コミュニケーション論入門”，桐原書店（1993）

［4］ 駒谷昇一，山川修，中西通雄，北上始，佐々木整，湯瀬裕昭，“IT Text（一般教育シリーズ）情報とネットワーク社会”，オーム社（2011）

［5］ チャールズ・カドゥシン 著，五十嵐祐 翻訳，“社会的ネットワークを理解する”，北大路書房（2015）

［6］ 岡田謙一，西田正吾，葛岡英明，仲谷美江，塩澤秀和，“IT Text ヒューマンコンピュータインタラクション（改訂2版）”，オーム社（2016）

［7］ 椎尾一郎，“ヒューマンコンピュータインタラクション入門”，サイエンス社（2010）

［8］ Web Content Accessibility Guidelines（WCAG）2.0（https://waic.jp/docs/WCAG20/Overview.html）

［9］ Web Content Accessibility Guidelines（WCAG）2.1（https://www.w3.org/TR/WCAG21/）

［10］ ウェブアクセシビリティ基盤委員会，“JIS X 8341-3:2016 解説”（https://waic.jp/docs/jis2016/understanding/201604/）

［11］ 総務省，“みんなの公共サイト運用ガイドライン（2016年版）”（https://www.soumu.go.jp/main_sosiki/joho_tsusin/b_free/guideline.html）

第2章

［1］ 布施泉，辰己丈夫，上田浩，中西通雄，匹田篤，中道上，多川孝央，和田智仁 監修，一般社団法人大学ICT推進協議会 企画・制作，“情報倫理ディジタルビデオ小品集8”，日本データパシフィック株式会社（2021）

［2］ 情報教育学研究会（IEC）情報倫理教育研究グループ 編集，“インターネットの光と影 Ver.6：被害者・加害者にならないための情報倫理入門”，北大路書房（2018）

［3］ 佐藤義弘，辰己丈夫，中野由章 監修，“キーワードで学ぶ最新情報トピックス2021”，日経BP社（2021）

［4］ 中橋雄，“メディア・リテラシー論　ソーシャルメディア時代のメディア教育”，北樹出版（2014）

［5］ 長谷川一，村田麻里子，“大学生のための メディアリテラシートレーニング”，三省堂（2015）

［6］ 文化庁，“著作権法の一部を改正する法律（平成30年法律第30号）について”（https://www.bunka.go.jp/seisaku/chosakuken/hokaisei/h30_hokaisei/）

［7］ 鳥居江美，“平成30年著作権法改正によって、企業の実務はどう変わるか”，

BUSINESS LAWYEARS（https://www.businesslawyers.jp/articles/420）
［8］ 独立行政法人 国立病院機構 久里浜医療センター，“ネット依存のスクリーニングテスト”（https://kurihama.hosp.go.jp/hospital/screening/）

第3章

［1］ 浦昭二，細野公男，神沼靖子，宮川裕之，山口高平，石井信明，飯島正 共編，“情報システム学へのいざない―人間活動と情報技術の調和を求めて 改訂版”，培風館（2008）
［2］ 神沼靖子 編著，“IT Text（一般教育シリーズ）情報システム基礎”，オーム社（2006）
［3］ 一般社団法人 情報システム学会情報システム学体系調査研究委員会 編，“新情報システム学序説―人間中心の情報システムを目指して”（2014）

第4章

［1］ Al Anderson，Ryan Benedetti 共著，木下哲也 訳，“Head First ネットワーク 頭と体で覚えるネットワークの基本”，オライリー（2010）
［2］ 松下温，重野寛，屋代智之，“コンピュータネットワーク”，オーム社（2000）
［3］ 情報処理学会 編，“エンサイクロペディア情報処理 改訂4版”，オーム社（2002）
［4］ 金城俊哉，“世界でいちばん簡単なネットワークのｅ本 最新改訂版　ネットワークとTCP/IPの考え方がわかる本”，秀和システム（2008）
［5］ 小野瀬一志，“わかりやすいLANの技術”，オーム社（2001）
［6］ 森洋一，“クラウドコンピューティング 技術動向と企業戦略”，オーム社（2009）

第5章

［1］ 日経BPイノベーションICT研究所，“IoTセキュリティ インシデントから開発の実際まで”，日経BP社（2016）
［2］ 羽室英太郎，“情報セキュリティ入門”，慶應義塾大学出版会（2011）
［3］ 瀬戸洋一，高取敏夫，織茂昌之，廣田倫子，“情報セキュリティの実装保証とマネジメント”，日本工業出版（2009）
［4］ 情報処理推進機構，“情報セキュリティ10大脅威2019”（2019）
［5］ 宇根正志，“機械学習システムのセキュリティに関する研究動向と課題”，金融研究，第38巻，第1号，pp.97-128（2019）
［6］ 産業横断サイバーセキュリティ人材育成検討会，“報告書”（2016）
［7］ NPO日本ネットワークセキュリティ協会，“セキュリティ知識分野（SecBoK）人材スキルマップ2017年版”（2017）
［8］ 佐々木良一 編著，上原哲太郎，櫻庭信之，白濱直哉，野﨑周作，八槇博史，山本清子 著，“デジタル・フォレンジックの基礎と実践”，東京電機大学出版局（2017）

第6章

［1］ 河村一樹，和田勉，山下和之，立田ルミ，岡田正，佐々木整，山口和紀，“IT Text（一

般教育シリーズ）情報とコンピュータ”，オーム社（2011）
［2］ Ken Lunde 著，小松章，逆井克己 共訳，“CJKV 日中韓越情報処理”，オライリー・ジャパン（2002）
［3］ 小川英一，“マルチメディア時代の情報理論”，コロナ社（2000）
［4］ 加古孝，鈴木雅也，“MPEG 理論と実践”，NTT 出版（2003）
［5］ 三根久，“情報理論入門”，朝倉書店（1964）
［6］ 藤田広一，“基礎情報理論”，昭晃堂（1969）
［7］ 福村晃夫，“情報理論（情報工学講座 3）”，コロナ社（1970）

第 7 章

［1］ 馬場敬信，“コンピュータアーキテクチャ 改訂 4 版”，オーム社（2016）
［2］ 門脇信夫，“論理回路入門”，工学社（1988）
［3］ 橋本洋志，松永俊雄，小林裕之，天野直紀，中後大輔，“図解コンピュータ概論［ハードウェア］”，オーム社（2017）
［4］ 橋本洋志，冨永和人，松永俊雄，菊池浩明，横田祥，“図解コンピュータ概論［ソフトウェア・通信ネットワーク］”，オーム社（2017）

第 8 章

［1］ 神原弘之，越智裕之，澤田宏，浜口清治，岡田和久，上嶋明，安浦寛人，“KUE-CHIP2 設計ドキュメント”（1993）
［2］ 辻真吾，“Python スタートブック［増補改訂版］”，技術評論社（2018）
［3］ 浅野哲夫，増澤利光，和田幸一“IT Text アルゴリズム論”，オーム社（2003）

第 9 章

［1］ 増永良文，“リレーショナルデータベース入門”，サイエンス社（2017）
［2］ フィリップ・A・バーンスタイン，エリック・ニューカマー 共著，大磯和広，木下聡，早瀬勝，小野沢博文，仲山恭央 共訳，“トランザクション処理システム入門”，日経 BP 社（1998）
［3］ 小泉修，“最新 図解でわかる データベースのすべて”，日本実業出版社（2007）
［4］ Serge Abiteboul，Peter Buneman，Dan Suciu 共著，横田一正，國島丈生 共訳，“XML データベース入門”，共立出版（2006）

第 10 章

［1］ 東京大学教養学部統計学教室 編，“統計学入門（基礎統計学 I）”，東京大学出版会（1991）
［2］ 伊藤俊秀，草薙信照，“コンピュータシミュレーション”，オーム社（2006）
［3］ 正司和彦，高橋参吉，“最新 モデル化とシミュレーション”，実教出版（2006）
［4］ 駒谷昇一，山川修，中西通雄，北上始，佐々木整，湯瀬裕昭，“IT Text（一般教育シ

リーズ）情報とネットワーク社会”，オーム社（2011）

第11章

［1］ SAE International，“SAE J3016：Taxonomy and Definitions for Terms Related to Driving Automation Systems for On-Road Motor Vehicle”（2014，revised in 2016）
［2］ 公益社団法人自動車技術会，「JASO テクニカルペーパ　自動車用運転自動化システムのレベル分類及び定義」（2018）
［3］ John von Neumann, First Draft of a Report on the EDVAC（1945）
［4］ “Turing Test success marks milestone in computing history”, University of Reading（http://www.reading.ac.uk/news-archive/press-releases/pr583836.html）
［5］ 伊藤毅志，松原仁，“羽生善治氏の研究（〈特集〉一人称研究の勧め）”，人工知能学会誌，Vol.28，No.5，pp.702-712（2013）
［6］ Carl Benedikt Frey, Michael A. Osborne, “The Future of Employment: How Susceptible Are Jobs to Computerisation?”, Oxford Martin.114（2013）
［7］ Cathy N. Davidson, “Now You See It: How Technology and Brain Science Will Transform Schools and Business for the 21st Century”, Penguin Books（2011）
［8］ Ray Kurzweil, “The Singularity Is Near: When Humans Transcend Biology” Viking（2005）

索　引

サ　行

タ 行

ナ　行

ハ　行

マ　行

ヤ　行

〈著者略歴〉

稲垣知宏（いながき　ともひろ）
広島大学情報メディア教育研究センター 教授
［編集協力］

北上　始（きたかみ　はじめ）
広島市立大学 名誉教授
［第9章　執筆担当］

髙橋尚子（たかはし　なおこ）
國學院大學経済学部 教授
［編集協力］

徳野淳子（とくの　じゅんこ）
福井県立大学学術教養センター 准教授
［第1章，第2章　執筆担当］

堀江郁美（ほりえ　いくみ）
獨協大学経済学部経営学科 教授
［第6章，第9章　執筆担当］

山際　基（やまぎわ　もとい）
山梨大学大学院総合研究部教育学域人間科学系 准教授
［第7章　執筆担当］

湯瀬裕昭（ゆぜ　ひろあき）
静岡県立大学経営情報学部経営情報学科 教授
［第8章　執筆担当］

渡邉真也（わたなべ　しんや）
室蘭工業大学大学院工学研究科しくみ情報系領域 准教授
［第11章　執筆担当］

上繁義史（うえしげ　よしふみ）
長崎大学 ICT 基盤センター 准教授
［第4章，第5章　執筆担当］

佐々木整（ささき　ひとし）
拓殖大学工学部情報工学科 教授
［第8章，第10章　執筆担当］

中鉢直宏（ちゅうばち　なおひろ）
帝京大学高等教育開発センター IR 推進室 講師
［第3章　執筆担当］

中西通雄（なかにし　みちお）
追手門学院大学経営学部情報システム専攻 教授
［第8章　執筆担当］

水野一徳（みずの　かずのり）
拓殖大学工学部情報工学科 教授
［第10章　執筆担当］

山下和之（やました　かずゆき）
山梨大学大学院総合研究部教育学域人間科学系 教授
［第6章　執筆担当］

和田　勉（わだ　つとむ）
長野大学企業情報学科 教授
［第6章，第8章　執筆担当］

IT Text（一般教育シリーズ）
一般情報教育

2020年9月1日　第1版第1刷発行
2024年7月10日　第1版第5刷発行

編　者　情報処理学会一般情報教育委員会
著　者　稲垣知宏・上繁義史・北上　始
佐々木整・髙橋尚子・中鉢直宏
徳野淳子・中西通雄・堀江郁美
水野一徳・山際　基・山下和之
湯瀬裕昭・和田　勉・渡邉真也

発行者　村上和夫
発行所　株式会社 オーム社
郵便番号　101-8460
東京都千代田区神田錦町3-1
電話　03(3233)0641(代表)
URL　https://www.ohmsha.co.jp/

組版　新生社　　印刷・製本　壮光舎印刷
ISBN978-4-274-22595-6　Printed in Japan